Sicherheitsdiskurse

Nils Zurawski (Hrsg.)

Sicherheitsdiskurse

Angst, Kontrolle und Sicherheit in einer „gefährlichen" Welt

PETER LANG
Frankfurt am Main · Berlin · Bern · Bruxelles · New York · Oxford · Wien

Bibliografische Information der Deutschen Nationalbibliothek
Die Deutsche Nationalbibliothek verzeichnet diese Publikation in der Deutschen Nationalbibliografie; detaillierte bibliografische Daten sind im Internet über <http://www.d-nb.de> abrufbar.

Umschlaggestaltung:
Tanja Steinbrück, Hamburg.

ISBN-10: 3-631-55389-7
ISBN-13: 978-3-631-55389-3

www.peterlang.de

Inhaltsverzeichnis

III. Sicherheitstechnologien und Alltag

IV. Diskurse von Sicherheit und Kontrolle

Vorwort und Danksagungen

Der vorliegende Sammelband ist das Ergebnis einer Tagung, die sich den neuen Formen der Überwachung widmete. Schnell wurde jedoch klar, dass es bei vielen der Beiträge nicht primär um Technologien ging, sondern vielmehr um die dahinterstehenden Diskurse und Debatten. Sicherheit und Kriminalpolitik waren dabei die prominentesten und meist repräsentierten. Da die Tagung im September 2005 am Institut für kriminologische Sozialforschung stattfand und die Werbung vielfach in kriminologischen Zirkeln stattgefunden hat, ist dieses vielleicht nicht verwunderlich. Dennoch zeigen die Beiträge, dass es kein ausschließlich streng kriminal-soziologisches oder kriminologisches Problem darstellt, sondern auch in anderen, manchmal überraschenden, Zusammmenhängen ein wichiges Phänomen der Forschung ist. Dieser Band widmet sich somit der disziplinären Bandbreite und Vielfalt des Themas Sicherheitsdiskurse.

Mein Dank gilt daher zuerst auch den Autoren und Autorinnen, die in der Nachbereitung der Tagung einen Beitrag zu diesem Buch beigesteuert haben. Vier Teilnehmer der Tagung haben es leider nicht bis hierher geschafft, dafür konnten zwei Artikel gewonnen werden, die auf der Tagung nicht vertreten waren, da ihre Autoren verhindert waren - Ilka Kreutzttäger und Eva Osterholz sowie Oliver Decker.

Besonderen Dank schulde ich Stefan Czerwinski, meinem Mitarbeiter, der von der ersten Idee zur Tagung bis zur letztendlichen Durchführung mit vollem Einsatz geholfen hat - zusätzlich zu seinem Vortrag und unserer täglichen Arbeit im Projekt. Und natürlich den Studenten und Studentinnen, die mir während der Konferenz jede Menge organisatorische Arbeit abnahmen und sich um all die Kleinigkeiten gekümmert haben, die eine Tagung ausmachen: Robert Siegl, Doris Lorenz, Katrin Bliemeister, Daniela Kocher, Sylvia Trnetschek, Britt Wiedorn und Doris Dobranic.

Weiterhin möchte ich Claudia Venohr von NDR Info für die Moderation der Podiumsdiskussion danken, welche die Konferenz abschloss. NDR Info hat uns auch als Medienpartner bei der Tagung zur Seite gestanden und für uns Werbung gemacht. Für die Teilnahme an der Diskussionsrunde auf dem Podium danke ich *padeluun* vom *FoeBud e.V.*, Prof. Dr. Roland Hefendehl von der Uni Freiburg und Dr. Cornelie Sonntag-Wolgast, damals noch Abgeordete des Bundestages und Vorsitzende des Innenausschusses. Außerdem sei Christophe Stoll erwähnt, der das Plakat für die Tagung entworfen hat und auch sonst mit guten Ideen uns hilfreich zur Seite stand. Sabine Mittenhuber und Michael

Rücker vom Peter Lang Verlag haben mich bei der Erstellung dieses Buches sehr hilfreich unterstützt, auch ihnen hierfür ein Dankeschön.

Abschließend danke ich Prof. Dr. Hans Jürgen Krysmanski für seinen einführenden Vortrag, der alle Teilnehmer stimuliert hat, sowie für langjährige Freundschaft und Inspiration; außerdem dem Dekan der Fakultät für Wirtschafts- und Sozialwissenschaften an der Universität Hamburg, Prof. Dr. Wolfgang Weber und dem geschäftsführenden Direktor des Insitutes für kriminologische Sozialforschung, Prof. Dr. Sebastian Scheerer.

Die Tagung und auch dieser Sammelband wurden mit Mitteln der Universität Hamburg und der DFG ermöglicht. Letztrere finanziert seit 2003 auch das Projekt „Videoüberwachung in Hamburg", in dessen Rahmen die Tagung als auch der Sammelband entstanden sind.

Nils Zurawski, Hamburg im Juli 2006

Nils Zurawski

Einleitung: Von Unsicherheit, Angst und Gegenmaßnahmen

Terrorgefahr, Kriminalität, Gewalt, Krankheiten, Arbeitslosigkeit und die zerstörte Umwelt - es gäbe gegenwärtig jede Menge Gründe Angst zu haben wenn wir der medialen und politischen Agenda Glauben schenken. Aber haben diese Ängste auch immer eine Basis in der gesellschaftlichen Realität? Und lassen sich auf Basis dieser oft diffusen Ängste die vielen Sicherheitsmaßnahmen dem Bürger „verkaufen", dessen Rechte sie gegenwärtig einschränken und empfindlich bedrohen? Eine kurze Beschreibung der gesellschaftlichen Lage zeigt für viele der westlichen Staaten ein Bild, dass die Schlussfolgerungen einer unsicheren Gesellschaft, wie sie die vielen Maßnahmen vermuten lassen, sich so nicht bestätigen kann.

Zu Beginn des 21. Jahrhunderts finden wir im globalen Norden, genauer in den meisten westlichen Demokratien und Staatssystemen, eine Situation von relativer Sicherheit vor: Hohe Lebenserwartung, ausgezeichnete medizinische Versorgung, weitgehend vorhandene soziale Sicherungssysteme, rechtsstaatliche Absicherung durch Justiz und Polizei sowie eine funktionierende Demokratie - bei aller Kritik an jedem einzelnen der genannten Punkte. Angesichts dieser relativen Sicherheit erscheint es als Panikmache von Unsicherheit und Bedrohung zu sprechen, welche mit drastischen Gegenmitteln wie dem Terrorismusbekämpfungs-Gesetz entgegnet werden müssen – insbesondere die Gefahr vor Kriminalität und Terrorismus aber auch vor Einwanderung, dem Islam oder dem generellen Verfall der Gesellschaft.

Aids, Bandenkriege, Hunger, Umweltzerstörung in großem Stil, Armut und Willkürregimes bedrohen weite Teile der Menschheit z.B. in weiten Teilen Afrikas. Die Lebenserwartung dort liegt deutlich unter der unsrigen – und die Gefahr, Opfer eines Krieges oder einer kriegerischen Auseinandersetzung zu werden wesentlich höher. Diese Gefahren sind greifbar und ihr Potential mit den hiesigen Lebensbedingungen nicht so einfach zu vergleichen. Angesichts dieser Unterschiede muss man dann aber fragen dürfen, von welcher Art der Unsicherheit in unseren Gesellschaften wir dann eigentlich reden. Und weiter, was hinter den Gegenmaßnahmen steht, die entworfen werden, um die hier empfundene Unsicherheit zu bekämpfen und die dem Zustand der ständigen Bedrohung unserer westlichen Gesellschaften entgegentreten sollen? Oder sind der Kongo, der Irak und Afghanistan gar nicht so weit entfernt?

Nimmt man eine globale Perspektive ein, dann erscheinen die Zusammenhänge in der Tat sehr eng zu sein - und somit auch die potentielle Gefährdung. Es scheint vielmehr um eine Unübersichtlichkeit zu gehen, die sich aus dem Widerspruch des Imperativs „alles wissen zu können" und der Unmöglichkeit „alles zu überblicken“ ergibt. Unsicherheit erscheint so als Unübersichtlichkeit, als Gefühl eine komplexe Welt, in der es sehr wohl tatsächliche Bedrohungen gibt, nicht mehr zu überblicken. Wie eine Verschwörung erscheinen viele Aspekte des Lebens und der „großen Welt", welche man selten in der Totalen sieht, sondern immer nur in Ausschnitten, die das eigentliche Wichtige ausblenden. Und dann können auch die Mängel unserer eigenen Gesellschaften durchaus als Unsicherheitsfaktoren empfunden werden – bzw. diese werden genau dazu genutzt. Schon lange ist nicht mehr primär die lokale Umgebung für viele Aspekte des täglichen Lebens ausschlaggebend ist, sondern auch die Ereignisse am anderen Ende der Welt. Das Bild erscheint verzerrt und um die eigentlichen wichtigen Dinge reduziert aus – wie eine Verschwörung, die wir längst nicht mehr üebrblicken. Wenn im Irak Soldaten getötet werden oder in Spanien und London Bomben explodieren, dann sind die Auswirkungen auch hier in Deutschland zu spüren. Und wahrscheinlich auch umgekehrt. Die Hintergründe und Zusammenhänge jedoch bleiben zumeist offen. Diese Reflektionsanstrengung wird den Menschen selbst überlassen.

Sicherheitsdiskurse, wie sie von der Politik und anderen Vermittlungsinstanzen angeboten werden, helfen, diese Orientierung wieder herzustellen - gewissermaßen als Landkarten in unübersichtlichem Terrain. Die Angebote gegen die Unsicherheit und für die Bürger vereinfachen notwendigerweise die Zusammenhänge und Hintergründe. Sie sind nur *eine* Repräsentation der Wirklichkeit, die sich im Wettstreit um die Deutungshoheiten von Sicherheit und Angst mit anderen Weltbildern befindet. Sie füllen die Lücken, die sich den Menschen nicht in der Totalen erschließen und übernehmen eine Steuerungsfunktion, sind also Teil von Macht- und Definitionsanstrengungen, mithin Herrschaftsinstrumente (im positiven wie negativen Sinne). Damit ist nicht gesagt, dass die in den Sicherheitsdiskursen vorkommenden Szenarien und Ängste einer realen Grundlage entbehren. Die Verantwortlichen reagieren damit auf Ereignisse - Terroranschläge, Kriminalität, äußere und innere Bedrohungen (Terrorismus, Rechtsradikalismus), welche durchaus vorhanden sind. Obwohl sie dabei gelegentlich auch über das eigentliche Ziel – die Verhinderung von Anschlägen, die Erhaltung der öffentlichen Sicherheit – hinausschießen, z.B. bei der Vorratsdatenspeicherung und anderen präventiven Maßnahmen, sind die Konsequenzen dieser Diskurse dennoch real, und damit real für die Menschen und ein gesellschaftliches Zusammenleben.

Eingebettet sind diese Diskurse in ein System von Technologien sowie wirtschaftliche Strukturen, welche die Rahmenbedingungen für die Entwicklung und Dynamik der Sicherheitsdebatten und konkreten Maßnahmen zu ihrer Umsetzung stellen. Ein weltweites System globaler Wirtschaftsvernetzungen ist darauf angewiesen Risiken zu minimieren und nach Möglichkeit einen reibungslosen Ablauf für Wirtschaft und Politik zu gewährleisten. Überwachung und Kontrolle der Wirtschafts- und Politiksysteme sind ein essentieller Bestandteil dieses Systems. Dabei wird nicht nur auf die Überwachung und Überprüfung gesetzt, sondern im Vorwege bereits, dass gesellschaftliche und politische Prozesse steuer- und programmierbar sind. William Bogard (1996; 2006) spricht hier von einer „Simulation der Überwachung", welche eine „Hyper-Realität" erzeugt, in der Gesellschaft virtualisiert wird, mit dem Ziel „die räumliche und zeitliche Verteilung von Objekten und Körpern zu kontrollieren und die Vielfalt menschlicher und mechanischer Kräfte effektiv und einfach zu organisieren" (ebd. 1996: 23). Das Unübersichtliche soll über die Technologie nicht nur erfasst, sondern mögliche Unwägbarkeiten bereits im Vorwege gesteuert werden. Potentielle Risiken können somit ausgeschaltet bzw. effektiv minimiert und kanalisiert werden. Zwangsläufig entstehen so auch die Kategorien und Parameter, die die (Un)Sicherheitsdiskurse dann mit Bedeutungen füllen. Sie erhalten dadurch eine sich selbst prophezeiende (und erfüllende) Dynamik und entfernen sich so von der Grundlage ihrer Daten und Annahmen immer weiter. Die Realität der Sicherheitsdiskurse stellt sich anders dar, als eine Realität der Menschen, die zu den Objekten dieser Diskurse und daran anschließender Kontroll- und Überwachungsmaßnahmen werden.

Der Menschenrechtsanwalt Rolf Gössner (2006) spricht von einem „präventiven Sicherheitsstaat". Schließlich spiele, so Gössner, im heutigen Sicherheitsdiskurs die Prävention eine ganz zentrale Rolle. Mit diesem Begriff werde nicht nur in der modernen Kriegspropaganda und im Gesundheitssektor mehr oder weniger erfolgreich operiert, sondern auch Politik der Inneren Sicherheit betrieben. Im Zuge der modernen Präventionsstrategie seien etwa Polizeiaufgaben und-befugnisse immer weiter in die Gesellschaft hinein vorverlagert worden, und zwar unabhängig von einem Straftatverdacht, unabhängig auch von einer konkreten Gefahr, die es abzuwehren gälte. Die Polizei soll schon vor dem potentiellen Täter am Tatort sein oder dessen Umfeld ausschnüffeln dürfen, möglichst bevor dieser überhaupt einen Tatplan gefasst hat, skizziert Gössner die gegenwärtige Lage. Dabei verliert, so seine Folgerung, das Verfassungsprinzip der Unschuldsvermutung unter der Hand seine Macht begrenzende Bedeutung einbüßen, der Mensch mutiere zum potentiellen Sicherheitsrisiko. Für Gössner untergräbt der Sicherheitsdiskurs, der als Schutz der Grundrechte auftritt und verteidigt wird, jedoch andere Grundrechte, z.B. die Pressefreiheit oder die Unverletzlichkeit der Wohnung, - und auch solche, die als Abwehrrechte gegen Eingriffe des Staates im Grundgesetz festgehalten sind.

Videoüberwachung, biometrische Daten auf dem neuen Reisepass, Datenvorratsspeicherung, das neue Mautsystem und andere Technologien sind Ausdruck und Mittel dieser Kontrollregimes, welche gesellschaftliches Leben und seine Risiken steuern und kontrollieren, überprüfen und absichern sollen. Diese Bereiche sind zugegebenermaßen sehr heterogen, beruhen allerdings auf dem gleichen Paradigma von Riskominimierung sowie der Produktion und Steuerung von Unübersichlichkeit – und letztlich ihrer Überwindung. Die (Un)Sicherheitsdiskurse nutzen diese Technologien, um über sie die Mach-

barkeit von Sicherheit zu verdeutlichen - im Umkehrschluss können mit diesen Technologien erst neue Unsicherheitsszenarien überhaupt aufgebaut werden. Die Lösung scheint spezielle Probleme erst zu konstruieren oder hervorzurufen. Angst vor tatsächlichen Gefahren, insbesondere solchen, die die innere und äußere Sicherheit betreffen, stehen im Mittelpunkt der Diskurse. Andere Aspekte moderner, globaler Gesellschaften, die auch uns betreffen, werden konsequent ausgeblendet. Im Zusammenhang von Sicherheit und Kontrolle, Schutz und Steuerung sind vor allem die Aspekte der Ökonomie von elemtarer Bedeutung. Denn gerade ein wirtschaftlicher Imperativ ist häufig Teil von Sicherheits- und Überwachungsstrategien – z.B. bei der Kamerasüberwachung der Innenstädte oder dem Sammeln von Daten für ein globales Marketing.
Dennoch bleibt, zumeist im Dunkeln, wer hier wen in wessen Auftrag beobachtet, wer konkret gemeint ist, wenn von den „gefährlichen Klassen" geredet wird, welche Gruppen in besonderem Maße im Fokus der Kontrolle stehen. Auch die Wissenschaft scheut sich häufig vor einer Analyse, die Überwachung, Sicherheit und Angst in den Zusammenhang mit Klassenverhältnissen oder Ethnizität stellt. Dabei ist die Sicherheit und deren Überprüfung ein elementarer Bestandteil von Ökonomie. Insbesondere in den Regionen der Erde, wo die Lücke zwischen arm und reich besonders groß ist, stellt Überwachungstechnologie einen wichtigen Teil der wirtschaftlichen und sozialen Verhältnisse da. So zum Beispiel in Teilen Latein-Amerikas, in denen die wohlhabenden Bürger in abgeschotteten Wohnquartieren leben, ähnlichen den *gated communities* in den USA, die ebenfalls ein Außen/Innen-Verhältnis begründen und räumlich manifestieren. Der Umstand, dass Videoüberwachung in Europa zu einem großen Teil mit der Kontrolle der Innenstädte oder Shopping Malls verbunden ist, lässt den Schluss zu, dass es auch hier um den ungestörten Konsum wohlhabenderer Schichten geht, deren Exklusivität auf dem Ausschluss anderer Gruppen und Klassen beruht. Sowohl Sicherheit als auch seine erhaltenden oder schaffenden Maßnahmen müssen sozial, räumlich und ökonomisch betrachtet werden. H. J. Krysmanski hat in seinem Einführungsvortrag der diesem Band zugrundeliegenden Tagung einen Aspekt von Überwachung pointiert ausgesprochen – nämlich, „dass die Mittelschichten die Unterschichten im Auftrag der Oberschicht beobachten" - und damit sowohl die wissenschaftliche Herangehensweise an soziale Phänomene und Probleme als auch die sozialen Beschaffenheit von Sicherheit und deren Kontrolle selbst im Blick gehabt. Die Grundlage für seine These ist das von ihm skizzierte *Power Structure Research* (2004), in dem er vor allem den Blick für eine Soziologie der Super-Reichen und ihrer Macht schärfen will und Wege der Analyse sowie theoretische Werkzeuge aufzeigt, indem er die Strukturen des Geldes und der damit verbundenen politischen und wirtschaftlichen Macht analysiert. Während der Tagung wurde damit so etwas wie ein Leitmotiv bereitgestellt, welches sich implizit in vielen Vorträgen widerspiegelte bzw. dort anschlussfähig war – aber auch als

Mahnung galt, die eigenen Methoden und Perspektiven immer wieder zu überprüfen.

Für die hier versammelten Beiträge bietet dieses Leitmotiv den politischen und erkenntnistheoretschen Hintergrund vor dem diese gelesen werden können. Der Band ist eingeteilt in vier Abschnitte, die unterschiedliche Aspekte der Sicherheitsdiskurse in den Mittelpunkt stellen. Bei den Beiträgen handelt es sich mehrheitlich um Ergebnisse empirischer Studien, welche anhand ausgewählter Probleme Sicherheitsdiskurse in der Praxis betrachten. Eingerahmt werden diese Beiträge von historischen Beschreibungen sowie theoretischen Analysen.

Den Band eröffnen dabei drei Beiträge zu den historischen Ursprüngen moderner Kontroll- und Sicherheitstechnologien. Martin Henatsch gibt zuerst einen konzentrierten Überblick über die Bedeutung von Beobachtung und Sicherheit in der Kunst. Dietmar Kammerer und Nicola Berchtold werfen einen Blick auf die im 19. Jahrhundert entstandenen Techniken der Kriminalistik und der dahinterstehenden Ideologien, deren Grundüberlegungen in ihrer Entwicklung bis heute von Bedeutung sind.
Abschnitt zwei konzentriert sich auf die Videoüberwachung als eine spezielle Technologie innerhalb der Sicherheits- und Angstdiskurse. Francisco Klauser präsentiert eine Analyse zum Verhältnis von Kameras und sogenannten „Problemräumen“, in denen Videoüberwachung als präventives Instrument eingesetzt wird. Stefan Czerwinski stellt Ergebnisse einer Untersuchung aus Hamburg vor, in der er die Bedeutung von Videoüberwachung in den Alltagswelten von Menschen untersucht. Auch er nimmt dabei Bezug auf sogenannte „Kriminalitätsbrennpunkte“ und deren Rolle bei der Beurteilung von Kameraüberwachung. Ilka Kreutzträger und Eva Osterholz untersuchen die Rhetoriken und Diskurse rund um die Videoüberwachung und analysieren deren Rolle bei der Inszenierung von Sicherheit im Verhältnis zur tatsächlichen Wirksamkeit bei der Bekämpfung von Kriminalität. Daran schließt Gisbert van Elsbergen an, der empirisch aufzeigt, wie kommunale Kriminalprävention mit Hilfe von Videokameras betrieben wird und welche Vorstellungen von Sicherheit und Kriminalität und deren Bekämpfung bei den Verantwortlichen dahinter stehen. Abschließend zieht Hannes Püschel eine Bilanz von fünf Jahren Videoüberwachung im Land Brandenburg und erläutert an einem konkreten Beispiel das Verhältnis von spezieller Wirksamkeit und allgemeinen Sicherheitsdiskursen aus rechtlicher Perspektive.
Weitere Sicherheitstechnologien, die unseren Alltag berühren, stehen im Zentrum des dritten Teils. Gerrit Hornung nimmt eine rechtliche Bewertung der neuen Reisepässe und der darin befindlichen Technologien vor, die er als Teil einer neuen Identifizierungsinfrastruktur betrachtet. Die Gesundheitskarte - ein Bereich der auf den ersten Blick eher dem fürsorglichen Teil von Kontrolle

zugerechnet werden kann - ist das Thema des Aufsatzes von Oliver Decker. Er sieht darin allerdings eher eine Gefahr für das Recht der Bürger auf Datenschut. Leon Hempel stellt das Konzept der Londoner Verkehrsbetriebe vor, die zur Verkehrsregulierung auf Videokameras an Bussen und auf Buslinien setzen. Seine Analyse prüft auch, inwieweit dieser Kameraeinsatz nicht auch ein Teil einer allgemeineren Überwachung werden kann bzw. bereits schon ist. Einer für die meisten Menschen nicht alltäglichen Situation der Überwachung nimmt sich Sven Bergmann an. Sein Beitrag ist eine ethnographisch angelegte dichte Beschreibung des Projekts „Elektronische Fußfessel" in Hessen, in der er dieses Kontrollregime als Teil einer expandierenden Disziplinargesellschaft analysiert, die nicht mehr auf Gefängnisse angewiesen zu sein scheint, sondern eine scheinbare Freiheit verspricht, die auf andere Art und Weise Verurteilte zu disziplinieren versucht.
Der abschließende Abschnitt nimmt allgemeine Sicherheitsdiskurse in den Blick. Peer Stolle und Tobias Singelnstein erörtern die neuen Mechanismen sozialer Kontrolle, die Konsequenz eines gesellschaftlichen Transformationsprozesses sind. Für die Autoren sind die Krise der wohlfahrtsstaatlichen Regulation sozialer Problemfelder, der partielle Wegfall des sozialstaatlichen Inklusionsversprechens, die Ökonomisierung, Pluralisierung und Diversifizierung der gesellschaftlichen Lebenswelten und eine veränderte Sicherheitspolitik Ursachen eines radikalen Strukturwandels im Bereich sozialer Kontrolle. Damit schließen sie an die weiter oben gemachten Bemerkungen zur ökonomischen Einbettung von Sicherheitsdiskursen und Kontrollregimes an. Über die Konstruktion (un-)sicherer Orte schreibt Manfred Rolfes und untersucht aus geographischer Sicht die räumlichen Semantiken, wie sie vielfach im Diskurs von Unsicherheit zu finden sind. Maria Laura Böhm wirft in ihrem Artikel noch einmal einen juristischen Blick auf den Zusammenhang von Strafrecht und Sicherheit, indem sie die Bedeutung des Feindstrafrechts für die neuen Kontrollregimes und Sicherheitsdiskurse analysiert. Anhand von David Garlands Thesen von einer *Criminology of the alien other* vs. *Criminology of the self* zeigt sie, wie sich die Kontrollregimes in alle Bereiche des sozialen Lebens, in diesem Fall die Kriminalpolitik und das Strafrecht, ausbreiten.

Insgesamt versammelt dieser Band Aufsätze von jungen Wissenschaftlern, die sich mit einem nicht neuen, aber derzeit wichtigen und viel diskutierten Thema auseinandersetzen. Neu sind vor allem die Herangehensweisen und theoretischen Ansätze sowie die empirischen Fallstudien, mit denen sich des Themas genähert wurde. Dass dieses von vor allem jungen Nachwuchswissenschaftlern in Angriff genommen wird, ist weniger ein Zufall, als vielmehr ein Hinweis auf die Virulenz des Themas, dass vor allem jene motiviert, sich intensiv auf verschiedenen Feldern damit auseinanderzusetzen.

Literatur

Bogard, William (1996): *The Simulation of Surveillance. Hypercontrol in Telematic Societies. Cambridge.*

Bogard, William: Welcome to the Society of Control. The Simulation of Surveillance revisited. In: Kevin D. Haggerty/Richard V. Ericson: The New Politics of Surveillance and Visibility. Toronto 2006, Toronto Univ. Press, S. 55-78.

Gössner, Rolf im Interview im Birgit Gärtner (2006): Auf dem Weg in den präventiven Sicherheitsstaat. Telepolis, 21. Juni 2006, http://www.heise.de/tp/r4/artikel/22/22937/1.html

Krysmanski, Hans Jürgen (2004): Hirten und Wölfe. Wie Geld-und Machteliten sich die Welt aneignen oder: Einladung zum Power Structure Research. Münster.

I.
Historische Diskurse

Martin Henatsch

Kunst im Spannungsfeld von Sicherheit und Freiheit

Gibt es eine optimale Balance zwischen Sicherheit und Freiheit? Eine für die Zukunft unserer Gesellschaft zunehmend existentielle Frage. Nicht nur im Bereich des elektronischen Datenschutzes und der Sicherungsmaßnahmen für den heimischen Computer scheint längst zu gelten: "Ein Maximum an Sicherheit ist nicht mit einem Maximum an persönlicher Freiheit und Datenschutz zu vereinbaren."[1] Mit der Anstrengung um mehr Sicherheit geht auch die Tendenz zur Einschränkung von Freiheit und Selbstbestimmung einher. Umgekehrt steht selbst der Aufruf der neuen Bundeskanzlerin „Lasst uns mehr Freiheit wagen."[2] im Verdacht, die Freiheit des Stärkeren zu bevorzugen, somit zu mehr Unfreiheit bei den sowieso Ungesicherten zu führen.

Es ist Ziel dieses Vortrags[3], den detaillierten Spezialistenblick auf ein zur Zeit hoch brisantes Themenfeld aufzuwerten, handelt es sich dabei doch keineswegs lediglich um ein Detail- oder Randproblem kriminologischen Zuschnitts. Vielmehr scheint sich in unserer Gesellschaft ganz allmählich erneut ein Sensorium für eine grundlegende Fragestellung herauszubilden, die für die Kunst zumindest seit der Moderne selbstverständlich ist. Schon hierin zeigt sich die weit über das tagespolitische Geschehen hinausreichende Dimension des Spannungsfeldes von ungesicherter Freiheit einerseits und durch stärkere Kontrolle erzeugte Sicherheit andererseits.

Nun wird der aufgeklärte Kunstliebhaber bzw. verantwortliche Kunstproduzent spätestens seit Ende des 18. Jahrhunderts die Kunst für autonom, aus den lebenspraktischen Bezügen herausgelöst, als Reich zweckfreien Schaffens und interesselosen Wohlgefallens, mithin für frei halten.[4] Zudem gilt sie gemeinhin als Grenzgang und somit als äußerst unsichere Lebensgrundlage. Doch gerade der freiheitsverbürgende Anspruch der Kunst bestimmte die Moderne. Kunst kann sich demnach gegen gesellschaftliche Vereinnahmung schützen, indem sie

1 Horst Ohligschläger: Der Preis der Sicherheit, in: COM. Computer & Internet, 6/2004, S. 3

2 Angela Merkel: Laßt uns mehr Freiheit wagen. Auszüge aus der Regierungserklärung der Bundeskanzlerin vor dem Deutschen Bundestag, zit. nach: FAZ, 1. Dez. 2005, Nr. 280, S. 7.

3 Der von mir am 9. September auf dem Symposium „Neue Formen der Überwachung" gehaltene Vortrag ist hier in einer gekürzten Fassung wiedergegeben. Die ausführliche Argumentation erscheint in Nils Zurawski: Surveillance Studies. Perpektiven eines Forschungsfeldes. 2006.

4 Vgl. Peter Bürger: Theorie der Avantgarde, Frankfurt am Main 1974, S. 57

der Zweckrationalität den Zugang zu ihrem Diskurs verweigert[5], also auf ihre eigene, ästhetische, Autonomie pocht. Die Kunstwerke orientieren sich an gesellschaftlichen Parametern durch negative Bezugnahme, also Infragestellung. Das für die Moderne über weite Strecken bestimmende Modell des avancierten Kunstwerks, der Avantgarde beruht auf dem Prinzip permanenter Strukturdurchbrechung und konsequenter Aneignungsverweigung. Es beinhaltet auch Elemente des sich jeglicher gesellschaftlicher Vereinnahmung entziehenden Schocks: ein utopisches Streben nach größtmöglicher Freiheit im sich beständig ausweitenden Rahmen der Kunst. Teil dieses Strebens nach Aufgabe scheinbar sicherheitsversprechender Strukturen – von der Auflösung des Prinzips Repräsentation/Abbildhaftigkeit über die Negierung hierarchischer Kompositionsprinzipien z. B. im All-Over oder dem Informell bis hin zur Infragestellung des Werkcharakters der Autorenschaft künstlerischer Werke oder der Skandalisierung unserer Lebensordnung[6] – war es auch, Verunsicherungen, ja Ängste au s-zulösen. Nicht selten entluden sich diese, z. B. in Fluten populistischer Leserbriefe mit Forderungen nach besser Erkennbarkeit und Verständlichkeit der Kunst oder gar in Gewalttaten gegen Kunstwerke; Aggressionen, hinter denen vor allem eine tiefe Sehnsucht nach Vergewisserung - also Versicherung - unserer Lebenswelt zu vermuten sind.

Das 20. Jahrhundert hat – als Entsprechung des Postulats künstlerischer Freiheit - beim Betrachter eingefordert, in ein persönliches, unvoreingenommenes, relatives Verhältnis zur Kunst zu treten. Die Kehrseite hiervon ist ungesicherte Orientierungslosigkeit, gar Beliebigkeit. Gerade in den letzten Jahren ist insbesondere auf dem Parkett des zeitgenössischen Kunstmarktes eine Renaissance traditioneller Bildwelten zu beobachten, die bis hin zum Boom einer neuen, sich als romantisch gebärdenden Malerei reicht: Ist nicht auch dieses Phänomen Teil jener gesellschaftsübergreifenden, offenbar ungestillten Sehnsucht nach neuen/alten Orientierungshorizonten, nach – und sei sie noch so trügerisch – Sicherheit? Ein Zufall, dass auch an anderer Stelle um Vergewisserung durch Bildgebung gerungen wird - mittels automatischer Personenerkennung in kameragestützten Überwachungssystemen und computerisiertem Abgleich biometrischer Daten?

Ein Beispiel aus der neueren Kunstgeschichte soll das gerade in der aktuellen Debatte um bildgestützte Personenkontrolle aufscheinende Spannungsfeld von Sicherheit und Freiheit aus einer zunächst fremden Perspektive beleuchten: die Diskussion um das Menschenbild in der Kunst nach Ende des II. Weltkrieges. Freiheit in der Kunst hieß damals – nach über einem Jahrzehnt ideologisch un-

---

5 Vgl. Thorsten Scheer: Postmoderne als kritisches Konzept. Die Konkurrenz der Paradigmen in der Kunst seit 1960, München 1992, S. 32

6 Vgl. Bernhard Lypp: Die Erschütterung des Alltäglichen. Kunstphilosophische Studien, München 1991, S. 10 f.

termauertem Heldenrealismus – Abstraktion, Fortsetzung der durch den Nationalsozialismus unterbrochenen Avantgarde der 1910er und 20er Jahre. Carl Hofer und Will Grohmann, Willi Baumeister und Hans Sedlmayr führten den erbitterten Streit um eine Bildsprache, die der neu zu gewinnenden Freiheit entspräche. In zunehmender Orientierung an die erstmalig kulturell tonangebende Vormachtstellung der Amerikaner setzten sich Abstraktion und Ungegenständlichkeit gegen die abbildende Repräsentation von Realität durch. Auf amerikanischer Seite wurde Jackson Pollock zum modernen Prototyp des freien, aber schwachen und von Lebenskrisen gebeutelten Künstlers; sein Werk stand für die moderne, angesichts der Katastrophen des vergangenen Jahrzehnts verständlichen, Angst. Angst, so schreibt Kierkegaard damals, „ist das Schwindelgefühl der Freiheit“ und Angst ist das offizielle Gefühl unserer Zeit.[7] Günter Grass hält in einer 1985 als Präsident der Akademie der Künste in Berlin gehaltenen Rede polternd dagegen: „Die 50er Jahre waren geprägt von Verdrängung. Die Abkehr von der Wirklichkeit als Stilprinzip. Nur nicht deutlich werden. (...) Der heftige, bis in den Künstlerbund hineingetragene Streit zwischen dem „gegenständlichen“ Maler Carl Hofer und Will Gromann, dem Apologeten der „Gegenstandslosigkeit“, bedeutete zu Beginn der 50er Jahre mehr als eine im Kunstbereich übliche Polemik: es ging auch um das Wahrnehmen oder Übersehen der Wirklichkeit in einem Land, das geschlagen, geteilt war, dessen zu verantwortende Last Völkermord hieß und das dennoch und deshalb im Begriff war, alles zu verdrängen, ich sage, gegenstandslos zu machen...“[8] Dem gegenüber stand die These der Abstraktion als Symbol des Lösens von ideologisch übersteigerten Leitbildern, die informelle oder surrealistische Geste als Nachvollzug höchster unentfremdeter Subjektivität, als Zeichen größter Freiheit. Abstraktion als Flucht vor der Unerträglichkeit der Realität oder produktives und die Freiheit des Individuums herausstreichendes Eingestehen existentieller Angst? Beide Lesarten durchziehen die kunsthistorische Literatur, beide sind die zwei Seiten einer Medaille. Als mittelose Kunst beklagt Hans Sedlmayr die Thematisierung des „entfesselten Chaos“ und bezieht sich auf Karl Jaspers: „Die sichere Begrenzung durch ein Ganzes fehlt. Er (der Maler; d. Verf.) muß auf eigenes Risiko den Auftrag sich selbst geben. Ohne Widerhall oder mit einem falschen Widerhall und ohne echten Gegner wird er sich selbst zweideutig. (...) Auch wohnt in der entfesselten Farbe selbst – wo sie nicht mehr durch plastische und architektonische Gegengewichte gehemmt wird – ein Element des Formlosen und Chaotischen.“ Resultat dieses Prozesses: „.. nirgends bricht das Dämonische so

7 Sören Kierkegaard, zit. nach: Serge Guilbaut: Wie New York die Idee der Modernen Kunst gestohlen hat. Abstrakter Expressionismus, Freiheit und Kalter Krieg, Dresden/Basel 1997 (Chicago 1983), S. 235

8 Günter Grass: Geschenkte Freiheit - Versagen. Schuld, vertane Chancen. Text einer Rede, die er - als Präsident der Akademie der Künste in Berlin – dort am 6. Mai 1985 hielt. Zit. nach Die Zeit, Nr. 20, 10. Mai 1095, S. 20

stark durch, nirgends ist die Verlassenheit so groß..."[9] Selten wird der Zusa mmenhang von freiheitsbestimmter Bildentsagung und einer damit einhergehenden geradezu dämonischen Angst vor dem Zerfall der Weltordnung[10] in der Kunst so vehement diskutiert, wie in der von den Schrecken der 30er und 40er Jahre geprägten Nachkriegszeit. Freiheit und Sicherheit - nicht nur in der Politik zwei Schalen einer Waage.

Dass jedoch ein Modell strikter ästhetischer Negativität, der Verweigerung jeglicher Repräsentation wie sie in der Gegenstandslosigkeit probiert wurde, solange es auf das jeweilige Überbieten des einmal gewonnenen Grades an Anti-Repräsentation angewiesen war, in eine Sackgasse führen musste, die insbesondere während der 80er Jahre im Rahmen der so genannten Postmoderne den Kunstdiskurs bestimmte, erscheint uns heute schon wieder wie eine historisch abgeschlossene Episode. Seitdem tummelt sich das Kunstgeschehen – weitgehend unbeeindruckt von linearen Entwicklungen - wie selbstverständlich inmitten lebensweltlicher Bezüge. Es wird zitiert, adaptiert, subversiv differenziert. Dem Alltag mit all seinen gesellschaftlichen Implikationen wird nicht mehr mit kommunikativer Verweigerung begegnet, sondern in geradezu kooperativer Partnerschaft, die bis zur Simulation marktwirtschaftlicher Vorgänge führt, deren Differenz zu den ehemals bekämpften Kräften der Warengesellschaft oftmals nur mehr in ihrer Bestimmung als Kunst deutlich wird. Dem entsprechend hat sich die Kunst im öffentlichen Raum breit gemacht, als Skulptur und Installation, aber auch als Intervention, indem sie z. B. im Gewand von Dienstleistung oder Sozialarbeit an die Grenzen ihrer Wahrnehmbarkeit pocht. Dabei wird im zunehmend ausufernden Geflecht aus Kunstmarkt und Verwertbarkeitsanforderungen das Abstecken eines angestammten Bereichs autonomer Ungebundenheit immer schwieriger. Jede Form hehrer sich abgrenzender Demonstration von Freiheit unterliegt sofort der Gefahr, zur hohlen und innerhalb kürzester Zeit kolportierten Attitüde zu gerinnen. Sich den Ansprüchen der Moderne zu nähern, scheint nur mehr in der subtilen, vielfach gebrochenen Differenz des sowieso immer schon irgendwie Vorhandenen auszumachen sein.

Zurück von den existentiellen oder kunsthistorischen Dimensionen der Sicherheit zu den aktuellen technischen Formen von Überwachung und Kontrolle: Die elektronischen Überwachungsapparate des beginnenden 21. Jahrhunderts erweisen sich in Anlehnung an das zentralperspektivische Erfassungsmodell der Renaissance als perfektionierte Fortsetzung eines im 18. Jahrhundert entwickelten panoptischen Prinzips: automatisiert, unsichtbar und unter Einsatz eines ubiquitären Überwachungsblicks. Ein gutes Jahrzehnt nach Ende des kalten Krieges

---

9 Hans Sedlmayr: Verlust der Mitte. Die bildende Kunst des 19. Und 20. Jahrhunderts als Symptom und Symbol der Zeit (1948), Frankfurt am Main, 1983, S. 109

10 Vgl. Sedlmayr, 1983, S. 246

hat das Thema Spionage somit erneut an Brisanz gewonnen, wenn auch unter veränderten Bedingungen. Nicht mehr die direkte Mann zu Mann-Observierung, wie sie beispielsweise der Filmklassiker "The third man" 1949 in der Regie von Carol Reed meisterhaft ins Bild setzte, steht im Vordergrund; weniger das heldenhafte und genrebildende Einschleusen von Spionen, das direkte Beschatten, die heimliche Konspiration führt an die Quellen geheimer Daten. Von großen Teilen der Gesellschaft als sicherheitsverheißende Technologie gewünscht und mit sozialem Vorteil assoziiert wird "der Bürger ... rundum überwacht - und findet nichts dabei.", so titelt „Die Zeit“ vom 31. Juli 2003. Entgegengesetzt zu der in George Orwells 1949 erdachten schwarzen Vision einer staatlichen Totalüberwachung des „Big Brothers“ ist das aktuelle Phänomen eben nicht auf einen zentralen, gar böswilligen Diktator zurückzuführen. "Nicht der Große Bruder beobachtet uns, sondern viele kleine Brüder"[11], statt eines Überwachungsstaates bringt uns die Überwachungsgesellschaft dazu, den Verlust an überwachungsfreien Schutzräumen als Frucht eigener Überzeugung anzusehen. So werden die Grenzen der Privatheit aus einem individuell motivierten, jedoch politisch geschürten Sicherheitsbedürfnis heraus überschritten: alles wird öffentlich, transparent; möglichen Schutzwällen, der Firewall privater Identität droht durch die digitale Anwendung des panoptischen Prinzips eine erneute Auflösung.[12]

Der diesem Phänomen zugrunde liegende Strukturwandel war Grundlage der von mir konzipierten Ausstellung „Firewall“[13] – zugleich ‚exotischer‘ Kontak t-punkt zu einem Forscherkreis, der sich unter der Perspektive der „Surveillance Studies“ trifft. Der Begriff „Firewall“ – verstanden ebenso als englisches Wort für Brandmauer wie als digitale Sicherheitsschwelle für Computer – steht hier für die komplexe Frage nach der sich öffnenden Schere zwischen einem zunehmend geäußerten Sicherheitsbedürfnis und dem Anspruch auf Unantastbarkeit von Privatheit und freier unkontrollierter Meinungsäußerung. Wie gehen Künstler heute mit dem nahezu unhinterfragten Diktum nach mehr Sicherheit durch mehr Kontrolle um? In welchem Verhältnis stehen ihre künstlerischen Arbeiten zu dem Anspruch der Unabhängigkeit gegenüber den Phänomenen einer Kontrollgesellschaft[14], bei gleichzeitigem Eingebettetsein in oder gar Ang e-wiesenheit auf eben deren Systematik?

---

11 Die ZEIT, 31. Juli 2003 Nr. 32, S. 1

12 Vgl. David Lyon: The Electronic Eye. The Rise of Surveillance Society, Polity Press, Cambridge 1994, S. 180 ff.

13 Die Ausstellung wurde 2004 in der Ausstellungshalle zeitgenössische Kunst, 2005 im Württembergischen Kunstverein Stuttgart gezeigt. Vgl. Ausst. Kat. Firewall, Münster/Bielefeld 2004

14 Vgl. die These von David Lyon, nach der die bisher gültige Beschreibung unserer Gesellschaft als Disziplinargesellschaft von dem Begriff der Kontrollgesellschaft abgelöst werden müsste. „Wir haben gerade erst begonnen. Überwachen zwischen Klassifikation und Ethik des Antlitzes. Interview mit David Lyon, in: Bild-Raum-Kontrolle. Videoüberwa-

Acht Künstlerinnen und Künstler waren geladen - vergleichbar mit der Hamburger Tagung in einem ‚Symposium der Kunst' - das Phänomen „Firewall" mit malerischen, skulpturalen, installativen und Video-Arbeiten zu untersuchen; nicht nur in seiner wörtlichen Dimension, sondern im übertragenen Sinn, verstanden als psychische Grenzziehung eigener Identität. Und dies nicht im Rückzug auf puren Konzeptualismus, sondern - durchaus im Hegelschen Sinne - bildhaft, als sinnlich, visuelles Aufscheinen von Idee in skulptural, malerisch oder videotechnisch umgesetzten Bildfindungen. Sie vollzogen damit die direkte Übertragung eines nur scheinbar technizistischen Problems aktueller Sicherheitsbestrebungen in die übergeordnete Fragestellung nach kultureller Selbstbestimmung. Dabei stellte die Ausstellung die sozialen und politischen Implikationen des äußeren Sicherheitskonstrukts einer Firewall mit bis zur Absurdität gesteigerten Beobachtungsapparaten gleichermaßen heraus, wie die ihnen inhärenten inneren Schutzwälle menschlicher Identität. Zugleich setzte sie der mythologisch unumstößlich sich gebärdenden Argumentation von Sicherheitsbegründungen eine humorvoll sarkastische Analyse des letztlich in den Tiefen der menschlichen Psyche verankerten Phänomens Firewall entgegen.

Beispielsweise das elektronisch aufgerüstete Käfigensemble der Amerikanerin Julia Scher: ein künstlerisch übersteigerter Hochsicherheitstrakt, der die Ambivalenz von Schutz und Überwachung, von Drahtzaun und Videokontrolle auch physisch erfahrbar machte; Eingesperrt oder ausgesperrt, geschützt oder gefangen, diese Frage ließ die Künstlerin bewusst unbeantwortet: „Firewall ist here, welcoming you... Now! Please, come inside...! Your body juices are important to us, here deep inside Firewall." Sicherheit!? Für den Niederländer Aernout Mik eine Frage psychischer Disposition. Die bildnerische Experimentalanordnung seines surreal aufgeladenen Raumensembles simuliert eine Überwachungssituation, die den Betrachter zugleich zu Objekt wie Subjekt einer nahezu undurchschaubaren Situation macht. Auch Andreas Köpnick stellt unsere Technikgläubigkeit in Sachen Schutz und Sicherheit in Frage: Mit skulpturaler Metaphorik ließ er in einem Bassin ein schwimmendes U-Boot internet- wie kameragesteuert und dennoch – oder gerade deswegen? - vergeblich gegen die verspiegelten Grenzen seines Beckens anlaufen.
Der schwedische Video-Künstler Magnus Wallin entführt den Betrachter in die künstlich animierte Welt eines großen Archivs „Anon". Doch trotz ständiger Kameraüberwachung scheinen die Dinge außer Kontrolle geraten. Ein Skelettarm greift ins Leere und wird von einem rasenden Rollstuhl befreit, eine Wirbelsäule marschiert an den Magazinschränken vorbei und skurrile Steineier rumpeln durch die endlos scheinenden Gänge: Im vorgeblich perfekten Schutz der

---

chung als Zeichen gesellschaftlichen Wandels, Hrsg. Leon Hempel, Jörg Metelmann, Frankfurt am Main 2005, S. 26

Sicherungsanlagen nimmt die Welt absurde Lebensformen an. Schließlich beweist auch die zeitgenössische Malerei, dass sie sich keineswegs wortkarg zurückzuziehen braucht, wenn es doch um scheinbar lediglich die Technikexperten betreffende Fragestellungen geht: Markus Vater interpretiert in für ihn charakteristischer Mischung aus Comic und malerischen Verve das Verhältnis Mensch und Web. Mit ironischem Unterton setzte er seinem Diptychon ein Sperrholz-„Memorial" für einen Hacker entgegen: „Tonight I hacked into the computer of the Chinese Foreign Ministry and replaced everywhere the word „revolution" with the word „chocolate". Wie leicht lassen sich so hehre Werte und mit ihnen ganze Gebäude an Identitäts- und Sicherheitsvorstellungen vom Sockel stoßen. Schließlich gemahnt die in New York lebende Malerin Julie Mehretu in ihrem monumentalen Wandbild „Das Auge des Ra" an jene hochtechnologisierten Militäroperationen, die mit aus der Luft gesetzten Treffern für Sicherheit sorgen wollen. Ein virtuos mit tuschartigem Pinselzug in Szene gesetztes Schlachtenbild; eine dramatisierende Herausstellung jenes Ortes, an dem die entscheidenden Schlachten - mit und gegen die Firewall – heute geführt werden: der Ort der Überwachung im Fokus des technisierten Blicks. Doch im Zentrum dieses Blicks steht der Mensch; z. B. jener, den Markus Vater in seinem Bild als einsames schutzlos den Weiten des Weltraums ausgesetztes Individuum – zugleich in stiller Hommage an Caspar David Friedrich - entgegenstellt. Muss diesem Menschen nicht ein wenig Sicherheit gewährt werden. Eine Überwachungskamera, so heißt es, fördere zumindest das subjektive Sicherheitsempfinden.

Dietmar Kammerer

Welches Gesicht hat das Verbrechen? Die "bestimmte Individualität" von Alphonse Bertillons "Verbrecherfotografie".

1843/44 wurden vier Strafgefangene des Brüsseler *Prison de Forest* kurz vor ihrer Haftentlassung fotografisch abgelichtet. Ihre Bildnisse wurden mithin just in dem Moment in das Archiv der Vollzugsanstalt aufgenommen, als die straffällig gewordenen Individuen dem direkten Zugriff der polizeilichen Behörden nicht mehr zugänglich waren. Diese Aufnahmen belegen, wie schnell – nur vier Jahre nach der öffentlichen Bekanntgabe der Daguerrotypie duch Arago im Jahre 1839 – sich eine Praxis der fotografischen "Erfassung" des Kriminellen und Devianten etablierte (Regener 1999: 28; Vec 2001; Vec 2002: 26). Spätestens ab 1850 wurden Daguerrotypien europaweit nicht nur von Gefängnisinsassen, verurteilten Straftätern und Verdächtigen angefertigt. Genauso erkennungsdienstlich behandelt wurden Nicht-Sesshafte, Bettler und Vagabunden und die Insassen psychiatrischer Heilanstalten (Stingelin 1988). Um im Zweifelsfall die Identität einer festgenommenen oder verdächtigen Person festzustellen, wurden Aufnahmen öffentlich ausgehangen oder zwischen Behörden ausgetauscht. Verbrecheralben sollten die Identifizierung von Verhafteten erleichtern und entscheiden helfen, ob es sich bei der betreffenden Person um einen so genannten "Wiederholungs-" oder gar um einen "Gewohnheitsverbrecher" handelte (Becker 1992).

Solche fotografischen Sammlungen antworteten auf die Herausforderung zunehmender Anonymität in den Jahren rasanter Urbanisierung und gesteigerter Mobilität ab Mitte des 19.Jahrhunderts. Beides zog neue Probleme der Erkennbarkeit nach sich: die Polizei kannte und erkannte "ihre" Klientel nicht mehr. Nach Abschaffung der alten Strafpraxis des Brandmarkens im Zuge der Transformation der Strafjustiz zwischen 1760 und 1840 waren an deren Stelle zunächst Versuche rein sprachlicher Deskriptionen des kriminellen Subjekts getreten.[1]

Die Steckbriefe und Fahndungsblätter fanden jedoch (seitens Behörden) ihre sprachlogische Beschränkung an den Grenzen der Beschreibbarkeit des spezifischen Individuums, ihre praktischen Grenzen an den Schwierigkeiten eines systematischen und zeitnahen Zugriffes auf ein solches Archiv; sowie (seitens

1 Am Beginn der Etablierung der Polizeifotografie stand somit nicht nur die Ersetzung einer alten Technik (des Brandmarkens) durch die neue der Fotografie, sondern genauso eine gewandelte Erfahrung (die Mobilität und Anonymität der Großstadt) (Foucault 1977: 9-170; Gunning 1995: 20-22).

der ›Gauner‹) an den vielfältigen Möglichkeiten der Maskierung, Disfiguration oder sonstigen Täuschung (Holzmann 2001: 130).
Kriminalisten wussten sehr wohl um das Unzureichende einer nicht-systematisierten, rein verbalen Personenbeschreibung und die "notorisch unpräzisen Formulierungen" in Steckbriefen einerseits (Vec 2002: 37), um die allgemeine Unzuverlässigkeit von Täterbeschreibungen durch Augenzeugen andererseits. Umso freudiger wurde die Möglichkeit begrüßt, dank der Aufzeichnetechnik der Daguerrotypie dauerhafte Abbilder des Wirklichen zu erhalten. Dieses neue Instrument, so die Hoffnung der Praktiker, sollte helfen, die Mängel der subjektiven Wahrnehmung zu überwinden und die Arbeit der Polizei auf eine wissenschaftliche, überprüfbare Basis zu stellen.
Das "objektive" Bild stellte sich jedoch keineswegs von selbst ein. Wie Susanne Regener in ihrer kriminal- und medienhistorischen Studie *Fotografische Erfassung* überzeugend nachgewiesen hat, waren die Anfänge der Verbrecherfotografie vielmehr geprägt von der "Suche nach dem richtigen Bild" (Regener 1999: 103), d.h. der Suche nach einer klaren Differenzierung zwischen dem *bürgerlichen* Blick (dem des Atelierfotografen auf das bürgerliche Subjekt) und dem *polizeilichen* Blick (dem des Kriminalisten auf den Delinquenten). Wurde anfangs noch die Abbildung eines Beschuldigten wie selbstverständlich an einen Berufsfotografen delegiert, in dessen Atelier die verdächtige Person in derselben Pose und Montur abgelichtet wurde wie gewöhnliche bürgerliche Klientel, so entwickelte sich schon bald eine spezifisch kriminalistische Technik und Ästhetik, die in bewusster Abgrenzung zur normalen Ateliersituation das kriminelle Subjekt bereits auf der Bildebene als deviantes, als nicht-bürgerliches kennzeichnen sollte. Die Mittel dafür waren u.a. abweichende Dekoration, Pose, Kleidung, Hintergrund. Schließlich wurden die Aufnahmen direkt ins Gefängnis oder auf die Polizeistation verlegt und von Polizisten selbst angefertigt. Man traute den Atelierfotografen nicht länger zu, den ›wahren‹ Charakter eines Kriminellen – zu dessen prominentesten Fähigkeiten immerhin das bewusste Sich-Verstellen gehört –, zu erfassen. Um den Verbrecher wie ›von selbst‹ im Bild aufscheinen zu lassen, war folglich erst ein mühsamer und weitgehend unreflektierter Prozess seiner medialen Konstruktion notwendig.

Die Standardisierung der Fotografie durch Alphonse Bertillon

Bald jedoch stellte sich ein neues Problem ein. Die Bildarchive der Polizei- und Gefängnisbehörden waren zu solch immensem Umfang angewachsen – in Großstädten wie Paris, London oder Berlin immerhin mehrere hunderttausend Einträge umfassend –, dass die Wahrscheinlichkeit, einen aufgegriffenen Straftäter wiederzuerkennen, zum bloßen Zufallstreffer herabsank. Schon meldeten Kritiker Bedenken an, ob man solch eine Praxis überhaupt weiterführen könne und dürfe. Die Verbrecherfotografie drohte, an ihrem eigenen Erfolg zu scheitern.

Es kam einem einfachen Hilfsschreiber bei der Pariser Polizei-Präfektur zu, den Ausweg aus dieser Situation zu weisen. Alphonse Bertillons Aufgabe war es, die "Signalements", schriftliche Beschreibungen straffällig gewordener Verbrecher, die die Bilder begleiteten, auf Karteikarten zu übertragen, und an genau dieser Position wurde das Dilemma einer durch Überfülle unbrauchbar gewordenen Registratur am schmerzhaftesten spürbar. Nach erheblichen Widerständen innerhalb der eigenen Behörde gelang es ihm, seine Vorgesetzten von der Wirksamkeit seines Systems zu überzeugen, welches statistische Verfahren mit solchen der Körpervermessung kombinierte. Es entstand die so genannte "anthropometrische Bertillonage" (Bertillon 1895).

Im Wesentlichen bestand Bertillons Innovation in vier Punkten: (1.) Vermessung bestimmter Körperteile (Anthropometrie); (2.) Personenbeschreibung im *portrait parlé*, im gesprochenen Porträt; (3.) die Beschreibung besonderer Kennzeichen; (4.) die Fotografie. Jedoch lag ihr eigentlicher Verdienst nicht in einer bloßen Vermehrung der zu erhebenden Informationen, sondern in dreierlei: Erstens, in der konsequenten *Standardisierung* der Beschreibung und der Ausrichtung an Meßdaten, die ›objektiv‹ erhoben wurden. Ausgehend von den physiognomischen Traditionen des 18.Jahrhunderts und den ethnographischen Studien an kolonisierten Völkern (Stingelin 1994: 117), war die "Bertillonage" der erste konsequente Versuch einer Verwissenschaftlichung von Polizeierkenntnis. Die Datenerhebung hatte einer streng vorgebenenen Methode zu folgen, die von Erkennungsdiensten überall in der Welt in gleicher Weise angewandt werden könnte (was im übrigen der internationalen Kooperation der Polizeibehörden enormen Vorschub leistete, weil zum ersten Mal den Austausch international vergleichbarer Angaben über Kriminelle ermöglicht wurde.)

Zweitens, in der Ergänzung der bildhaften durch die alphanumerische Kontrolle. Das Äußere kann maskiert oder defiguriert werden, Körpermaße wie die Länge des Kopfes, des linken Mittelfingers oder die Breite des rechten Ohres sind jedoch, so zumindest die Überzeugung Bertillons, unveränderlich und von Individuum zu Individuum unterschieden. Der Vergleich anthrompometrischer Meßdaten erlaubte bei Nicht-Übereinstimmung zumindest die negative Identifizierung eines Verdächtigen.

Drittens ermöglichte die Erhebung der Körperdaten eine Neuordnung der Registratur und löste somit das Dilemma der Adressierbarkeit. Anstatt wie bisher die Verbrecher nach Namen oder Typ des Verbrechens zu klassifizieren, konnten die Karteikarten nun nach einem komplexen Schema anhand der verzeichneten Meßdaten abgelegt – und vor allem: wiedergefunden – werden. So brauchte man einem Vorgeführten lediglich die entsprechenden Maße abzunehmen, um ihn im Archiv ausfindig zu machen. Eine Befragung des Verdächtigen über seine Identität wurde überflüssig, befragt wurde sein Körper selbst.

Mit Bertillon trennte sich die kriminalpolizeiliche Abbildung endgültig von ihrem einstigen Zwilling, dem bürgerlichen Porträt, und fand nach einer Phase

des Experimentierens und Ausprobierens zu ihrer noch heute weitgehend gültigen Form (Regener 1999; Schicke 2000). Bis in die Details war die gesamte fotografische Prozedur streng genormt. Jedes verdächtige Individuum wurde zweimal aufgenommen, einmal frontal *en face* und einmal als Profilaufnahme von rechts. Entscheidend war die Aufnahme *en profil*, da nur sie die "charakteristischen Linien" (Bertillon 1895: 14), die unverwechselbare Anatomie – und eben nicht den wechselnden Gesichtsausdruck – einer Person erfassen konnte und dadurch einzig als geeignet schien, "die bestimmte Individualität von jedem Gesicht darzustellen" (ebd.). Der Abstand zum Kameraobjektiv war ebenso vorgegeben wie Brennweite, Belichtung, Stellung und die Größe der Abzüge, die im *Carte de Visite*-Format (Maßstab von 1:7) auf einer ebenfalls normierten Karteikarte befestigt wurden. Der zu Portaitierende wurde auf einem speziellen Aufnahmestuhl fixiert, dessen Dimensionen absichtlich derart gewählt waren, "den Personen so wenig Spielraum als möglich beim Niedersetzen zu lassen" (ebd.: 75). Ein Stillgestellter hatte sich den Anweisungen des Fotografen völlig zu unterwerfen. "Der gezwungene Klient, welcher vor das Objectiv geführt wird, darf seine Geschmacksrichtung und Wünsche bezüglich des Bildes nicht kundgeben und damit ist die grösste Schwierigkeit behoben." (ebd.: 9)
In solcher "Fotogafie-wider-Willen" (Regener 1999: 19) wird das ehemalige Subjekt der Fotografie zu dessen Objekt, wird der bürgerliche Wunsch nach Repräsentation und Ausdruck ersetzt durch den polizeilichen Blick, der "alle ästhetischen Rücksichten beiseite setzt und nur den wissenschaftlichen [...] Standpunkt ins Auge fasst" (Bertillon 1895: 5). Solche "Rücksichten" waren Sache nur der Porträtmaler oder Atelierfotografen und lieferten bestenfalls ein "Durchschnittsbild" das "streng genommen keinem Bilde genau gleicht" (ebd.: 7), wie das abfällige Urteil des Polizeifotografen über seine künstlerisch dilettierenden Kollegen lautete, die die Porträts gewohnheitsmäßig nach dem Geschmack ihrer Klientel retuschierten, ein Vorgehen, das Bertillon als "beinahe ein Verbrechen" (ebd.: 18) erschien. Die "bestimmte Individualität", die von den Kameraobjektiven erfasst werden sollte, war jedoch ebenfalls nichts weniger als das Produkt eines massiven Eingriffes. Was unverwechselbar erscheinen sollte, resultierte aus einer absolut gleichförmigen Behandlung in Kombination mit einer statistischen Methode, die den Einzelnen immer nur als das Maß seiner Abweichung von einer gegebenen Durchschnittsgröße kannte. Das kriminalistische Gebot der Vergleichbarkeit machte aus allen Abgelichteten *Durchschnittsmenschen*, "zugleich Individuum und Gattung, singulär und kollektiv." (Stingelin 1994: 128)

Das Medium der Erkennungsdienste

Fotografie in ihrem erkennungsdienstlichen Gebrauch seit 1850 und spätestens seit Bertillon darf nicht als schlicht nützliches Werkzeug, sie muss als *Medium* verstanden werden: als etwas, das an dem, wovon es spricht, konstitutiven Anteil hat, als eine wirklichkeits(in)formierende Kraft. Auf den Polizeistationen wurde eine "Geschichte medialer Konstruktionen des Kriminellen" (Regener 1999) geschrieben, in der das (diskursive) Bild des Verbrechers seinen Niederschlag in und seine Bestätigung an den (fotografischen) Abbildungen der verdächtigen oder straffällig gewordenen Individuen fand. "Derjenige, der fotografiert wird, ist zuerst einmal ein Beschuldigter oder Strafgefangener, und seine Abbildung wird erst durch die polizeiliche [...] Gebrauchsweise mit einer Bedeutung verbunden, die verkürzt lautet: der hier Abgebildete ist kriminell disponiert oder kriminell rezidiv." (Regener 1999: 303)

Disposition und Rezidivität, kriminelles Handeln als Charakterzug und als Zwang zur Wiederholung, beschreiben die beiden wichtigsten Merkmale des ›Gewohnheitsverbrechers‹, *dem* zentralen Phantasma des kriminologischen Diskurses des 19.Jahrhunderts (Becker 2002), einer Figur, die nicht gedacht werden kann ohne die Praktiken ihrer fotografischen Registration. So wie die Fotografie den dauerhaften Beweis einer Sache liefert, wie sie wirklich ist, so führt die Aufnahme einer straffällig gewordenen Person deren wahres Wesen anschaulich vor Augen und stellt diese Erkenntnis zugleich auf eine Dauer, die sich selbst bestätigt. Im Wiederhineinlesen von kriminellen Zügen in das Bertillonsche Porträt unterliegt der kriminalwissenschaftliche Blick, wie Martin Stingelin schreibt, einer *petitio principii*: "Die Schuld wird immer schon sichtbar gewesen sein." (Stingelin 1994: 114)

Doch die Geschichte der Herstellung von Evidenz kommt nicht ohne ihre Paradoxe aus. Die Selbst-Verständlichkeiten des Visuellen gingen mit der Erfindung der Fotografie verloren. Bertillon musste stets mit der Hinfälligkeit des Augenscheins sowie den Täuschungsabsichten seiner Klientel rechnen, die als "Gesichterdiebe" und "Verwandlungskünstler" drohten, das mühsam errichtete Erkennungssystem wieder zu sabotieren (Holzmann 2001: 130). Gegen beides brachte er die Objektivität einer Aufnahmeapparatur in Stellung, die diese Maskierungen zu durchschauen nur dadurch imstande war, indem sie Abweichung und Allgemeines – was eine Person mit allen anderen gemeinsam hatte – in systematischer Routine gegeneinander ausspielte. Diese Linie kann in die Gegenwart verlängert werden. Heutzutage sollen automatisierte, computergesteuerte Kameras der Videoüberwachung in die Lage versetzt werden, gänzlich ohne menschliches Subjekt als autonomes System den Verbrecher bereits an seinen Gesten und Handlungen zu erkennen. *Automatic behavior recognition* beruht dabei wie vor zweihundert Jahren auf dem Prinzip der Abweichung: was sich anders verhält als seine Umgebung oder sein Hintergrund, macht sich verdächtig. Es gilt: Je sichtbarer etwas gemacht werden kann, umso mehr zieht es sich zurück, sucht sich zu verbergen. Mediale Aufrüstung führt zu einer Verwischung der Zeichen der Oberfläche, jede Sichtbarkeit produziert gesteigerte Unsichtbarkeiten.

"The precision of a well-designed machine"

Wie kein Zweiter hat Bertillon der erkennungsdienstlichen Polizeiarbeit Ende des 19.Jahrhunderts zu einem rasanten Modernisierungsschub verholfen. Nicht nur wurden nach 1870 die Zugriffe auf den Verbrecherkörper vereinheitlicht, systematisiert und rationalisiert, es entstanden Registraturen und Archive von enormem Umfang und Datentiefe, an denen sich ein Wissen über den Gegenstand ›Kriminalität‹ erst aufrichten konnte. Und nicht zuletzt hat Bertillon die Kriminalisten die Einübung des analytischen "Scharfblicks" (Regener 1999: 141) gelehrt: die Aufrasterung von Körpern und Gesichtern nach feststehenden Schemata zur individuellen Beschreibung, die jegliche Täuschungsabsichten übersteigt. Allerdings darf von dieser umfassende Rationalisierung und Verwissenschaftlichung einer zuvor unsystematischen Praxis nicht schon auf deren Wirksamkeit geschlossen werden. Auch nach 1870 gelangt die Mehrzahl der Festnahmen dank konventioneller Methoden der Fahndung. 1880 wurden in Berlin lediglich 139 Kriminelle anhand des zentralen fotografischen Registers identifiziert, 1912 lag diese Zahl immerhin etwas höher (Jäger 2001). Eine effektive Repression von Kriminalität war damit nicht etabliert – trotz aller Euphorie.
Mit ihrer fragwürdigen Effektivität allein ist die Begeisterung der Praktiker für die Bertillonsche Methode nicht hinreichend zu erklären. Ebenso wichtig waren wissenschaftsgeschichtliche und kriminalpolitische Gründe. So bilanziert Jäger: "When the criminal police began to use photographs systematically in the 1870s it was more to display effectiveness than a real means of detection ... [P]hotographs were more important in representing scientific policing than in detecting ›criminals‹." (ebd.: 27)

Spurensicherung: eine neue Wissenschaft der Praxis

Die Entstehung der Kriminalistik im letzten Viertel des 19.Jahrhunderts war Teil eines umfassenden wissenschaftlichen Paradigmenwechsels. In Abgrenzung zu einem ›harten‹ Verständnis der Wissenschaft in der Nachfolge Galileis etablierte sich das "Indizienparadigma" als neues epistemologisches Modell. Dieses hatte nicht mehr "die Quantifizierung bzw. Wiederholbarkeit der Dinge", sondern "das *Individuelle* an Fällen, Situationen und Dokumenten zum Gegenstand" (Ginzburg 1995: 19). Bertillons Verknüpfung von Statistik, standardisierten Operationen und Messungen mit dem Individuellen des Körpers erlaubte einer unregulierten Praxis, szientifische Methode zu werden. Wichtiger als nachweisbare Erfolge war der "Schein von Wissenschaftlichkeit" (Vec 2002: 119), den die Kriminalisten mit den neuen Begrifflichkeiten und Verfahren zu erlangen hofften. Die Professionalisierung ihres Berufsstandes und die damit verbundene kollektive Selbstaufwertung waren nicht zu unterschätzendes Beweggründe für eine breite und weitgehend unreflektierte, experimentell aufzufassende Übernahme in polizeiliche Alltagspraxis. Seitens der Bevölkerung durfte die Verwissenschaftlichung der Kriminalisitik darüber hinaus als vertrauensbildende Maßnahme gelesen werden, als Ausweis von Professionalität und Legalität, wie in der Bemerkung eines zeitgenössischen Beobachters aus dem Jahr 1887 deutlich wird: "In place of a police that is irritable, brutal, theatrical and dramatic, seeking publicity, there would appear a calm and stable police force, working in silence, proceeding by gentle strokes, noiselessly, but with the precision of a well-designed machine." (Gunning 1995: 22)

Während die Bevölkerung sich in Ruhe und Sicherheit wiegen konnte im Schutz einer Polizei, die "maschinengleich" und "lautlos" ans Werk ging, sollte die Fotografie gegenüber den Verbrechern als ein Instrument unmittelbarer Einschüchterung wirken. Die erniedrigende Prozedur der Aufnahme zielte auf die völlige Unterwerfung des Abgebildeten. Jeder Versuch der Selbst-Darstellung seitens des ›gezwungenen Klienten‹ galt bereits als Verstellung, als Täuschungsversuch. Der populäre Glauben an die Unbestechlichkeit des Kameraobjektives, die wahrheitsbezeugende Kraft der Fotografie, sollte die Kriminellen überzeugen, von selbst die Wahrheit über sich auszusagen.

Vom Personen- zum Sachbeweis. Die Verwissenschaftlichung der Kriminalpraxis

Eine Zusammenfassung ist angebracht: Im 19. Jahrhundert wurde kriminalpolizeiliche Arbeit von einer tiefgehenden Transformation ergriffen. Etwa ab 1850 begannen Kriminalisten, wissenschaftliche Methoden und Strategien zur Erkennung des ›Kriminellen‹ zu erproben. Der Wechsel vom Personen- zum Sachbeweis musste eine Reihe von Gewissheitsverlusten kompensieren, die das Jahrhundert mit sich gebracht hatte: die wachsende Anonymität der Großstädte; die Abschaffung der körperlichen Brandmarkung; die Zweifel an der Zuverlässigkeit subjektiver Zeugenaussagen; die Unzuverlässigkeit der Personenidentifikation vor Gericht. Fortan galt: Nicht mehr der Verdächtige, sondern sein Körper wurde befragt. Das Indizienparadigma – die Orientierung am kleinen, unscheinbaren Detail – lieferte das passende Erkenntnismodell, nach dem die neue Ordnung kriminalistischen Wissens organisiert wurde. Mit der neuen epistemologischen Methode verband sich eine Ausweitung des Beobachtbaren: einerseits wurden umfassende Datenerhebungen, Wissensbestände des Kriminellen, in Archiven und Registraturen angelegt. Andererseits musste die Anwendung "zielgerichteter Intuition bei der fall- und situationsbezogenen Aufklärung eines Problems" (Becker 1992: 97) eingeübt werden. In der Praxis operierte diese Intuition als eine visuelle: Sie formte sich an Bildern des Verbrechens, wie sie zuerst in Ateliers, später in den erkennungsdienstlichen Abteilungen der Polizei angefertigt wurden.

Vor diesem Hintergrund erschien die Technik der Fotografie als spezifisch geeignetes Instrument, die neue kriminalpolizeiliche Praxis auf eine ›objektive‹

Grundlage zu stellen. Dazu musste der Abbildungsvorgang strengen Verfahren der Normierung unterworfen werden, durch welche das Subjekt der Fotografie zu dessen Objekt wurde. Eingebunden in ein Ensemble aus physiognomischer Tradition, modernen statistischen Verfahren, Verwaltungswissen, organisatorischer und administrativer Vernetzung und internationalen Vereinbarungen, kristallisierte die Verbrecherfotografie als Ausgangs- wie als Zielpunkt erfolgreichen kriminalpolizeilichen Handelns.

Dieser Triumph des Visuellen implizierte jedoch zugleich seine Krise. Droht ihm auf der einen Seite stets die völlige Unleserlichkeit durch eine Überflut an Bildern, so fehlt den bloßen Daten die Anschaulichkeit. Laut Wolfgang Ernst können Kontrollstrategien grundsätzlich aufgeteilt werden in alphanumerische (Kontrolle durch Daten) und visuelle (Kontrolle durch Blick) (Ernst 2005). Bertillons Anthropometrie, sein System zur Erhebung körperlicher Messdaten, trat an, die Unübersichtlichkeit des Bildarchivs zu retten. Es wurde schießlich abgelöst von der Daktyloskopie, der "Finger-Schau", in der beide Modalitäten der Kontrolle zum ersten Mal zusammenfanden: Ein Finger wird zuerst abgebildet, dann in Daten übersetzt. Dieses visuell-alphanumerische Kontrolldispositiv findet gegenwärtig in Biometrie, Rasterfahndung, automatisierter Bilderkennung seine Fortsetzung. Technisch ist Videoüberwachung zwar ein Produkt des 20.Jahrhunderts. Kulturell jedoch reichen die Wurzeln visueller Überwachung rund einhundert Jahre weiter zurück. Die Einübung des "Scharfblicks", die "Disziplinierung des Auges zum Instrument distanzierter Beobachtung" (Holzmann 2001: 71), die Übernahme wissenschaftlicher Methoden in die Polizeipraxis und die Etablierung eines visuell-alphanumerischen Kontrolldispositivs hat den aktuellen Praktiken der Videoüberwachung bereits im 19.Jahrhundert den Boden bereitet.

Welche Schlussfolgerungen lassen sich für die aktuelle Diskussion ziehen?

Erstens: die Muster wiederholen sich. Spätestens 1914 wurde die anfänglich so begeistert aufgenommene Anthropometrie bereits wieder aufgegeben – auch bei ihr galt, dass sie durch Erfolg zu schwer- und zu fehleranfällig wurde. Weder gelang ihr der Nachweis, dass die Abnahme von elf Körpermaßen tatsächlich ein Raster bildete, das fein genug war, bis zur Individualität vorzudringen. Noch gelang es, das komplizierte und zeitaufwendige Prozedere weltweit, oder wenigstens über regionale Grenzen hinaus, so zu vereinheitlichen und standardisieren, dass ein darin wenig ausgebildetes Polizeipersonal rigoros vergleichbare und austauschbare Ergebnisse liefern konnte. Bertillons im Grunde ungeliebtes Stiefkind[2], die standardisierte Verbrecherfotografie *en face* und *en profil*, ist zwar

2 Alphose Bertillon war immer der Ansicht, dass man quantifizierbaren Zahlen mehr vertrauen konnte als nur subjektiv einzuschätzenden Bildern – darin war er sehr modern. Das Porträt eines Verdächtigen sah er deshalb bestenfalls als Gedächtnisstütze an sowie als Zugeständnis an das alltägliche Wahrnehmungsvermögen.

weiterhin in Verwendung und gilt heute noch als Ikone des kriminellen Porträts. Als primäres Werkzeug der Identifizierung wurde sie in der Kriminalpraxis jedoch abgelöst von der wesentlich praktikableren und einfacheren Daktyloskopie, dem Abnehmen der Kapillar-Linien der Fingerkuppen (siehe den Beitrag von Berthold in diesem Band). Heute wiederum erleben wir die Ablösung des Fingerabdrucks durch die DNA-Analyse. Die einstmalige Euphorie um den Fingerabdruck ist Skepsis an seiner Zuverlässigkeit gewichen (Cole 2001). Jede neue Polizeitechnik scheint ganz einfach solange als unfehlbar zu gelten, bis sie von einer neuen abgelöst wird. Der Fingerabdruck wandert dafür in den Bereich privater Abwendungen – sein Einsatz im digitalen Reisepass könnte vielleicht auch als Symptom dafür gelesen werden, dass er für kriminalpolizeiliche Arbeiten schlicht nicht mehr von vorrangiger Bedeutung ist.
Heute wie damals wurde Bewegung und Anonymität als gefährlich angesehen und Polizeitechnologien unterschiedslos auf Verdächtige, überführte Kriminelle, Migranten oder Fremde angewendet.
Heute wie damals schafft der Erfolg einer Technik neue Probleme – die Überflut an Bildern machte es notwendig, neue Systeme der Adressierbarkeit zu entwickeln. Damals war es die standardisierte Körpervermessung, heute sollen Verfahren der automatisierten Bilderkennung in Echtzeit helfen, die Überfülle an visuellen Informationen zu bewältigen. Und heute wie damals steht zuerst die Implementierung einer Technik, und anschließend erst – wenn überhaupt – die Diskussion ihrer möglichen Defizite. In der Zwischenzeit dürfen Individuen Großexperimente erkennungsdienstlicher Behandlung von zweifelhaftem kriminalpolizeilichem Wert über sich ergehen lassen.

Zweitens, und ohne einem Technikdeterminismus das Wort zu reden, gibt es starke Indizien für eine *Eigendynamik der Technik* in ihrer praktischen Anwendung, die einen Überschuss an Effekten bewirkt, die von niemandem intendiert worden sind. Technische Medien haben Anteil an der Bildung "ihrer" Objekte, sie konstruieren die Wirklichkeit, die abzubilden sie bloß vorgeben. Zudem darf nicht nur nach den jeweiligen externen Folgen einer Polizeimaßnahme gefragt werden. Genauso in den Blick kommen müssen die internen Folgen einer bestimmten Maßnahme für das Selbst- und Fremdbild von Polizeiarbeit, die sich durch Technikeinsatz unter anderem den Schein von Wissenschaftlichkeit und Professionalität verleihen kann. Das Bild der Sicherheitsorgane als nach objektiven Kriterien arbeitenden *scientists* wird heute vor allem in Polizeisendungen wie *CSI Miami* oder *Medical Detectives* verbreitet, die kriminelle Ermittlungen weitgehend als Spurenarbeit in hochspezialisierten Laboratorien darstellen.

Indem die Kriminalisten die Verbrecherfotografie nach und nach in die eigenen Hände genommen haben, haben sie sie zugleich jeder gesellschaftlichen Diskussion entzogen. Als Lehre daraus möchte ich *drittens* die wohlbekannte Forderung nach mehr demokratischer Transparenz und Verantwortlichkeit ziehen. Obwohl die entsprechenden Technologien für Laien immer schwerer verständlich werden – und selbst für Experten in ihren Konsequenzen immer weniger durchschaubar sind –, dürfen die Entscheidungen über ihren Einsatz nicht den Praktikern alleine überlassen werden. Andererseits ergibt sich daraus ein Dilemma: Gerade für Videoüberwachung wird oftmals gefordert, dass einheitliche Regeln ihres Gebrauchs, standardisierte Verfahren und *Code of Practices* durchgesetzt werden sollten, um zumindest Klarheit darüber zu erreichen, was erlaubt sei und was nicht. Andererseits zeigt das Beispiel Bertillons, dass Standardisierung und Vereinheitlichung immer auch einen gewaltigen Zuwachs an Macht bedeuten. Mit anderen Worten: Wenn die Beobachtung mancher soziologische Studien stimmt, dass Videoüberwachung und andere Kontrolltechnologien noch weit davon entfernt sind, in der alltäglichen Polizeipraxis optimal eingesetzt zu werden (Goold 2005), hätten wir dann nicht eher ihre konsequente Anwendung zu befürchten?

Literatur

Becker, Peter (1992), "Vom ›Haltlosen‹ zur ›Bestie‹. Das Polizeiliche Bild des 'Verbrechers' im 19.Jahrhundert", in: *"Sicherheit" und "Wohlfahrt": Polizei, Gesellschaft und Herrschaft im 19. und 20.Jahrhundert*, hg. v. Alf Lüdtke, Frankfurt a.M., S. 97-131.

Becker, Peter (2002), Verderbnis und Entartung. Eine Geschichte der Kriminologie des 19. Jahrhunderts als Diskurs und Praxis, Göttingen.

Bertillon, Alphonse (1895), *Die gerichtliche Photographie. Mit einem Anhange über die anthropometrische Classification und Identificirung*, Halle.

Cole, Simon (2001), *Suspect Identities. A History of Fingerprinting and Criminal Identification*, London/Cambridge.

Foucault, Michel (1977), *Überwachen und Strafen. Die Geburt des Gefängnisses*, Frankfurt a.M.

Ginzburg, Carlo (1995), "Spurensicherung. Der Jäger entziffert die Beute, Sherlock Homes nimmt die Lupe, Freud liest Morelli", in: ders., *Spurensicherung. Die Wissenschaft auf der Suche nach sich selbst*, Berlin, S. 7-44.

Goold, Benjamin (2005), "Unter dem Auge der Kamera. Closed-Circuit Television und Polizeiarbeit", in: *Bild – Raum –Kontrolle. Videoüberwachung als Zeichen gesellschaftlichen Wandels*, hg. v. Leon Hempel und Jörg Metelmann, Frankfurt a.M., S. 221-234.

Gunning, Tom (1995), "Tracing the Individual Body: Photography, Detectives and Early Cinema", in: *Cinema and the Invention of Modern Life*, hg. v. Leo Charney und Vanessa Schwartz, Berkeley, S. 15-45.

Holzmann, Gabriela (2001), *Schaulust und Verbrechen: eine Geschichte des Krimis als Mediengeschichte (1850-1950)*, Stuttgart, Weimar.

Jäger, Jens (2001), "Photography: a means of surveillance? Judicial photography, 1850 to 1900", in: *Crime, History & Societies* 5, H. 1, S. 27-51.

Regener, Susanne (1999), *Fotografische Erfassung. Zur Geschichte medialer Konstruktionen des Kriminellen*, München.

Schicke, Sabine (2000), "Die fotografische Behandlung des menschlichen Anlitz im 19.Jahrhundert. Die Einschreibung des Verbrechens ins Gesicht", in: *Significans. Zwischen Kunst und Erkennungsdienst*, Red. Winfried Pauleit und Dierk Spreen (*Ästhetik und Kommunikation* 111), S. 23-30.

Stingelin, Martin (1988), "En face et en profil. Der identifizierende Blick von Polizei und Psychiatrie", in: *Fotovision. Projekt Fotografie nach 150 Jahren*, hg. v. Bernd Busch u.a., Hannover, S. 181-187.

Stingelin, Martin (1994), "Der Verbrecher ohnegleichen. Die Konstruktion ›anschaulicher Evidenz‹ in der Criminal-Psychologie, der forensischen Physiognomik, der Kriminalanthropometrie und der Kriminalanthropologie", in: *Physiognomie und Pathognomie. Zur literarischen Darstellung von Individualität*, hg. v. Wolfram Groddeck und Ulrich Stadler, Berlin, S. 113-133.

Vec, Milo_ (2001), "Die Spur des Täters. Bertillonage, Daktyloskopie und Jodogramm: Fortschritte und Versprechungen der naturwissenschaftlichen Kriminalistik um 1900", in: *Juridikum. Zeitschrift im Rechtsstaat* 2, S. 89-94.

Vec, Milo_ (2002), *Die Spur des Täters. Methoden der Identifikation in der Kriminalistik (1879-1933)*, Baden-Baden.

Nicola Berchtold

Spuren des „Berufsverbrechers“. Die Daktyloskopie als Identifizierungstechnik in deutschen Großstädten um 1900

Jedes Jahr im Frühsommer präsentieren die amtierenden Hamburger Polizeipräsidenten der Öffentlichkeit den Polizeibericht für das Vorjahr. Immer unterstreichen sie dabei die Notwendigkeit moderner Methoden für die Polizeiarbeit: Werner Jantosch lobt den ‚genetischen Fingerabdruck', mit dem man im Jahre 2004 bis zu 16 Jahre alte Mordfälle aufgeklärt habe, Udo Nagel forderte zu seiner Amtszeit „freie Befugnisse bei der Anwendung des so genannten ‚genetischen Fingerabdrucks'.“ (WELT 28.05.2005; TAZ 11.06.2003, HA 11.06.2003)
Der ‚genetische Fingerabdruck' ist die moderne Variante der Personenidentifizierung mittels biometrischer Merkmale des Körpers. Ausgangspunkt für die Identifizierung ist die für das bloße Auge unsichtbare DNA-Struktur in Blut, Speichel oder Haaren. Beim ‚klassischen Fingerabdruck' sind es die Hautrillenstrukturen auf den Fingerkuppen. Der Fingerabdruck ist ein in der ganzen Welt angewandtes Hilfsmittel zur Täteridentifikation. Jüngstes Beispiel zur Anwendungsaktualität des Fingerabdrucks ist dessen beschlossene Aufnahme in deutsche Reisepässe.

Zum selbstverständlichen Bestandteil kriminalistischer Arbeit wurden Fingerkuppenmuster vor hundert Jahren. Heute wie damals halten Sicherheitsbeamte und Politiker die Anwendung von biometrischen Identifizierungstechniken für ein zeitgemäßes und unerlässliches Hilfsmittel, um das scheinbar ausufernde Problem Kriminalität zu lösen.

Der institutionalisierten Anwendung der Daktyloskopie (‚Fingerschau' von gr. Daktylos: Finger, skopein: Schau) gingen heftige Kontroversen voraus, die um die Durchsetzung der zuverlässigsten und wissenschaftlichsten Methode der Personenidentifikation kreisten. Um 1900 wurde der Fingerabdruck zu jener Spur des Täters, an die sich besondere Hoffnungen auf Objektivität, Wissenschaftlichkeit und Erfolgsquote knüpften. Hatte man die Verbrecher früher fotografiert und körperlich vermessen nach dem System der Bertillonage, so rückte nun die Identifizierung mittels des Fingerabdrucks ins Zentrum der Aufmerksamkeit. Mit neuen naturwissenschaftlichen Erkenntnissen wollte man die ‚Wahrheit' sichern und damit auf ein ‚modernes Verbrechertum' reagieren, das sich in den Widrigkeiten der Zeit als Bedrohung der gesellschaftlichen Sicherheit entwickelt habe.

Eine solche Sichtweise begreift Kriminalität als natürliche Erscheinungsform, die in ihrer Wesenhaftigkeit objektiv erforscht und entsprechend bekämpft werden kann. Indem die Daktyloskopie aber als Mittel sozialer Kontrolle von abweichendem Verhalten eingesetzt wurde, ist sie von der historisch spezifischen

Konstruktion sozialer Realität nicht zu trennen. Dieser Ansatz verweist auf eine ‚Realität', die außerhalb zeitgenössischer Definitionen nicht existiert. Deshalb liegt die Betonung hier auf der kulturellen Definition von gesellschaftlichen Normen, auf die sich Strafrecht und Kriminalpolitik beziehen. Die wissenschaftshistorische Perspektive, die sich hier eröffnet, ergibt sich nicht aus der Aneinanderreihung von Innovationen, die zum Fortschritt führten, den die Kriminologie und Kriminalistik um 1900 ihrem Selbstverständnis nach machten. Vielmehr sollen hier die Konzeptualisierung von Kriminalität und die Wahl der Methoden zu deren Erforschung historisiert werden. So können die Identifizierungstechniken innerhalb der historisch spezifischen Sinnzusammenhänge beschrieben werden, die gesellschaftliche Wahrnehmungs- und Denkmöglichkeiten lenkten. Ich frage nach den Bedingungen, unter denen es möglich war, in einer bestimmten Weise über ‚Kriminelle' zu sprechen, zu denken, sie zu erforschen, zu erkennen und sich ihrer Identität mittels verschiedener Strategien, Verfahren und Techniken zu bemächtigen.

Ausgehend vom Diskursbegriff Michel Foucaults liegt dieser Untersuchung ein Quellenmaterial zu Grunde, das erstens Überschneidungen zwischen unterschiedlichen Wissensfeldern und damit die Verdichtung von den zeitgenössisch gültigen und als ‚wahr' akzeptierten Aussagen ermöglicht, und zweitens die zeitgenössischen theoretischen Erörterungen mit den verbundenen Handlungsweisen in ihrer wechselseitigen Abhängigkeit hervorhebt.[1]

Wissenschaftsfelder, die das Denken über ein Erkennen des Verbrechers um 1900 verstärkt prägten sind Anthropologie, Biologie, Medizin und Strafrecht. Auch die literarische Darstellung von Kriminalität transportierte Vorstellungen und Deutungsweisen über Verbrecher. In den Überlagerungen dieser Felder entstanden zeitgenössische Deutungsmuster über den „Kriminellen" und konstituierten sich abgrenzbare Wissensbereiche. So erhielten naturwissenschaftliche Experten und Mediziner als Gutachter vor Gericht eine privilegierte Position; die Kriminalistik spaltete sich als eigenständige Wissenschaft von der Strafrechtswissenschaft ab und erhielt mit der Kriminalbiologie eine eigene Position innerhalb der Kriminologie; durch akademische Aus- und Fortbildung geprägte höhere Kriminalbeamte publizierten in enger Nähe zu Strafrecht, Kriminologie und Medizin sowie Literatur Texte über Verbrechen und Verbrecher. Gerade das Gemenge der verschiedenen Diskursfelder konstituierte ein soziales Objekt wie den ‚Berufsverbrecher' oder ein technisches Verfahren, um diesen zu erkennen.

Die folgenden Abschnitte sollen verdeutlichen, inwiefern die historische Erkennbarkeit des ‚kriminellen Außenseiters' von den jeweils impliziten Annah-

1 (vgl. Foucault 1978: 51; ders. 1997: 72f.; ders. 2000: 33; Bublitz/u.a. 1999: 12; Brieler 1998a: 262; Krasmann 1999: 36; Veyne 1992: 37; Jäger 1999:140; Link 1988: 285; Sarasin 1996: 143f; Martschukat 2002: 7-26.

men über ihn abhängt. Die von den Wissenschaftlern als ‚Wahr' konstruierten Identitäten des anständigen Bürgers und des ‚Anderen' als Gegenbild spiegeln sich in den politisch und kriminalpolizeilich anvisierten Maßnahmen gegen unerwünschte gesellschaftliche Erscheinungsformen wie ‚Vagabunden', ‚Zigeuner' und ‚minderwertige Rassen'. Die kriminalistische Fokussierung auf das Konzept des „Berufsverbrechers" als biologisch determinierter ‚minderwertiger' und damit gesellschaftsschädigender Verbrecher, der in den Austauschbeziehungen zwischen Anthropologie, Kriminologie und Kriminalistik entstand, hatte erhebliche Folgen für die Konstruktion vom Delinquenten, die Organisation der Verbrechensbekämpfung und die erkennungsdienstlichen Maßnahmen.. Kriminologie und Kriminalistik beteiligten sich damit an einer Wesens- und Typenbildung von Verbrechern.

Zunächst schildere ich die Einführung der Daktyloskopie innerhalb ihrer institutionellen und administrativen Bezüge. Weiter gehe ich auf den historischen Kontext ein, in dem die fortschreitende Industrialisierung, das starke Bevölkerungswachstum und eine spürbare Urbanisierung die Vorstellungen der Zeitgenossen beeinflussten. Der massive Ausbau der großstädtischen Kriminalpolizei ist besonders im Zusammenhang mit der kriminalpolizeilichen Praxis zu sehen: Das Objektivitäts-Postulat der Kriminalistik lässt sich kritisch hinterfragen. Diskursiv strukturierte Vorstellungen von Normalität und Abweichung lassen sich offen legen, die in der Erfassung bestimmter Individuen und Gruppen zum Vorschein kommen.

Die institutionelle Einführung der Daktyloskopie

Robert Heindl (Jurist und zeitweise Kriminalkommissar in Dresden) preist in seinem 1921 erschienenen Standardwerk über Daktyloskopie (Heindl 1922) deren „ungeheure Bedeutung für die Kriminalistik", die er schon früh geahnt haben wollte (ebd.: 5).

Die Hautrillen auf den Fingerkuppen, die so genannten Papillarlinien, waren älteren Kulturen wohl schon sehr früh aufgefallen. Es existieren prähistorische Steinzeichnungen in Asien, Europa und Nordamerika mit Fingerabdrücken; für Asien, insbesondere China, Tibet, Indien und Persien, lassen sich bis ins erste Jahrtausend n. Chr. Fingerabdrücke als Unterschrift auf Dokumenten nachweisen (Cole 2002: 60). Kriminalisten um 1900 wiesen gerne auf die „uralte Lehre" über die Papillarlinien und die ebenfalls einige Jahrhunderte zurückliegende wissenschaftliche Beschäftigung mit den Fingerkuppen hin, um die Gewichtigkeit und Seriosität des Verfahrens gegenüber „Skeptikern, die darin ein neuzeitliches Mittel" (Schneickert 1923: 16) sahen, zu unterstreichen.

Letztlich wurde die Fingerabdrucknahme als Identifikationsmittel in den englischen Kolonien entwickelt – als Mittel sozialer Kontrolle im Kontext ordnungs- und verwaltungspolizeilicher Maßnahmen der britischen Beamten gegenüber den Einheimischen. Der englische Verwaltungsbeamte William Herschel und der englische Arzt Henry Faulds machten unabhängig voneinander in Indien und in Japan im letzten Drittel des 19. Jahrhunderts praktische Versuche mit Fingerabdrücken an Einheimischen und veröffentlichten ihre Ergebnisse in der renommierten englischen Fachzeitschrift „Nature", um auf den Nutzen dieser Methode für die polizeiliche und verwaltungstechnische Anwendung aufmerksam zu machen. Herschel wies dabei auf die Möglichkeiten der Personenfeststellung bei falschen Angaben, Faulds auf die Möglichkeiten der Identifikation eines Täters durch eine am Tatort zurückgelassene Spur hin. Das am meisten beachtete Identifizierungsverfahren war zunächst noch die Anthropometrie (Körpervermessung) nach dem System Bertillons, das in Indien 1885 und in Bengalen 1892 eingeführt worden war. 1898 war die anthropometrische Kartensammlung bereits auf 200.000 Karten angewachsen (Heindl 1922: 73). Die „Gleichheit der Eingeborenen" erschien „für das Europäerauge" aber ein Nachteil für die Effektivität der Bertillonage, die in Frankreich funktionieren mochte (ebd.: 410).

Der Direktor der bengalischen Polizei, Edward Henry experimentierte bereits 1891 mit Fingerabdrücken. Francis Galton, der Präsident der Londoner Anthropologischen Gesellschaft und ein Cousin Darwins, erhielt 1888 die Ergebnisse der Untersuchungen Herschels und startete eigene anthropologische Forschungen. 1892 erschien Faulds erste Arbeit über das Fingerabdruckverfahren, die erstmals auf Regierungsebene eine Diskussion über den Nutzen von Fingerabdrücken auslöste (Galton 1892). 1893 berief die englische Regierung ein Komitee, das die verschiedenen Identifizierungsmethoden prüfen sollte. Das Komitee reiste zu Bertillon nach Paris und inspizierte Galtons Laboratorium – als Ergebnis wurde eine Kombination beider Methoden zur Einführung in England vorgeschlagen.

Nachdem Henry 1900 zum Polizeipräsidenten in London berufen wurde, setzte die englische Regierung bald erneut ein Komitee ein. Auf der Basis des Henryschen Klassifikationssystems empfahl das Komitee, der Daktyloskopie die vorrangige Bedeutung einzuräumen. Im Juli 1901 übernahm England das Fingerabdrucksystem nach Henry und Galton (Joseph 2001: 173). 1910 zählte die daktyloskopische Kartensammlung in London bereits 150.000 Karten; 1902 folgte die Wiener und Budapester Polizei.

Für eine Handhabung als Identifizierungsmethode mussten die Papillarlinien klassifizierbar sein, um sie in die daktyloskopische Registratur einordnen zu können. Man untersuchte Bögen, Schlingen, Wirbel und sortierte nach ihnen die genommenen Abdrücke. Verschiedene Methoden standen dabei in Konkurrenz zueinander. Heindl zählt unzählige andere Systeme auf, die in der ganzen Welt verbreitet waren; es schien als entwickelte jeder Polizeichef seine eigene Methode, so Juan Vucetich in Argentinien, Hakon Jörgensen für Dänemark, Camillo Windt für Wien, Klatt für Berlin, Roscher für Hamburg. Die Galton-Henrysche Registrierungsmethode war am meisten verbreitet; die meisten anderen Verfahren bauten auf ihr auf. Sie teilte die Papillarlinien in vier Grundmus-

ter: Ulnarschleifen, Radialschleifen, Wirbel und Bogen. Der Ort der einzelnen Karten in der Registratur wurde arithmetisch zugewiesen. Ausgehend von den vier Grundmustern wurde eine „Verformelung" vorgenommen, eine Registriernummer abgeleitet und die Karte dann in das zugehörige Fach einsortiert ((Heindl 1922: 196ff.; ders. 1930: 86; Schneickert, 1916: 121-126).
Die Einführung der Daktyloskopie in Deutschland vollzog sich uneinheitlich. Hamburg (Roscher) und Dresden (Köttig) führten das Verfahren 1903 als erste ein. Nach und nach folgten die einzelnen Bundesstaaten; zuletzt Bayern 1911. Wie bei der Bertillonage wurde eine Einheitlichkeit des Verfahrens gefordert, was insbesondere die Frage, wer zu daktyloskopieren sei und die Entsendung einheitlicher Fingerabdruckbögen nach Berlin als Reichszentralstelle betraf. 1912 wurde die einheitliche Regelung des polizeilichen Erkennungsdienstes hinsichtlich der Anthropometrie und Daktyloskopie auf dem allgemeinen Deutschen Polizeikongress vom 20./21. Dezember in Berlin ausgearbeitet. Auf dem internationalen Polizeikongress in Monaco von 1914 wurde die Daktyloskopie als alleiniges Identifizierungsmittel festgesetzt.
Die verzögerte einheitliche Einführung der Daktyloskopie lag nicht an Zweifeln über deren Zweckmäßigkeit, sondern eher an der Tatsache, dass die Polizeistationen und die Verwaltung sich gerade auf die Bertillonage als Identifizierungsverfahren eingestellt hatten. Auf die Anfrage des Berliner Innenministeriums an den Polizeipräsidenten im Jahre 1904, ob die Daktyloskopie grundsätzlich in den Strafanstalten durchgeführt werden solle, berichtete derselbe, er halte dies für „dringend wünschenswert" (GStAP 12. April 1904) und legte zur Untermauerung seines Wunsches ein Gutachten von Hans Groß über das daktyloskopische Lehrbuch des Polizeirates Windt (Kodi_ek/Windt 1923) aus Wien bei.
Die Befürworter der Daktyloskopie waren überzeugt von deren Vorteilen gegenüber der Anthropometrie und zeigten ihr gegenüber die gleiche Euphorie wie bei Einführung der Photographie und Bertillonage. Die Vorteile der Daktyloskopie schienen klar auf der Hand zu liegen: Das Verfahren sei einfacher als die Bertillonage, schneller zu erlernen, zeit- und kostensparend und garantierte aufgrund wissenschaftlich genutzter Naturgesetze endlich eine „Sicherheit der Personenfeststellung" (Schneickert 1923: 8; Windt 1903: 112). Auch die Möglichkeit, Fingerabdrücke am Tatort mit denjenigen verdächtiger Personen vergleichen zu können, wurde als unschätzbar wertvolle kriminalistische Hilfe empfunden (Schneickert 1923: 7; Rubner 1912: 236; Heindl 1912: 220ff.). Damit war der Fingerabdruck auch als Beweismittel vor Gericht verwendbar. Ein modernes, naturwissenschaftliches „Kampfmittel gegen das gesamte Verbrechertum" sei geschaffen worden, das durch seine „Einfachheit und Untrüglichkeit" überzeugte (Heindl 1922: 466; Roscher 1912: 239).
Die Kriminalisten warben intensiv in ganz Europa für die neuen Identifizierungstechniken. Zwischen ihnen fand ein reger Austausch statt – in ihren Büchern und Aufsätzen bezogen sie sich aufeinander und kommentierten ihre Arbeiten gegenseitig. Auch innerhalb des Verwaltungsapparats zirkulierten ihre

Schriften und wirkten sich auf die kriminalpolizeiliche Praxis aus. Man wandte sich an die entsprechenden Minister; teilweise wurden die kriminalistische Werke von Regierungsseite ausdrücklich zur Benutzung empfohlen. Aus dem Archiv für Kriminalanthropologie und Kriminalistik, das sich an universitären Standards orientierte, lagen dem Berliner Innenministerium vereinzelt einzelne Aufsätze über die Identifizierungstechniken als Sonderabdrucke vor; 1925 wies das Innenministerium alle Landeskriminalpolizeien an, das Archiv zu beziehen, um das professionelle Niveau der Beamten zu heben (GStAP 1.08.1925). Um so mehr erstaunt es, dass sich die Kriminalisten in ihren Publikationen relativ autonom gegenüber Tagesforderungen mit spezifisch politischem Inhalt zeigten. Brücken zu den politischen Zäsuren der Zeit, etwa dem Sozialistengesetz, wurden nicht geschlagen. Dagegen spiegelten sich in den Schriften untergründige Bedrohungsgefühle, die eher vage blieben. Sie bezogen sich auf das Verbrechen im Allgemeinen, das durch eine pessimistische Sicht in Bezug auf den allgemeinen „Zustand" der Gesellschaft bedrohlicher schien. Auf dieser Basis stand ihre Selbstlegitimation, die den Einsatz „aller zur Gebote stehenden Mittel" (Niceforo 1908: 380) rechtfertigte. Zeitungsartikel, die kurze Meldungen über die jeweiligen Polizeikonferenzen brachten, begrüßten die jeweilige Identifizierungsmethode als Verbesserung im „Kampf gegen das Verbrechertum" (vgl. für Hamburg z.B. Morgenblatt 13.12.1896; Hamburgischer Correspondent 10.09.1896; Abendblatt 14.06.1897; Hamburger Nachrichten 20.12.1912).

Urbane Bedrohungsgefühle

Kriminalität im ausgehenden europäischen 19. Jahrhundert wird zumeist mit den Begriffen Industrialisierung und Urbanisierung in Zusammenhang gebracht, die als die wichtigsten Faktoren für den gesellschaftlichen Wandel verantwortlich gemacht werden. Besonders Deutschland war mit Verstädterungsproblemen konfrontiert. Zwischen 1871 und 1910 erreichte der Prozess der Verstädterung seine größte Beschleunigung. Städte wie Berlin, Köln, Hamburg und München wuchsen in wenigen Dekaden um ein Vielfaches (Johnson 1995: 3; Thome 2002: 530f). Durch Veränderungen der agrarischen Sozial- und Wirtschaftstruktur, die Krise der ländlichen hausindustriellen Produktion und die Anfänge der Industrialisierung im 19. Jahrhundert entstanden enorme Wanderbewegungen, die zu einer „society of strangers" beitrugen (Caplan 2001: 61; Fahrmeir 2001: 219; Evans 1997: 9). Die überschaubaren Verhältnisse der vormodernen Gesellschaften, in denen viele Menschen meist fast ein Leben lang ihre Gemeinde nicht verließen und Ortsfremde sofort auffielen, brachen im Laufe des 19. Jahrhunderts immer weiter auf. Mit der Industrialisierung schuf der Staat eine Fülle neuer Kontrollinstanzen, um diese umfangreiche Prozesse sozialer Veränderungen zu kontrollieren: eine professionelle Polizei, ein sich zunehmend verdichtendes Passwesen, ein Registrierungssystem für namentlich bekannte, sozial Unangepasste wie ehemalige Häftlinge und Prostituierte, Polizeiregister, Korrespondenznetze, Listen und Informationszentren, um den von der Norm Abweichenden und Verbrechern auf der Spur zu bleiben.

Es liegt nahe, eine Verflechtung von rapide ansteigender Kriminalität, Bevölkerungsentwicklung, Wanderungsbewegungen, Verstädterung und Konjunkturkrisen zu vermuten. Johnson kommt nach sorgfältiger Quellenauswertung zu dem Schluss, es sei für Deutschland im europäischen Vergleich gegen Ende des 19. Jahrhunderts „keine schmerzende städtische Kriminalitätsrate zu konstatieren" und kein ursächlicher Zusammenhang von Kriminalität und Stadtumgebung auszumachen (Johnson 1995: 137f). Die Schwierigkeiten der Interpretation der Kriminalitätsstatistiken sind vielfach von Kriminologen, Soziologen und Historikern thematisiert worden, die teilweise zu unterschiedlichen Ergebnissen kamen – vor allem bei der Beurteilung der Zu- oder Abnahme der Gewalt- und Eigentumsverbrechen und bei der Berechnung der Kriminalitätsverteilung zwischen Stadt und Land. (Thome 2002: 220; Roth 1995 S. 374; Reinke 1991: 19-28). Verschiedentlich hat die historische Forschung das kontinuierliche Wachstum der Kriminalitätsraten für das frühe 19. Jahrhundert bestätigt und gezeigt, dass in den meisten Ländern Europas die registrierte Kriminalität und damit der allgemeine Glaube an das kontinuierliche Anwachsen der Kriminalität seit dem ausgehenden 18. Jahrhundert zugenommen hat (Blasius 1990: 220; Johnson 1995: 234; Wiener 1990: 24).

Kriminalitätsraten enthüllen oft mehr über die Werte und Machtbeziehungen einer Gesellschaft als über die Kriminalität selbst und deren Ursachen. Das macht den gesellschaftlichen Wandel in Antwort auf Verbrechen und Verbrecher bedeutungsvoller als sich ändernde Verbrechenstrends. Dass in der zweiten Hälfte des 19. Jahrhunderts umfassende Wanderungsbewegungen als Faktoren für Kriminalität und Unruhe sowie die Stadt verstärkt als Ort von Unsicherheit und Unordnung wahrgenommen wurde, entspricht wohl weniger den damaligen Realitäten, als tief verwurzelten Vorurteilen gegenüber der nichtsesshaften Bevölkerung und der städtischen Welt, der die Schuld an einem Sittenverfall der Gesellschaft zugeschrieben wurde (Reinke 1993: 25; Roth 1997: 371).

Ab der zweiten Hälfte des 19. Jahrhunderts wandte sich die städtische Bevölkerung zunehmend an die Polizeibehörden. Ein verstärkter Schutz durch Wachdienste wurde vor allem mit der zunehmenden Unsicherheit begründet, die vor allem auf die Einbruchsdiebstähle bezogen war. Aber auch Bettler oder Landstreicher und das so genannte „Vagabundenwesen" wurden zunehmend als Störung empfunden. Selbst die liberalsten Staatsbürger verlangten besseren Schutz gegen die Bedrohung von Betrunkenen, Landstreichern, Prostituierten, Zuhältern, Dieben und Faulenzern in den Straßen von Berlin. Damit wuchsen auch die bürgerlichen Ängste vor der „Unterwelt". Evans stellt schon für das frühe 19. Jahrhundert fest, dass der größte Anteil der Unterschichten, die in erster Linie mit Kriminalität in Verbindung gebracht wurde, nichtsesshafte Menschen ausmachte. Landsknechte, Saisonarbeiter, Musiker, Arbeitslose, Kranke und Behinderte lassen sich darunter fassen. In der zweiten Hälfte des 19. Jahrhunderts waren durch die massiven ökonomischen Umbrüche in Deutschland unzählige Menschen unterwegs auf der Suche nach Arbeit und einem Platz zum Leben (Evans 1988: 2,11f).

Ausgegrenzt wurden auch Menschen, die als ehrlos angesehen wurden - unehelich Geborene, Prostituierte – und Mitglieder stigmatisierter sozialer und religiöser Gruppen, vor allem Zigeuner, Juden und slawische Minderheiten; letztere waren meist als ländliche Saisonarbeiter unterwegs. Diese „Unter- oder „Gegenwelt" entstand nicht nur durch Zuschreibung von kriminellem, sondern von abweichendem Verhalten allgemein: Mitglieder der „gefährlichen Klassen" verbrachten ihr Leben in einem Netz von Einschließungsanstalten – vom Waisenhaus bis zum Obdachlosenasyl, in Arbeits- und Zuchthäusern (Foucault 1994: 386). Dadurch waren sie Gegenstand fortwährender staatlicher Überwachung und Kontrolle. Diese neue institutionalisierte Unterwelt stellte für den Bürger, der die Pfade der sozialen Anpassung zu verlassen erwog, eine ständige Mahnung an die möglichen Konsequenzen eines solchen Handelns dar. Inhaltlich konnten Bürger und Polizisten an Ausgrenzungspraktiken gegen „Verwahrloste", „Zigeuner" und Vagabunden" anknüpfen, die seit Beginn des 19. Jahrhunderts in das amtliche Verhaltensrepertoire eingeschliffen waren (Lüdtke 1991: 111).

Professioneller Kampf gegen ein „professionalisiertes Verbrecherthum"

Zeitgenössische Polizeiexperten teilten die Wahrnehmung einer dunklen Unterwelt, die zunehmend schwerer zu kontrollieren sei, und vermuteten gleichzeitig ein sich professionalisierendes Verbrechertum. Die städtischen Polizeibeamten sahen sich einem wachsenden Anstieg krimineller Handlungen bei gleichzeitigem Sinken der Aufklärungsquote ausgesetzt und machten die Verhältnisse der Großstadt dafür verantwortlich: „Wer aber das Getriebe der Millionenstadt, die Menge des täglich eingelieferten und zur Aburteilung kommenden Gesindels kennt, ferner an den Wechsel der Beamten denkt, den der Dienst und die Dienstleistung mit sich bringt, wird nichts Außerordentliches dabei finden." (Klatt 1902: 7) In dieser Dramatisierungsstrategie verband sich eine antiurbane Polemik der Polizei mit einer Beschwerde über die eigenen beschränkten Möglichkeiten, die sozialen Kontrollverluste kompensieren zu können (Vec 2002: 10). Ideologische Vorbehalte gegen die Stadt, Kriminalitätsfurcht und diffuse soziale Ängste verdichteten sich in dem Gefühl der Ohnmacht gegenüber der dynamischen Entwicklung der industriellen Moderne. Obrigkeitliche Sicherheitsbedürfnisse wuchsen und Politiker machten dafür die „modernen Verkehrsverhältnisse und das Anwachsen der Großstädte in stets wachsendem Umfang [...] gebieterisch geltend." (GStAP 1912)

Die Angst vor öffentlicher Demoralisierung und einem gesellschaftlichen Abrutschen in die Anarchie wurde von einem Drang der konservativen Eliten nach Sicherheit und Ordnung begleitet. Die öffentliche Sicherheit in der Stadt erlangte einen neuen Stellenwert im gesellschaftlichen Bewusstsein. Dabei ging es nicht nur um die Bedrohung des Eigentums durch Einbrecher oder Diebe, sondern auch um die Verfolgung leichter Verstöße, so genannter „Übertretungen“. In allen Gemeinden konnte die Polizei Verordnungen und polizeiliche Strafverfügungen aufstellen, die die Bürger mit langen Listen verbotener Tätigkeiten konfrontierten. Die Allgegenwart der Polizei hatte eine disziplinierende Funktion und erfüllte gleichzeitig die Erwartungen der meisten Bürger.

In den letzten Jahrzehnten des 19. Jahrhunderts wurde die Polizeipräsenz in den Großstädten massiv ausgebaut. Die Polizei entwickelte sich zu der Institution, die anstelle des Militärs für die innere Sicherheit in den Städten verantwortlich war. „Polizist sein“ wurde ein eigenständiger, von früheren militärischen Vorbildern abgesetzter Beruf. Die Ausbildungsstandards hoben sich und es gab Bestrebungen, sie für ganz Deutschland verbindlich festzulegen. Um die Jahrhundertwende eröffneten in größeren Städten die ersten Polizeischulen, welche aber zumindest in der Zeit vor der Weimarer Republik relativ wenig Polizisten ausbildeten (vgl. Reinke 1991: 61f.).

Ab den 1860er Jahren wurden die Städte in Reviere eingeteilt und in den einzelnen Stadtvierteln Wachlokale eingerichtet, von denen aus die Polizisten auf Streife gingen (vgl. Roth 1995: 385; Johnson 1995: 17). Bei den königlichen Polizeipräsidien wuchs die Zahl der Exekutivbeamten in wenigen Jahren meist um mehr als das Doppelte. Zugleich wuchsen auch die polizeilichen Verwaltungen. Von 1873 bis 1891 verdoppelte sich die Zahl der Verwaltungsbeamten und in Berlin entwickelte sich das Polizeipräsidium zur größten Behörde der Reichshauptstadt. Nachdem man in den neu angegliederten Landesteilen systematisch staatliche Polizeiverwaltungen installiert hatte, war in jeder preußischen Stadt mit mehr als 100 000 Einwohnern eine staatliche Polizei vertreten, die als staatliches Exekutivorgan fungierte.

Ab den 1870er Jahren begann man mit dem Aufbau einer Kriminalpolizei bei den Polizeipräsidien. Ab 1890 verzeichnete die Kriminalpolizei in großen Städten wie Hamburg, Berlin oder München personell ein überproportionales Wachstum im Verhältnis zum Anstieg der Bevölkerung. Sie wurde vor allem in organisatorischen und technischen Fragen zum Motor der Reformen und drängte die kommunalen Polizeien immer mehr an den Rand. Als eigenständige Abteilung für die Strafverfolgung erhielt die Kriminalpolizei eigene Kommissariate, an die spezielle Kriminalschutzleute verdächtige Personen direkt überstellen sollten. Neue Unterabteilungen mit ausdifferenzierten Aufgaben wurden gegründet, wie z.B. Abteilungen für Statistik, für das Fotolabor, für die Verbrecherkartei oder für Körpermessungen. Diese Differenzierung spiegelt kriminalpolitische Gesichtspunkte wider. Die Ermittlungstätigkeit sollte in den für besonders wichtig erachteten Deliktbereichen verbessert werden. Vor allem die Ahndung von Eigentumsdelikten, die gewerbsmäßigen Verbrechern und Verbrecherbanden zugeschrieben wurden, war erklärte Aufgabe der Kriminalpolizei (Funk 1993: 62).

Die Professionalisierung und Modernisierung der Polizei wurde von den Zeitgenossen als Reaktion auf entsprechende Verhältnisse in der Gesellschaft gesehen. Auch die Möglichkeiten, moderne Technik und Wissenschaft für die Polizeiarbeit zu nutzen, verstand man als Teil des immer schwieriger werdenden Wettlaufs mit einer Verbrecherwelt, die immer professioneller arbeitete. Die Vorstellung, die Polizei reagiere auf die wachsenden Herausforderungen der um sich greifenden Kriminalität, schlugen sich im Begriff des „gewerbsmäßigen Gewohnheitstäters" nieder, der in den Texten um 1900 im Zusammenhang mit der Identifizierungspraxis eine zentrale Rolle spielte.

Die Wissenschaften vom „Gewohnheitstäter"

Der statistisch erfasste Rückfall lenkte die Aufmerksamkeit auf das Problem des Rückfalltäters; dieser Begriff beinhaltete, den Verbrecher als spezifisches Individuum zu denken, der aufgrund bestimmter Umstände über eine potenzielle Kriminalität verfügte, die es auf zeitgemäße Weise zu erforschen galt. Der strafrechtliche Begriff des „Rückfalltäters" fand seine Entsprechung im Bild des professionellen bzw. gewerbsmäßigen Gewohnheitsverbrechers, der als solcher für ein bestimmtes Strafmaß klassifiziert werden musste. Die vorgebrachten Argumente der Kriminalisten in der Mitte des 19. Jahrhunderts waren ein Teil des geistigen Horizonts der späteren kriminologischen Autoren, Polizeiexperten und Befürworter neuer polizeilicher technologischer Hilfsmittel. Das durch die gesellschaftlichen Umstände begründete Bedürfnis, neue Techniken einer Identifizierung von Kriminellen auf polizeilicher und verwaltungstechnischer Ebene effizient einsetzen zu können, formierte sich innerhalb von Änderungen der Vorstellungen und Konzeptionen über die Ursache von Verbrechen und über die Ziele der Bestrafung. Die Aufzeichnungspraxis der juristischen und polizeilichen Behörden, die bereits im frühen 19. Jahrhundert einsetzte, versagte bei der Lösung des Problems der Rückfälligkeit. Die für die juristische Praxis benötigte sichere Kenntnis darüber, ob ein Angeklagter bereits vorbestraft sei, konnte man nur anhand eines Nachweises der Identität des Angeklagten mit dem Vorbestraften erbringen. Die Ermittlungs- und Fahndungsarbeit sollte effizienter gestaltet werden, was mit einer Standardisierung und Verwissenschaftlichung der kriminalistischen Methoden gleichgesetzt wurde. Justiz- und Polizeibehörden suchten um so dringender nach einer Identifizierungsmethode, je mehr sie die Bedrohung thematisierten, die sie in einem anonymen, zum Verbrecher determinierten Gewohnheitstäter sahen, der in der modernen, städtischen Umgebung sein Unwesen treibe.

Am Ende des Jahrhunderts verstand sich die Kriminalistik als moderner hilfswissenschaftlicher Zweig von Kriminologie und Strafrecht. Höhere Kriminalbeamte verfügten über eine akademische Vorbildung und definierten ihren Beruf als den eines anwendungsorientierten Kriminalwissenschaftlers. Polizeipräsidenten, Kriminalinspekteure und Kommissare, Untersuchungsrichter, Gefängnisdirektoren etc. diskutierten und erörterten als „Kriminalisten“ ihre Erfahrungen und Überlegungen in zunehmender publizistischer Breite. Eine Fülle von Lehrbüchern, Monographien und Schriften erschien. Strafrechtliche Organe wie die von Liszt mit herausgegebene Zeitschrift für die gesamte Strafrechtswissenschaft druckten zahlreiche Artikel, die sich mit kriminalistischen Fragen befassten. Besonders die von Hans Groß (Untersuchungsrichter in Graz) 1899 neugegründete Zeitschrift „Archiv für Kriminalanthropologie und Kriminalistik“, ab 1916 von Robert Heindl (Jurist und zeitweise Kriminalkommissar in Dresden) als „Archiv für Kriminologie“ herausgegeben, wurde zum Forum für die Auseinandersetzung mit den neuen Identifizierungsmethoden. Ein wiederkehrendes Thema in dieser Zeitschrift war es, die Rolle und die Aufgaben der italienischen Kriminalanthropologie zu bewerten, als deren prominentester Vertreter Cesare Lombroso galt.

Während der 1880er Jahre nahmen allgemein in den medizinisch-psychiatrischen sowie den juristischen und anthropologischen Zeitschriften die Rezensionen über kriminalanthropologische Themen zu. Diskursmodelle der zeitgenössischen Humanwissenschaften wie Evolutionstheorien und der Begriff „Degeneration“ lassen sich als gemeinsame Denkvoraussetzungen für die wissenschaftliche Betrachtung des Verbrechers herausarbeiten.

Trotz reger Kritik an Lombroso dominierten in den deutschsprachigen kriminalistischen Zeitschriften biologische Erklärungsmuster sozialdarwinistischer Prägung für „verbrecherische“ Individuen. Sie bildeten die Grundlage für kriminalpolitische Forderungen wie etwa eugenische oder rassenhygienische Maßnahmen. Das lässt sich anhand der Rezeption kriminalanthropologischer Thesen in diesen Zeitschriften nachweisen. Als Diskursfiguren ermöglichten erbbiologische und sozialdarwinistische Denkmodelle sowohl Lombrosos „geborenen Verbrecher“ als auch die Umdeutung des „Rückfalltätermodells“ in die kriminalistische Figur des „unverbesserlichen Gewohnheitstäters“ oder des „Berufsverbrechers“. Diese Begriffe waren in der zeitgenössischen Fachdebatte allgemein akzeptiert. Die Maßnahmen des Erkennungsdienstes sind wie die kriminologischen Forschungen hauptsächlich gegen diesen „Verbrechertyp“ ausgerichtet. Kriminell gewordene Menschen waren dazu verurteilt, aufgrund ihrer „minderwertigen Anlage“, Außenseiter in der Gesellschaft zu bleiben. Darunter ließen sich all jene fassen, die vom bürgerlichen Idealbild abwichen. Dabei forderten die Kriminalisten in ihren Beiträgen gerade eine „unvoreingenommene“, streng „wissenschaftliche“ Herangehensweise, die sich mit Erzählmustern zeitgenössischer Kriminalliteratur deckte. Nachdem die Zeugenaussage als Beweismittel vor Gericht mithilfe der Aussage- und Wahrnehmungspsychologie in ihrer mangelnden Eindeutigkeit den Kriminalisten nicht genügte, gewannen die vermeintlich objektiven materiellen Beweismittel, darunter der Fingerabdruck, immer mehr an Bedeutung.

Indizien und Diagnose: Spuren lesen

„Mit vorgefasster Meinung an die Sache heranzutreten, ist immer ein Fehler.“ (Roscher 1912: 187). Ausschließlich empirische Befunde und Erfahrungswissen sollten bei der „Ermittlung des Täters sowie der sicheren Feststellung seiner Persönlichkeit und seines Vorlebens“ (ebd.: 218) zum Tragen kommen. Dieses explizit genannte Leitbild war aber eine Fiktion, die der einzelne Polizist kaum erfüllen konnte, wie sich Roscher durchaus bewusst war. Ohne ein entsprechendes Vorwissen und spezifische Annahmen über den Gesuchten konnte keine Ermittlungsarbeit erfolgen. Das Vorwissen und die Annahmen gestalteten sich für den Polizisten allerdings weitaus komplexer als Roscher beschrieb; sie waren nicht ausschließlich empirisch-sachlicher Art, sondern vielschichtig verbunden mit einer gesellschaftlich geprägten Vorstellung vom Verbrecher, wie bereits herausgearbeitet worden ist.

Die Kriminalisten verstanden sich als wissenschaftliche Experten, die ununterbrochen der „Wahrheit“ auf der Spur waren; immer wieder betonten sie ihre rein sachbezogene Herangehensweise. Das Problem der „vorgefassten Meinung“ schien sich lösen zu lassen, wenn man die Ermittlungsarbeit im Anschluss an ein Verbrechen auf regelhafte Grundlagen stellte und sich in erster Linie auf Sachbeweise, so genannte Indizien stützte.

Man unterschied zwischen materiellen (kriminaltechnisch nachgewiesenen Spuren) und immateriellen Beweismitteln (Zeugenaussagen, Geständnissen), vgl. Bergfeld 1994: 145. Prozessrechtlich bedeutete die Subjektivierung des justiziellen Beweisverfahrens in den 1870er Jahren eine grundlegende Umstellung für die gerichtlichen Regeln, nach denen die Beweisführung vor Gericht erfolgte. 1879 trat die deutsche Civilprozessordnung in Kraft, die vor allem den Grundsatz der freien Beweiswürdigung einführte. Der Ermessensspielraum des Richters war erweitert worden. Zeugenaussagen, Urkunden, Sachverständige etc. musste er als Beweismittel einschätzen und beurteilen. Das bedeutete letztlich, dass über Indizien Gewissheit über den Tathergang und damit die Schuld oder Unschuld des Verdächtigen hergestellt werden musste. Der Wahrheitsermittlung waren damit neue Möglichkeiten eröffnet worden, die die bisherigen Beweisgesetze und ihre formalen Kriterien nicht geliefert hatten. Die „Wahrheit“ vor Gericht konnte nur mit Wahrscheinlichkeiten und Rationalitätskriterien bewiesen werden, statt mit textanalytischen Mitteln wie beim Zeugenbeweis in mittelalterlicher Zeit.

Aussagen und Auskünfte verloren gegenüber der Technisierung des Ermittlungsdienstes an Bedeutung. Die technischen Innovationen, zumeist auf naturwissenschaftlicher Basis, eröffneten neue Identifizierungschancen für Polizei und Justiz, die die Mängel der Zeugenaussage weit hinter sich ließen. Da naturwissenschaftliche Analysen als Beweismittel vor Gericht nur dann verwertet werden konnten, wenn sie von einem qualifizierten Spezialisten angefertigt wa-

ren, waren „Sachverständige" wie Chemiker, Ärzte etc. die „wichtigste Hilfe" für die Ermittlungsarbeit und den Untersuchungsrichter (Groß 1904: 155).
Näcke zufolge war die Arbeit mit Sachverständigen sogar ein Zeichen für den Zivilisationsgrad einer Gesellschaft: „Je komplizierter die sozialen Verhältnisse, je höher die Kultur stieg, desto mehr fühlte sich der Richter bewogen, Sachverständige hinzuzuziehen." (Näcke 1900: 99).
Die Arbeit mit den materiellen Spuren als den anerkannten Beweismitteln vor Gericht bildete neben der Datensammlung und Archivierung das zweite wichtige Arbeitsfeld der Kriminalisten. Der unschätzbare Vorteil des Fingerabdrucks gegenüber der Bertillonage war dabei, dass er sich auch als Spur des Täters am Tatort verwerten ließ. Der Vergleich von Fingerabdrücken war das einzige Feld naturwissenschaftlicher Beweisführung, auf dem in den 1920er Jahren nicht nur Naturwissenschaftler, sondern speziell ausgebildete Kriminalbeamte agierten. Beamte des Erkennungsdienstes verfassten Gutachten und traten in Hauptverhandlungen auf.
Von Abdrücken auf Täteridentitäten zu schließen, schien eine bewährte Methode zu sein. Die Arbeit mit Fuß- und Handspuren in Blut, Staub, Schnee und Schlamm, die gesammelt und analysiert werden mussten, waren den Kriminalisten vertraut und wurden vielfach besprochen. Mit der Daktyloskopie konnte der Kriminalist Indizien nachspüren, die für den laienhaften Beobachter nicht sichtbar waren. Nur durch entsprechende Schulung konnte sich der geforderte „Scharfsinn" des Ermittlungsbeamten entfalten. Objektivität garantierte die behauptete unvoreingenommene Methode des „Beobachtens": „Das erste ist also: Ruhige aufmerksame Beobachtung der Situation" (Groß 1904: 297). Das galt für den Tatort wie für den Täter. Die gepriesene Verwissenschaftlichung der Kriminalistik bestand in der einheitlichen Blickausrichtung der Kriminalbeamten in die beschreibende Aufrasterung von Körper- und Gesichtsbildern. Hans Groß bezeichnete dieses Vorgehen als Ausbildung eines notwendigen „Scharfblickes" (ebd.: 297). Nur so könne der Kriminalbeamte die trickreichen Fälschungen und Täuschungen durchschauen und den Identitätsnachweis sicher machen. Roscher zufolge war die Treffsicherheit der Ermittlungsarbeit „Sache des praktischen Blickes" (Roscher 1912: 229). Der Kriminalist der Jahrhundertwende war auf alles gefasst; sein „praktischer Blick" zielte auf eine stärker analytische Beobachtung von beschuldigten Personen.
Die Suche nach der „Wahrheit" gründete sich mit der Daktyloskopie auf ein winziges Detail am Körper, das es zu lesen galt. Man war auf der Suche nach dem unveränderlichen, dem kleinen individuellen Zeichen, das für das Ganze zu stehen vermochte. Die Fingerabdrücke oder Maße eines Verdächtigen konnten nur mit bereits archivierten Fingerabdrücken, also mit denen bereits straffällig gewordener Individuen, abgeglichen werden. Die Identifizierungsverfahren ließen letztlich nur den Schluss zu, ob man es mit einem Rückfalltäter oder mit einem Ersttäter zu tun hatte. Nach zeitgenössischen Deutungsmustern verlieh der Detailblick dem Kriminalisten damit einen Einblick über die Gefährlichkeit

des Individuums. Dieser Rückschluss vom Äußeren auf das Innere ähnelt der Ansicht Lombrosos und der Kriminalanthropologischen Schule: Äußere Zeichen und Merkmale sollten auf den Typus des „geborenen Verbrechers" und damit auf die angeborene kriminelle Anlage schließen lassen.

Lombroso ähnelte hierin laut Becker dem „Arzt, der in seiner Differentialdiagnose zahlreiche Indizien und Zeichen heranziehen musste, um hinter dem körperlichen Erscheinungsbild die wahre Natur einer Krankheit zu erkennen." (Becker 2002: 297). Die Parallele, die Becker hier zwischen Medizin und Kriminalistik zieht, sieht Ginzburg auch im Verhältnis von zeitgenössischer Kunstkritik und entstehender Psychoanalyse. Das gemeinsame epistemologische Modell des semiotischen „Indizienparadigmas" führe, analog zur medizinischen Semiotik, zum diagnostischen Blick des kompetenten Fachmannes, der vom Detail aufs Ganze schließen könne (Ginzburg 2002: 17).

Hinter dem „semiotischen Paradigma" könne man laut Ginzburg „den vielleicht ältesten Gestus in der Geschichte des menschlichen Intellekts" erkennen: „den des Jägers, der im Schlamm hockend die Spuren der Beute untersucht." (ebd.: 39). Die Kriminalisten sprachen häufig vom Spurenlesen und verglichen sich mit Jägern, die die Fährte ihrer Beute verfolgten. Heindl beispielsweise bezeichnete den „Berufsverbrecher" als ein „Wild, beim geringsten Geräusch die Ohren spitzend, nur mit einem Auge schlafend [...]." (Heindl 1928: 162). Wenn der „Berufsverbrecher" dann „glücklicherweise bald verbraucht" sei, käme der Zusammenbruch: „Mancher hat dann, wie ein gehetzter Hirsch im Dickicht, den Kampf aufgegeben und sich der Polizei gestellt." (ebd.).

Der Kriminalist benötigte ein „geschultes Denken", um die Fährte mit „sicherem Blick" aufzuspüren; dem „strengen Gesetze der Logik" folgend könne man durch „geistige Beobachtung" die Fährte quasi „vom Schreibtisch aus" verfolgen (Anuschat 1921: 5). Damit trat man explizit in die Spuren literarischer Vorbilder, die ihrerseits zeitgenössische Entwicklungen aufgriffen: Im ersten Kapitel des Kriminalromans „Der Hund von Baskerville" von Arthur Conan Doyle beschreibt Watson Sherlock Holmes als „second highest expert in Europe". Auf die Frage, wer denn der erste sei, antwortet Watson: „to the man of precisely scientific mind the work of Monsieur Bertillon must always appeal strongly." (Doyle 1996: 12). Die präzise Wissenschaftlichkeit war es denn auch, die die zeitgenössischen Kriminalisten an den bekannten Romanfiguren von Edgar Allen Poe, Emil Gaboriau und Conan Doyle faszinierte. Groß und Roscher hielten es für unerlässlich, in den dem Erkennungsdienst angegliederten Bibliotheken zeitgenössische populäre Kriminalromane zu führen, um auch beim „unteren Exekutivbeamten" die „Kombinationen und Aufmerksamkeit zu schärfen." (Groß 1899: 115; Roscher 1899: 246).

Gaboriaus Held, der Geheimpolizist Lecoq, habe gezeigt, dass man „eine Untersuchung nicht auf einen Schlag [erledigte], mit einem Sprung zur Wahrheit, sondern nur durch eine Reihe von Beobachtungen und durch eine Anzahl von Schlussfolgerungen, die wie eine Kette sich aneinander schließen." (Weingart/Kroll/Bayertz 1992: 50). Wer könnte das besser als der auch von den Kriminalisten vielzitierte Sherlock Holmes, der „geniale Detektiv“, der das Leben als eine große gegliederte Kette von Ursachen und Wirkungen betrachtete und mit der Gabe der genauen Beobachtung vom einzigen Gliede auf das Wesen des Ganzen schließen wollte.

Man musste also nur aufmerksam wörtlich und gedanklich „Beobachten“. Obwohl Heindl ironisch anmerkte, es „wohl kaum zur Treffsicherheit von Sherlock Holmes [zu] bringen“, lohne sich „die Mühe von Tatortspuren auf gewisse Eigenschaften des Täters zu schließen.“ (Heindl 1922: 340). Auch Heindl glaubte, anhand der Fingerabdrücke Anhaltspunkte über Alter und Tätigkeit des Verdächtigen finden zu können. Sogar den „Berufsverbrecher“ versuchte er aus den Abdrücken herauszulesen: „Immerhin ist es denkbar, dass auf einen bestimmten Personenkreis hingewiesen wird und daher zunächst von verdächtigen Personen, die den fraglichen Berufen angehören, Vergleichsabdrücke genommen werden. Zum mindesten wird sich in sehr vielen Fällen aus den Tatortfingerabdrücken entnehmen lassen, ob die Tat von einem hart arbeitenden Menschen oder einem arbeitsscheuen ausgeführt wurde, ob also ein Gelegenheitsverbrecher oder ein professioneller Gauner tätig war. Und auch diese Erkenntnis ist schon für den die Untersuchung leitenden Beamten ein sehr wertvoller Hinweis.“ (ebd.: 343).

Das Vorbild von Sherlock Holmes stellte für die Zeitgenossen eine Zielvorstellung dafür bereit, dass die Kriminalistik eine professionelle, spezialisierte und effiziente Form der Erhebung und Interpretation von für Polizei und Justiz relevanten Daten sein sollte. Dazu bedurfte es eines spezialisierten Blicks, zuverlässiger Methoden zur Erhebung und Dokumentation von Spuren und schließlich kompetenter Männer zur Deutung der Evidenzen.

Sherlock Holmes war im Grunde nicht daran interessiert, den Verbrecher als Person wahrzunehmen, noch weniger ihn zu verstehen; er wollte ihn nur identifizieren können. Für die Rekonstruktion des mutmaßlichen Täters suchte Holmes nach Details und Körperteilen, die am Ende zum individualisierten Körper führten. Der kriminalistische Diskurs schuf den Kriminalisten als rein „beobachtenden“ Fachmann, der aus den unscheinbarsten Spuren auf der Fährte seiner Beute, deren gefährliche Individualität ablesen konnte, die vor Gericht für das Strafmaß berücksichtigt wurde.

Schluss

Der Wunsch nach eindeutiger Erkennbarkeit des Kriminellen als generalisierter Typus drückt sich heute in der Verwunderung über das ‚normale‘ Aussehen einer Person aus, die einer schweren Straftat überführt wurde. In zahllosen Presseartikeln finden sich Wendungen wie „Er sah gar nicht wie ein Verbrecher aus“ oder „Er sah aus wie der Mann von nebenan.“ Worauf solche Sätze Bezug nehmen, sind keineswegs Attribute, die den Beschuldigten für die Rechtsprechung als einen Verbrecher ausweisen würden, nämlich die Tatsache eines von ihm verübten Verbrechens – dies kann einer Person nicht „angesehen" werden. Solche Aussagen implizieren vielmehr – und konstruieren es damit gleichzeitig – so etwas wie ein ‚Wesen' eines Verbrechers, seinen ‚Charakter', der seine gesamte Persönlichkeit bis hin zu seinen körperlichen Merkmalen formt. Es gibt somit einen klassischen Typ des Verbrechers in der Alltagssprache. In der Wissenschaft gibt es nach wie vor Tendenzen, nach der Ursache dieses Wesens zu suchen: die Entschlüsselung de „Verbrechergens". In den 1960er Jahren führte man Untersuchungen an Strafgefangenen durch, die die Vorstellung eines so genannten „Mörderchromosoms" inspirierten, das im direkten Verhältnis zu kriminellen Neigungen stünde (Weingart/Kroll/Bayertz 1992: 660f.). Die Zeichen von Kriminalität und kriminogener Disposition werden heute verstärkt *im* Körper gesucht. Ein von vielen sozialen Faktoren abhängiges Verhalten wird auf einen biologisch determinierenden genetischen Code zurückgeführt.

Ein Blick in die Medien zeigt, dass der seit Jahren angewandte „genetische" Fingerabdruck als Identifizierungsmittel ähnlich angepriesen wird wie der „klassische" Fingerabdruck hundert Jahre zuvor. Das Sicherheitsversprechen lautet wieder einmal: „absolut verlässlich".

Im Namen der „inneren Sicherheit" fordern Politiker neue erkennungsdienstliche Behandlungen für Ausländer oder eine ausgeweitete Videoüberwachung an verdächtigen Plätzen. Mit der Verabschiedung der Sicherheitspakete im November 2001 können im Ausweis biometrische Daten wie Fingerabdrücke oder die Gestalt der Augeniris aufgenommen werden. Die erweiterte Anwendung dieser Kriminaltechniken verspricht Kriminalisten einen erheblichen Fortschritt in der Verbrechensverfolgung. Die Kriminalisten ihrerseits versprechen Staat und Gesellschaft durch die Identifizierungsverfahren einen erheblichen Gewinn an „innerer Sicherheit".

Der Einsatz technischer Verfahren vollzieht sich aber nicht im sozialen Vakuum, schon gar nicht, wenn es um Kontrolle geht. In den Blick genommen werden müssen also die hinter dem bloßen Faktum der technischen Präsenz stehenden verflochtenen gesellschaftlichen Beziehungen, Selbstverständnisse und Deutungs- und Wahrnehmungsmuster, die spezifisch ausdeutbare „abweichende" Personengruppen als abstrahierte Verbrechertypen verschärft in die Kontrolle nehmen. So fügte beispielsweise die als „Anti-Terror-Maßnahme" propagierte Anlage so genannter digitaler „Schläferdateien" verschiedene Individuen durch die Kombination bestimmter Merkmale wie Herkunft, Religion oder Sozialverhalten zu per se verdächtigen Personengruppen zusammen, die verstärkter Überwachung und rechtlicher Sonderbehandlung ausgesetzt wurden. Damit wurden weniger aufgeklärte Fälle, als vielmehr „potenzielle Kriminelle" produziert, die von ihrer Individualität abstrahiert werden und aufgrund ihrer künstlich geschaffenen Homogenität besser kontrollierbar erscheinen.

Auch gegenwärtige spezifische Diskursmuster weisen so dem „abweichenden Verhalten" seine spezifische Bedeutung zu.

Quellen- und Literaturangaben

Archivalische Quellen

Staatsarchiv Hamburg (StAHH)
Senatskommission für die Reichs- und auswärtigen Angelegenheiten (132-1 I 1894-1918)
Polizeibehörde I (331-1 I 1926/27).
Geheimes Staatsarchiv Preußischer Kulturbesitz (GStAP)
Ministerium des Innern (I HA Rep. 77 Tit. 1208, Nr. 4, Bd. 1-8).
Bayrisches Hauptstaatsarchiv (BaySta)
Ministerium der Justiz, 12206 [Protokolle und Anlagen zur Polizeikonferenz 1912].

Gedruckte Quellen

Durchgesehene Zeitschriften
Archiv für Kriminalanthropologie und Kriminalistik, 1.-65. Jg. (1899-1916), fortgesetzt als
Archiv für Kriminologie, 66 - Jg. 93 (1916-1933).
Zeitschrift für die gesamte Strafrechtswissenschaft, 1.- 43. Jg. (1881-1922).

Aufsätze und Monographien
Anuschat, Erich, Die Gedankenarbeit des Kriminalisten. Kriminalistische Schlussfolgerungskunst und ihre Grenzen, Berlin 1921.
Doyle, Arthur Conan, The Hound of Baskerville, London 1996.
Galton, Francis, Finger Prints, London 1892.
Groß, Hans, Kriminalistische Institute, in: Archiv für Kriminalistik und Kriminalanthropologie 1 (1899), S. 108-117.
Groß, Hans, Handbuch für Untersuchungsrichter als System der Kriminalistik, Bd. 1 und 2, 4., verm. Aufl. München 1904.
Heindl, Robert, Die Fixierung von Fingerabdrücken am Tatort, in: Archiv für Kriminalanthropologie und Kriminalistik 46 (1912), S. 220-226.
Heindl, Robert, System und Praxis der Daktyloskopie und der sonstigen technischen Methoden der Kriminalpolizei, Berlin / Leipzig 1922.
Heindl, Robert, Der Berufsverbrecher. Ein Beitrag zur Strafrechtsreform, Berlin ^{6}1928.
Heindl, Robert, Fingerabdruckregistraturen, in: Archiv für Kriminologie 86 (1930), S. 176-177.
Klatt, O., Die Körpermessung der Verbrecher nach Bertillon und die Photographie als die wichtigsten Hilfsmittel der gerichtlichen Polizei sowie Anleitung zur Aufnahme von Fußspuren jeder Art, Berlin 1902.

Kodi_ek, Sigmund / Windt, Kamillo, Daktyloskopie: Verwertung von Fingerabdrücken zu Identifizierungswecken; Lehrbuch zum Selbstunterricht für Richter, Polizeiorgane, Strafanstaltsbeamte, Gendarmen, etc., Wien [2]1923.

Näcke, Paul, Degeneration, Degenerationszeichen und Atavismus, in: Archiv für Kriminalanthropologie und Kriminalistik 1 (1899), S. 200-221.

Näcke, Paul, Die Kastration bei gewissen Klassen von Degenerirten als ein wirksamer sozialer Schutz, in: Archiv für Kriminal-Anthropologie und Kriminalistik 3 (1900), S. 58-84.

Näcke, Paul, Richter und Sachverständiger, Archiv für Kriminalanthropologie und Kriminalistik 3 (1900) S. 99-113.

Niceforo, Alfredo, Die Kriminalpolizei und ihre Hilfswissenschaften, Berlin 1908.

Roscher, Gustav, Bedürfnisse der modernen Kriminalpolizei, in: Archiv für Kriminalanthropologie und Kriminalistik 1 (1899), S. 244-255.

Roscher, Gustav, Großstadtpolizei. Ein praktisches Handbuch der deutschen Polizei, Hamburg 1912.

Rubner, Joseph, Ein neues Verfahren zur Aufnahme von Fingerabdrücken am Tatorte, In: Archiv für Kriminalanthropologie und Kriminalistik 49 (1912), S. 236-257.

Schneickert, Hans, Die monodaktyloskopische Registratur der Berliner Kriminalpolizei, in: Archiv für Kriminologie 66 (1916), S. 121-126.

Schneickert, Hans, Die Bekämpfung des internationalen Verbrechertums, in: Zeitschrift für die gesamte Strafrechtswissenschaft 43 (1922).

Schneickert, Hans, Der Beweis durch Fingerabdrücke in juristischer und technischer Beziehung. Leitfaden der gerichtlichen Daktyloskopie, Berlin / Potsdam 1923.

Windt, Camillo, Über Daktyloskopie, in: Archiv für Kriminalanthropologie und Kriminalistik 12 (1903), S. 101-123.

Sekundärliteratur

Becker, Peter, Verderbnis und Entartung. Eine Geschichte der Kriminologie des 19. Jahrhunderts als Diskurs und Praxis, Göttingen 2002.

Bergfeld, Christoph, Der Zeugenbeweis im deutschen Zivilprozessrecht von 1877-1933, in: André Gouron / u.a. (Hrsg.), Subjektivierung des justiziellen Beweisverfahrens. Beiträge zum Zeugenbeweis in Europa und den USA, 18. bis 20. Jahrhundert, Frankfurt a. M. 1994, S. 145-163.

Blasius, Dirk, „Diebshandwerk“ und Wiederspruchsgeist“, Motive des Verbrechens im 19. Jahrhundert, in: Richard an Dülmen (Hrsg.), Verbrechen, Strafen und soziale Kontrolle. Studien zur historischen Kulturforschung II, Frankfurt a. M. 1990, S. 215-237.

Brieler, Ulrich, Foucaults Geschichte, in: GG 24 (1998) Nr. 2, S. 248-282.

Bublitz, Hannelore / u.a (Hrsg.), Das Wuchern der Diskurse. Perspektiven der Diskursanalyse Foucaults, Frankfurt a. M./New York 1999.

Caplan, Jane, "This or That Particular Person". Protocols of Identification in Nineteenth-Century Europe, in: Jane Caplan / John Torpey (Hrsg.), Documenting Individual Identitiy. The Development of State Practices in the Modern World, Princeton 2001, S. 49-66.

Cole, Simon A., Suspect Identities. A History of Fingerprinting and Criminal Identification, Cambridge/London 2002.

Evans, Richard, The German Underworld, Deviants an Outcasts in German History, London/u.a. 1988.

Evans, Richard, Szenen aus der deutschen Unterwelt. Verbrechen und Strafe 1800-1914, Hamburg 1997.

Fahrmeir, Andreas, Governments and Forgers. Passports in Nineteenth-Century Europe, in: Jane Caplan / John Torpey (Hrsg.), Documenting Individual Identitiy. The Development of State Practices in the Modern World, Princeton 2001, S. 218-234.

Foucault, Michel, Dispositive der Macht. Michel Foucault über Sexualität, Wissen und Wahrheit, Berlin 1978.

Foucault, Michel, Überwachen und Strafen. Die Geburt des Gefängnisses, Frankfurt a. M. 1994.

Foucault, Michel, Archäologie des Wissens, Frankfurt a. M. [8]1997.

Foucault, Michel, Sexualität und Wahrheit, Bd. 2. Der Gebrauch der Lüste, Frankfurt a. M. [6]2000.

Funk, Albrecht, Die Entstehung der modernen Polizei in Preußen 1870-1890. Bezugspunkte einer historischen Polizeianalyse, in: Herbert Reinke (Hrsg.), „...nur für die Sicherheit da...?“ Zur Geschichte der Polizei im 19. und 20. Jahrhundert, Frankfurt a. M. 1993, S. 56-70.

Ginzburg, Carlo, Spurensicherung. Die Wissenschaft auf der Suche nach sich selbst, Berlin 2002.

Jäger, Siegfried, Einen Königsweg gibt es nicht. Bemerkungen zur Durchführung von Diskursanalysen, in: Hannelore Bublitz / u.a. (Hrsg.), Das Wuchern der Diskurse. Perspektiven der Diskursanalyse Foucaults, Frankfurt a. M./New York 1999, S. 136-145.

Johnson, Eric, Urbanization and Crime. Germany 1871-1914, New York 1995.

Jospeh, Anne, Anthropometry, the Police Expert, and the Deptford Murders. The Contest Introduction of Fingerprinting for the Identification of Criminals in Late Victorian and Edwardian Britain, in: Jane Caplan / John Torpey (Hrsg.), Documenting Individual Identity. The Development of State Practices in the Modern World, Princeton 2001, S. 164-183.

Krasmann, Susanne, Körper hervorbringen. Zur konstitutiven Funktion von Diskursen bei Foucault, in: Femina Politica 8 (1999) Nr. 2, S. 32-41.

Link, Jürgen, Literaturanalyse als Interdiskursanalyse. Am Beispiel des Ursprungs literarischer Symbolik in der Kollektivsymbolik, in: Jürgen Fohrmann / Harro Müller, Diskurstheorien und Literaturwissenschaft, Frankfurt a. M. 1988, S. 284-307.

Lüdtke, Alf, Zur historischen Analyse der Polizei in Deutschland. „Rechtsstaat" und gewaltsame Herrschaft, in: Philippe Robert / Clive Emsley (Hrsg.), Geschichte und Soziologie des Verbrechens, Pfaffenweiler 1991, S. 107-120.

Martschukat, Jürgen (Hrsg.), Geschichte schreiben mit Foucault, Frankfurt a. M. 2002.

Reinke, Herbert, „Armed as if for a War". The State, the Military and the Professionalisation of the Prussian Police in Imperial Germany, in: Clive Emsley / Barbara Weinberger (Hrsg.), Policing Western Europe. Politics, Professionalism and Public Order 1850-1940, New York/Westport/London 1991, S. 55-73.

Reinke, Herbert, "Verbrecher-Statistiken, welche in den neuesten Zeiten sehr beliebt geworden sind". Reflexionen über die Verwendung von Kriminalstatistiken in der historischen Forschung, in: Philippe Robert / Clive Emsley (Hrsg.), Geschichte und Soziologie des Verbrechens, Pfaffenweiler 1991, S. 19-28.

Reinke, Herbert (Hrsg.), „...nur für die Sicherheit da...?" Zur Geschichte der Polizei im 19. und 20. Jahrhundert, Frankfurt a. M. 1993.

Roth, Andreas, Die Auswirkung von Bevölkerungswachstum und polizeilicher Professionalisierung auf die registrierte Delinquenz im Kaiserreich, in: Jürgen Reulecke (Hrsg.), Die Stadt als Dienstleistungszentrum. Beiträge zur Geschichte der „Sozialstadt" in Deutschland im 19. und frühen 20. Jahrhundert, St. Katharinen 1995, S. 371-394.

Roth, Andreas, Kriminalitätsbekämpfung in deutschen Großstädten 1850-1914. Ein Beitrag zur Geschichte des strafrechtlichen Ermittlungsverfahrens, Berlin 1997.

Sarasin, Philipp, Subjekte, Diskurse, Körper. Überlegungen zu einer diskursgeschichtlichen Kulturgeschichte, in: Wolfgang Hardtwig / Hans-Ulrich Wehler (Hrsg.), Kulturgeschichte heute, Göttingen, 1996, S. 131-164.

Thome, Helmut, Kriminalität im Deutschen Kaiserreich 1883-1902. Eine sozialökologische Analyse, in: G G28 (2002) Nr. 4, S. 519-553.

Vec, Milo_, Die Spur des Täters. Methoden der Identifikation in der Kriminalistik, 1879-1933, Baden-Baden 2002.

Veyne, Paul, Foucault. Die Revolutionierung der Geschichte. Frankfurt a.M. 1992.

Wagner, Patrick, Volksgemeinschaft ohne Verbrecher. Konzeptionen und Praxis der Kriminalpolizei in der Zeit der Weimarer Republik und des Nationalsozialismus, Hamburg 1996.

Weingart, Peter / Kroll, Jürgen / Bayertz, Kurt, Rasse, Blut und Gene. Geschichte der Eugenik und Rassenhygiene in Deutschland, Frankfurt a. M. 1992.

Wiener, Martin, Reconstructing the Criminal. Culture, Law and Policy in England 1830-1914, Cambridge 1990.

II.
Die Kamera als Sicherheitselement

Francisco Klauser

Beschränkte Nachhaltigkeit der Videoüberwachung als präventives Instrument der Revitalisierung von Problemräumen

> *„Am Anfang habe ich gedacht, das muss ja saukomisch sein, als die Kameras noch nicht installiert waren. Und plötzlich waren sie da und ich habe es nicht einmal bemerkt, wirklich nicht. Es ist total komisch, es ist so ein wenig wie aufgepfropft. Von dem her entschwindet es auch schnell aus der Wahrnehmung, weil es so nichts ist, irgendwie…"* (Mieter an der videoüberwachten Prostitutionsmeile in der Schweizer Stadt Olten).

Einleitung: Diskurs der Risiko-Stadt

In der heutigen Zeit wird viel von Gefahren gesprochen. Wir hören von unterschiedlichsten Formen der Kleinkriminalität, von Vandalismus, Terrorismus und von Gewalt bei Sportveranstaltungen, Demonstrationen, in Familien oder überhaupt in beinahe allen Bereichen und Orten unseres Alltags. In der heutigen Zeit wird aber auch viel von Freiheiten gesprochen. Dabei ist je nachdem die individuelle Freiheit jedes einzelnen, die Freiheit des Marktes oder die Freiheit ganzer Völker gemeint. Der amerikanische Präsident beispielsweise verwendete das Zauberwort in seiner 20-minütigen Rede vor dem Kongress zu seiner zweiten Amtseinführung 43-mal. In seiner Ansprache im Februar 2005 vor dem EU Parlament in Brüssel fiel der Begriff noch 22-mal. Bemerkenswert ist dabei, dass oft gerade diejenigen Personen, die als Freiheits-Missionare zu uns kommen, die schärfsten Möglichkeiten staatlicher Überwachung von Einzelpersonen fördern. Überwachung wird aus dieser Perspektive nicht mehr als Gefahr für die individuelle Freiheit dargestellt, sondern als ihre Grundbedingung.

Tatsächlich eröffnen sich heute durch die Technologisierung unserer alltäglichen Beschäftigungen ungeahnte Möglichkeiten der Überwachung. Während die Palette gängiger Überwachungsmassnahmen unterschiedlichste Formen und Instrumente umfasst, scheint sich im Bereich der Überwachung öffentlicher Räume vor allem ein Instrument durchzusetzen : die Videoüberwachung. Es ist geradezu verblüffend, mit welcher Geschwindigkeit sich in den letzten Jahren weltweit die visuelle Überwachung städtischer Kernzonen ausbreitete. Allein in Grossbritannien, dem weltweiten Spitzenreiter der Videoüberwachung, gehen Schätzungen von 4 Millionen Kameras aus, die öffentlich zugängliche Räume filmen. Dies entspricht ungefähr einer Vervierfachung in drei Jahren. Stephen Graham vergleicht die Videoüberwachung deshalb mit urbanen Infrastrukturen wie den bestehenden Gas-, Elektrizitäts-, Wasser- und Telekommunikationsnetzwerken (Graham, 1998: 107).

Der Diskurs von Überwachungsbefürwortern verweist dabei auf Unsicherheits-Zustände, denen die heutige Gesellschaft nur noch in Form massiver Anstrengungen im Bereich der öffentlichen Sicherheit zu begegnen im Stande sei. Basierend auf der Vorstellung, dass sich die Folgeprobleme des gesellschaftlichen Wandels als soziale Entwurzelung und Verrohung in Form steigender Kleinkriminalität und wachsender Gewaltbereitschaft vorwiegend in urbanen Räumen manifestieren, wird dabei das Stadtleben in meist unbeabsichtigter Anlehnung an Berthold Brechts Oper vom „Aufstieg und Fall der Stadt Mahagonny" als *„Leben mit riskanten Chancen"* (Keupp, 1994 : 345) zwischen Verführung und Niederlage verstanden. Die Stadt wird nach diesem Verständnis immer mehr zur „Risiko-Stadt" (Beck, 1994), die aufgrund ihrer steigenden Komplexität neue und akzentuierte Risiken beinhaltet. Soziale Vielfalt wird dabei nicht als Chance, sondern als alltägliche Bedrohung wahrgenommenen, der die Stadtpolitik in Form von Gesetzen, öffentlichen und privaten Sicherheitssystemen sowie der Verhärtung alltäglicher Normen begegnet. Auch werden Einkaufspassagen und kommerziell attraktive Innenstadtbereiche mit ihren Konsum orientierten Formen des Luxus, durch architektonische und gestalterische Massnahmen oft deutlich von Problemgebieten getrennt.

Problemstellung

Das skizzierte Spannungsfeld öffentlicher Räume zwischen Risiko, Angst und Macht wird auch in der öffentlichen Debatte um den Einsatz von Überwachungskameras zum Ausdruck gebracht. Während Überwachungskameras von Befürwortern als Massnahme zur Verbesserung objektiver Gefahrenlagen und subjektiver Unsicherheitsempfindungen in Angsträumen verstanden werden, machen Kritiker auf Tendenzen der Privatisierung und Kommerzialisierung wirtschaftlich attraktiver Innenstadtbereiche aufmerksam, verbunden mit dem Ausschluss randständiger sozialer Gruppen sowie dem Verlust informationeller und dezisionaler Privatheit (Rössler, 2001). Gemeinsam ist beiden Argumentationsweisen das ambivalente Verständnis der Videoüberwachung als Instrument der Raumkontrolle, das durch seine symbolische (präventive) Wirkung, aber auch aufgrund der raumspezifischen Informationsbeschaffung eine Grenze zwischen überwachten und unüberwachten Teilen des Raumes zieht. Die Videoüberwachung erschafft aus dieser Sichtweise eine räumliche Differenz, die die sozial-räumliche Realität des öffentlichen Raumes beeinflusst und gleichermassen eine die urbanen Ballungsräume immer dichter überziehende Sicherheits- und Machtgeographie begründet.

Im Rahmen des vorliegenden Beitrags geht es darum, auf einer empirischen Grundlage zu prüfen, inwiefern die auf die Videoüberwachung zurückgehende Kontrolle öffentlicher Räumen die Nutzung und Wahrnehmung dieser Räume beeinflusst. Es wird gefragt, ob Überwachungskameras dazu beitragen können, raumbezogen die Empfindung von Sicherheit zu vermitteln und insofern die überwachten Räume nachhaltig zu revitalisieren.

- Werden Überwachungskameras bewusst wahrgenommen?
- Werden überwachte Räume als sicherer wahrgenommen und intensiver benutzt?
- Inwiefern kann die Videoüberwachung aus dieser Perspektive als Instrument der Revitalisierung öffentlicher Räume verstanden werden?

Um diese Fragen zu behandeln, gelangt im Folgenden eine Auswahl empirischer Resultate einer im Rahmen meiner Doktorarbeit in der Schweizer Stadt Olten durchgeführten Fallstudie zur Videoüberwachung zur Anwendung. Der Schwerpunkt liegt dabei auf den untersuchten Auswirkungen der im Jahre 2001 von der Oltner Polizei installierten Strassenprostitutions-Überwachung auf der „Industriestrasse". Während die Auswirkungen dieses konkreten Kameraprojekts auch anhand einer umfangreichen Bevölkerungsbefragung eruiert wurden (Klauser, 2004), konzentriert sich der vorliegende Artikel auf 13 qualitative Interviews, die mit direkt Betroffenen der Oltner Strassenprostitutions-Überwachung in den Jahren 2003/2004 geführt wurden. Diese Gespräche richteten sich nicht nur an die nächtlichen Benutzer des Strassenstrichs (Prostituierte, Frauenbus „Lysistrada" als lokale Anlaufstelle für Prostituierte), sondern auch an die lokalen Industrie-, Gewerbe- und Kulturbetriebe. Zusätzlich kamen ebenfalls die Kamera-Verantwortlichen zu Wort, um beispielsweise Abweichungen zwischen der „offiziellen" und der „inoffiziellen" Sichtweise des Erfolgs der Videoüberwachung hervorzuheben. Die folgende Untersuchung der Oltner Strassenprostitutionsüberwachung konzentriert sich also nicht nur auf die Kameraauswirkungen in Bezug auf die Risikoproblematik der Prostituierten auf dem Strassenstrich. Anhand der realisierten Interviews können die Auswirkungen der Videoüberwachung im Gegenteil aus unterschiedlichen Perspektiven diskutiert werden.

Videoüberwachung als Revitalisierung von Problemräumen?

Wie dem Oltner Stadtratsprotokoll vom 4. September 2000 zu entnehmen ist, sollte die Videoüberwachung der Prostitutionsmeile nicht nur die Sicherheit der Prostituierten verbessern, sondern auch zur Aufwertung des Gesamtbildes der Stadt Olten beitragen, das zuvor durch die Vorfälle auf dem Strassenstrich negativ beeinträchtigt worden war. Aus dieser Perspektive kann die Industriestrassenüberwachung als staatlicher Revitalisierungsversuch der Industriestrasse im Speziellen, aber auch der Stadt Olten im Allgemeinen verstanden werden.
Aufgrund der unterschiedlichen, zum Teil konfliktuellen Nutzungsarten der Strasse als Industriezone und Strassenstrich kann am Beispiel der Industriestrassenüberwachung auch die Rolle der Videoüberwachung als Instrument der „Disziplinierung von Räumen" aufgezeigt werden. Zudem erlaubt die Untersuchung

dieser Europaweit einzigartigen Überwachungsmassnahme aus datenschutzrechtlicher Sicht eine kritische Prüfung der Verhältnismässigkeit visueller Überwachung von Angst- oder Problemräumen. Tatsächlich erhält im Vergleich zu anderen videoüberwachten Orten die Datenschutzproblematik im Zusammenhang mit der Überwachung der Strassenprostitution eine zusätzliche Schärfe. Diese wird von einer ehemaligen Mitarbeiterin der lokalen Anlaufstelle für Prostituierte (Frauenbus „Lysistrada") auf den Punkt gebracht wird.

> *„Wenn ich durch eine Bahnhofsunterführung laufe und überwacht werde, sagt dies noch gar nichts aus. Wenn ich aber durch die Industriestrasse* [Strassenstrich] *laufe, dann ist dies eine Aussage, die mit einem gesellschaftlichen Tabu verknüpft ist."* (ehemalige Mitarbeiterin Frauenbus „Lysistrada")

Wahrgenommene Konsequenzen der Videoüberwachung auf die Prostitution in der Industriestrasse

Die heutige Oltner Polizeidirektorin ist überzeugt, dass das von ihrem Vorgänger durchgesetzte Projekt als Beruhigungsmassnahme der Strassenprostitution erfolgreich war. Das nächtliche Geschehen auf dem Strassenstrich habe sich durch die Kameras beruhigt. Von Seiten der Oltner Polizei wurden allerdings keine Statistiken geführt, die eine allfällige Reduktion der Übergriffe auf Prostituierte oder Passanten dokumentieren könnten. Zudem wurden während der vier Betriebsjahre der Prostitutionsüberwachung die aufgezeichneten Bilder nie im Rahmen juristischer Strafverfolgungen verwendet. Eine pauschale Beurteilung des Erfolgs der Industriestrassenüberwachung ist deshalb nicht einfach.

Die interviewten Personen stimmten grundsätzlich darin überein, dass in den ersten Monaten nach der Kamerainstallation sowohl in Bezug auf das Prostitutionsangebot wie auch in Bezug auf die Prostitutionsnachfrage auf der Industriestrasse eine starke Veränderung stattgefunden hatte. Im Zusammenhang mit der Angebotsseite hatte die Videoüberwachung vor allem dazu geführt, dass viele Frauen anderweitig versuchten, ihr Geschäft weiter zu verfolgen, da sie sich Sorgen machten, auf den Bildern erkannt zu werden und durch die Videoüberwachung ihre Anonymität (und Kunden) zu verlieren. Zu einer Verlagerung der Strassenprostitution in Olten selbst kam es aber auch zu Beginn der Videoüberwachung gemäss den übereinstimmenden Einschätzungen der Befragten nicht, was insbesondere auch auf die Intensivierung der Polizeipatrouillen zurück zu führen war, welche die Kamerainstallation begleitete.

Prostituierte, die dem Oltner Strassenstrich den Rücken gekehrt hatten, wanderten also entweder in andere Städte ab oder gaben ihre Prostitutionstätigkeiten auf. Die Frauen, die trotz der Kameras auf dem Strassenstrich blieben, versuchten gewissermassen mit praktischen Finten im Sinne De Certeaus (De Certeau, 1988), zwischen den Maschen des Überwachungssystems durchzuschlüpfen.

Dies konnte auch daran gesehen werden, dass die Frauen ihre Verhaltensweise auf die Kameras abstimmten und beispielsweise versuchten, sich ausserhalb des Blickfeldes der Kameras zu bewegen. Diese auf die symbolische Wirkung der Kameras zurückgehenden Veränderungen und Anpassungen der Strassennutzung dauerten allerdings nur einige Monate und nahmen relativ schnell wieder ab.

> *„Am Anfang war der Effekt gut sichtbar. Die Frauen liefen so, dass sie das Gefühl hatten, sie seinen ausserhalb des Blickfelds. Heute läuft jedoch jede so durch, wie wenn sie ganz normal spazieren würde. Die Kameras werden so wenig beachtet, wie diese in der Unterführung in Richtung Aarau, oder in der Bahnhofsunterführung.“* (Prostituierte)

Grundsätzlich war die Akzeptanz der Videoüberwachung bei den meisten Prostituierten zum Zeitpunkt der Kamerainstallation gering. Insbesondere aufgrund der fehlenden Kommunikation zwischen den Kameraverantwortlichen und den Prostituierten sei bei den letztgenannten eine Verunsicherung gegenüber der tatsächlichen Verwendung der Bilder zu spüren gewesen. Dass das Kameraprojekt ohne Vorinformation auf der Industriestrasse realisiert worden war habe darüber hinaus dazu geführt, dass dieses von den meisten Frauen nicht als Sicherheits- sondern ausschliesslich als Überwachungsmassnahme wahrgenommen worden sei. Ein weiteres Argument, das gegen die Videoüberwachung sprach, betraf den von den meisten Prostituierten befürchteten, auf die präventive Wirkung der Kameras zurück gehenden Verdienstausfall.

Nachdem sich allerdings die erste Aufregung über die Kameras gelegt hatte, kamen nach ein paar Monaten auch viele der zwischenzeitlich abgewanderten Prostituierten wieder an die Industriestrasse zurück. Die befragten Personen sprachen deshalb zwar mehrheitlich von relativ spektakulären Konsequenzen der Videoüberwachung im Anschluss an die Kamerainstallation, betonten aber gleichzeitig den anschliessenden Wideranstieg der Prostitution sowie der damit verknüpften Gewalt- und Abfallprobleme. Einige Monate nach der Kamerainstallation hatten sich die Prostituierten also mit der Videoüberwachung arrangiert. Andere Probleme waren für sie spürbarer und dringender als die Kameras.

> *„Im Hinterkopf von diesem oder jenem war die Idee vielleicht vorhanden, dass die Kameras die Leute vertreiben würde. Aber das hat nur am Anfang vorübergehend so funktioniert, schon nach kurzer Zeit lebte das in alter Frische wieder auf.“* (politische Vertreterin der Oltner Legislative)

Längerfristige Wahrnehmung der Videoüberwachung

Eine wichtige Bedingung der Videoüberwachung, um die Nutzung und Wahrnehmung überwachter Räume zu verändern, liegt in dem Bewusstsein der überwachten Bevölkerung gegenüber den Überwachungskameras. In diesem Zusammenhang stimmten die interviewten Mitarbeiterinnen des Lysistrada-Busses, sowie die befragte Prostituierte überein, dass grundsätzlich die meisten Prostituierten darüber informiert waren, dass die Strassenprostitution in Olten mit Kameras überwacht wurde.

> *„Es ist ja auch eine „Sensation", weil es wirklich der einzige Strich ist, der videoüberwacht wird. Das ist schon etwas Besonderes.* [...] *Ich denke, dass die Frauen das schon wissen, weil sie dies unter einander auch austauschen. Aber es kann natürlich schon sein, dass eine Frau die normalerweise in Zürich arbeitet, nichts von den Kameras weiss."* (Teilzeit Angestellte Frauenbus „Lysistrada")

Während die befragten Personen darin übereinstimmten, dass die meisten Prostituierten die Videoüberwachung kannten, war man sich diesbezüglich in Bezug auf die Freier oder in Bezug auf die allgemeine Bevölkerung weniger sicher. Einerseits wurde verschiedentlich auf das grosse Medienecho hingewiesen, das die Kamerainstallation begleitet hatte. Daneben wurde auch die geringe Grösse Oltens (ca. 17.000 Einwohner) als Grund genannt, weshalb sich eine Massnahme wie die Videoüberwachung der Strassenprostitution relativ schnell herumspreche. Der für die Industriestrasse zuständige Polizeibeamte erwähnte gar einen Zeitungsartikel zur Oltner Strassenprostitutionsüberwachung, der ihm aus Paris zugeschickt worden sei. Andererseits wurde aber auch die psychologische Distanziertheit der Raumkontrolle durch Überwachungskameras mehrfach betont : Man wisse nicht, was mit den aufgezeichneten Bildern passiere, höre seit der Kamerainstallation eigentlich nichts und vergesse die Videoüberwachung deshalb relativ schnell.

> *„Es denkt kein Schwein mehr daran, dass diese Kameras... Oder hast Du wirklich das Gefühl, die Leute machen sich Gedanken ? Das glaube ich nicht. Das ist wieder wie Alltag. Das war eine Zeit lang vielleicht ein Gesprächsstoff, am Anfang, als man sich vielleicht überlegt hat, was es bedeutet und ob man selber irgendwie aufgezeichnet wird. Aber ich glaube, das ist jetzt einfach Normalität. Und eben, man weiss auch nicht genau, wie es überwacht wird."* (Konzertbesucherin in einem Musik-Club an der Industriestrasse)

Es fällt also auf, dass sich die räumliche Distanz der Videoüberwachung aus der Sicht der direkt Betroffenen des Oltner Überwachungsprojekts auch in einer psychologischen Distanz zu den Überwachungskameras ausdrückte. In mehreren Fällen betonten alltägliche Nutzer der Industriestrasse, sie hätten sich noch nie überlegt, was die Videoüberwachung eigentlich bedeutet. Die Überwachungskameras seien im Gegenteil einfach da, ohne dass man sich an ihnen störe. Gleichzeitig setze man jedoch auch keine Hoffnungen in die Videoüberwachung. Dieses Beispiel verdeutlicht, dass selbst ein „spektakuläres" Videoprojekt relativ schnell in den Hintergrund tritt und sogar von den direkt Betroffenen schnell vergessen wird.

Zweifel und Kritik an der Videoüberwachung

Im Zusammenhang mit der erwähnten räumlichen und psychologischen Distanz der Videoüberwachung fiel auf der Grundlage der realisierten Interviews ebenfalls auf, dass sich die Befragten zwar bewusst waren, dass die Industriestrasse von Kameras überwacht wurde. Die genauen Standorte der Kameras und die Intentionen hinter der Videoüberwachung blieben dabei allerdings häufig unklar. Das auf diese Weise hervortretende Unwissen gegenüber den Modalitäten der Industriestrassen-überwachung wird durch die Tatsache, dass die Interviews ausschliesslich mit Personen durchgeführt wurden, die einen direkten Bezug zur Industriestrasse aufwiesen, noch aussagekräftiger. Deutlich wird auch, dass sich namentlich bei den befragten Strassennutzern, die keinen direkten Bezug zur Videoüberwachung aufwiesen, sowohl das Unwissen in Bezug auf die Kamera-Absichten sowie die Unklarheiten bezüglich der Funktionsweise der Videoüberwachung als Zweifel an der Effizienz der Videoüberwachung als Sicherheitsinstrument äusserten.

> *„Es hat sowieso nichts mit dieser Videoüberwachung... es ist ganz komisch. Von der Sicherheit her habe ich nicht das Gefühl, im Bewusstsein, es ist eine Überwachung da, denn ich weiß nicht einmal, wo diese ist. Ist sie genau dort, wo ich durch gehe ? Die kann ja nicht entlang der ganzen Strasse sein. Die ist vielleicht am Anfang und in der Mitte und am Schluss, und genau zwischendrin wird man überfallen, oder wie ? Ich gehe überhaupt nicht von dem aus."* (Konzertbesucherin in einem Musik-Club an der Industriestrasse)

Nicht viel überzeugender fiel der Kommentar einer Prostituierten aus. Besonders interessant ist dabei, dass die Videoüberwachung ursprünglich von den Kameraverantwortlichen als Maßnahme zur Verbesserung der Prostitutions-Sicherheit dargestellt worden war.

> *„Ich glaube nicht an die Kameras. Ich glaube an mich und meinen gesunden Menschenverstand. Der Mensch hat ein Gefühl und eine Seele. Und wenn er das unterdrückt, lebt er gefährlich. Dann übersieht er die Gefahr. Die größte Sicherheit ist die innere Uhr und die Gefühle. Ich selbst versuche so gut wie möglich mit dem umzugehen. Wenn man sich nur auf die Kameras und auf die Polizei verlässt, lebt man vielleicht in einer falschen Sicherheit.* [...] *Was ist denn Sicherheit ?"* (Prostituierte)

Interessanterweise wird die Videoüberwachung der Oltner Strassenprostitution aber insbesondere von den Anwohnern und Anstößern kaum als Bedrohung ihrer Privatsphäre wahrgenommen. Während den Interviews war allerdings auch eine gewisse Ernüchterung und Enttäuschung in Bezug auf die Videoüberwachung zu spüren. Die Videoüberwachung wurde beispielsweise als „Witz", „Alibiübung" oder als „Täuschung" bezeichnet. Besonders gravierend ist, dass die Videoüberwachung vor allem von der interviewten Prostituierten als symbolische Politik der Stadtregierung bezeichnet wurde. Diese symbolische Alibimaßnahme sollte vor allem dazu dienen, das Gewissen der politisch Verantwortlichen und der Steuerzahler zu beruhigen.

> *„Die Kameras sind für die ausübenden Staatsorgane eine Beruhigung. Dann können sie sagen ‚wir haben doch etwas gemacht'."* (Prostituierte)

Die Tatsache, dass die Videoüberwachung auch von den vermeintlichen Nutznießerinnen nicht als Maßnahme angesehen wurde, die ihre Sicherheit verbesserte unterstreicht die Wichtigkeit, Erfolge der Kameras zu verbreiten, um den Glauben an die Videoüberwachung hoch zu halten und um den durch die geringe Größe und die Funktionsweise der Videoüberwachung bedingten Distanzierungseffekten entgegen zu wirken. Diesbezüglich muss allerdings erwähnt werden, dass für die Oltner Polizei erschwerend hinzukam, dass die aufgezeichneten Bilder während der vier Betriebsjahre der Videoüberwachung gar nie im Rahmen juristischer Strafverfolgungen verwendet wurden.

Neben der grundsätzlichen Kritik an der Videoüberwachung meinten zahlreiche interviewte Personen auch, die Kameras seien an den falschen Orten installiert worden. Sowohl die interviewten Prostituierten, wie auch die Mitarbeiterinnen des Lysistrada-Busses unterstrichen beispielsweise, dass die meisten Übergriffe auf Prostituierte nicht auf der Strasse selbst, sondern an den Risikoorten stattfänden, wo die Frauen mit den Freiern hinfahren. Daneben wurde das bereits erwähnte Problem hervorgehoben, dass nur sehr wenige Meldungen zu Übergriffen auf Prostituierte überhaupt bis zur Polizei gelangten und deshalb die Kamerabilder nur sehr selten genutzt werden könnten. Wenn sich eine Frau dennoch dazu entschließen könnte, eine Anzeige bei der Polizei zu deponieren, seien die Bilder (die 72 Stunden aufbewahrt werden) mit großer Wahrscheinlichkeit bereits gelöscht.

Die befragten Anwohner und Anstößer der Industriestrasse relativierten ihrerseits die Effizienz der Videoüberwachung als Instrument der Verbrechensaufklärung aufgrund ihrer Einschätzung, die drei Kameras könnten nur einen unbedeutend kleinen Teil der Industriestrasse überhaupt kontrollieren.

> *„Es wurden drei Kameras aufgestellt, die aber nicht die gesamte Strasse abdecken. Mich erstaunt einfach, dass sie in diesem Abschnitt nicht auch noch eine Kamera hingestellt haben. Vielleicht hatten sie dann zu wenig*

Geld. Ich weiß halt auch nicht. Das hat man wirklich als Witz empfunden. Wenn sie schon großgekotzt schreiben, dieser Strassenabschnitt sei videoüberwacht, und dann ist einfach ein Teil der Strasse nicht abgedeckt... was bringt's ?" (Hauswart einer Schokoladen-Fabrik an der Industriestrasse)

Grundsätzlich war auch einige Kritik an der Videoüberwachung zu hören (z.B. dass die Überwachungskameras in der Nacht gar keine Identifikation der Autonummern erlauben), die gemäß der Kameraverantwortlichen nicht zutraf. Diese „falsche Kritik" verdeutlicht jedoch nochmals mit Nachdruck die Wichtigkeit einer permanenten und transparenten Informationspolitik seitens der Kameraverantwortlichen : Wenn die potentiellen Profiteure der Kameras mit der Videoüberwachung nicht genügend vertraut sind, oder wenn sie die Möglichkeiten der Videoüberwachung bezweifeln, beeinträchtigt dies die Effizienz der Überwachungskameras beträchtlich. Gerade die Informationspolitik der Kameraverantwortlichen wurde jedoch von einigen Befragten besonders vehement kritisiert.

„Das hat man alles aus der Zeitung erfahren. Da kann man wirklich sagen, die Informationspolitik des Stadthauses Olten im Zusammenhang mit der Industriestrasse ist eine Katastrophe." (Hauswart einer Schokoladen Fabrik an der Industriestrasse)

Videoüberwachung kein Wundermittel zur Revitalisierung von Problemräumen

Vor dem Hintergrund der geführten Interviews muss die Effizienz der Videoüberwachung als Instrument der Revitalisierung von Problemräumen relativiert werden. Tatsächlich betonten auch alle interviewten Anwohner und Anstößer der Strasse, ihre eigene Strassennutzung aufgrund der Videoüberwachung nicht geändert zu haben.

„Als häufiger Benutzer dieser Strasse als Velofahrer kann ich sagen, der Fußgängerverkehr hat sich nicht gesteigert seit der Videoüberwachung. Weder Männer noch Frauen, nein." (Mieter an der Industriestrasse).

Es fällt also auf, dass die Videoüberwachung weder ein allmächtiges, technisches Mittel zur Kriminalitätsbekämpfung darstellt, noch als isolierte Einzelmaßnahme die Nutzung und Wahrnehmung von Angst-Räumen nachhaltig verbessert. Wichtig scheint in diesem Zusammenhang vor allem die Informationspolitik in Bezug auf die Überwachungsmassnahmen, die beispielsweise den Betroffenen die Videoüberwachung näher bringt, oder aber allfällige Erfolge der Kameras verbreitet und so den Glauben an die Nützlichkeit der Überwachung hochhält. Diese Überlegungen sollten ebenfalls in die kommenden politischen Diskussionen in Bezug auf die Weiterverwendung der Überwachungskameras der Industriestrasse nach dem Wegfall der Strassenprostitution mit einfliessen. Tatsächlich wurde nämlich Anfang 2005 die Industriestrasse als Strassenstrich anhand eines Nachtfahrverbotes verunmöglicht. Die noch immer dort verbleibenden Überwachungskameras kontollieren zurzeit ausschliesslich die Einhaltung des verhängten Nachtfahrverbots. In der Schweiz ist damit eines der ersten Kapitel der polizeilichen Videoüberwachung öffentlicher Räume, dessen Erfahrungen auch in die zukünftige Entwicklung der Videoüberwachung einfliessen könnten, zu Ende gegangen.

Schlussbemerkungen

Die im Rahmen dieses Artikels behandelte psychologische Distanz zwischen der in einer Überwachungszentrale verborgenen Regulationsinstanz und den sichtbaren Benutzern überwachter Räume beruht einerseits auf der kamerabedingten räumlichen Distanz zwischen diesen beiden Akteuren, ist andererseits aber auch durch das z.T. fehlende öffentliche Bewusstsein sowie den beschränkten Wissensstand gegenüber den Überwachungsmassnahmen bedingt. In Bezug auf die Auswirkungen der Videoüberwachung auf die Nutzung und Wahrnehmung öffentlicher Räume im Allgemeinen kann diesbezüglich die am Beispiel der Oltner Strassenprostitutionsüberwachung aufgezeigte Diskrepanz zwischen der tatsächlichen Verwendung der Kamerabilder und den diesbezüglichen Vorstellungen der interviewten Anwohner und Anstösser der Industriestrasse in Erinnerung gerufen werden. Auf dieser Grundlage lassen sich ebenfalls die immer grundsätzlicheren Schwierigkeiten der Benutzer öffentlicher Räume erkennen, nicht nur die steigende Komplexität der Stadt als vielschichtigen, in Veränderung begriffenen Lebensraum zu begreifen, sondern auch die „unsichtbaren" und oft dezentralisierten urbanen Kommunikations- und Informationsnetzwerke, in denen wir als individuelle Subjekte täglich deutliche Spuren hinterlassen, in ihrer Komplexität kognitiv zu erfassen. Diese Schwierigkeiten begründen ebenfalls eine anwachsende Störung unseres Raumbezugs zur Stadt (Soja 1996 : 198), verbunden mit einer steigenden Einschränkung der Möglichkeiten unbeobachteten, selbstbestimmten Verhaltens (Rössler, 2001).

Das steigende Unvermögen, die alltäglichen Überwachungsmöglichkeiten abzuschätzen und zu kontrollieren ist auch dadurch bedingt, dass Überwachungsmassnahmen als Sicherheitsbestrebungen in zahlreichen Fällen besonderen Bedingungen der Geheimhaltung unterliegen. In den Zeiten emotional geführter Sicherheitsdebatten gilt deshalb oft schon ein grundsätzliches Auskunftsbegehren oder Nachfragen in Bezug auf spezifische Überwachungsmassnahmen suspekt. Genährt durch das Bedürfnis nach einer immer umfassenderer Sicherheit, gepaart mit praktischen Beweggründen und finanziellen Anreizen im Falle von Kunden- und Bankkarten, GPS-Systemen oder Mobiltelefonen scheint sich deshalb stillschweigend die Ansicht durchzusetzen, wer nichts zu befürchten habe, brauche sich an der Überwachung auch nicht zu stören.

Vergessen wird dabei, dass in Europa noch vor wenigen Jahren im Anschluss an die beiden Weltkriege und im Kontext der Bedrohungslage des Kalten Krieges bedeutende Datensammlungen über grosse Teile der Bevölkerung angelegt wurden, die in der Schweiz beispielsweise den „Fichenskandal" begründeten. Dabei sind die Überwachungsmöglichkeiten seither deutlich gestiegen. Auch wird unser Leben alleine schon durch die Technologisierung des Alltags transparenter. Nicht mehr Spitzel mit schwarzen Schlapphüten, sondern Kundenkarten, Mobiltelefone und Computer zeichnen unser Leben nach. Die Überwachungsmassnahmen basieren also nicht auf *„pflasterknallenden Stiefeln der Macht*, sondern *auf den leisen Sohlen wohlmeinender Entmündigung"*, wie Hirsch in der „Zeit" (3.3.2005 : 5) bemerkt.
Vor dem Hintergrund dieser Überlegungen bezüglich der allgemeinen Auswirkungen von Überwachungskameras als Machtintervention in öffentlichen Räumen muss deshalb vor allem die Beziehung zwischen den häufig als antagonistisch beschriebenen Begriffen „Freiheit" und „Sicherheit" thematisiert werden. *„Mit dem Thema „Risiko-Stadt ?" bricht in neuer Weise die Frage hervor: Wie wollen wir leben – in freier Unsicherheit oder sicherer Unfreiheit ?"* (Beck, 1995 : 43) Die Abwägung zwischen dem sicherheitspolitischen Nutzen und den Freiheitseinschränkung gewisser Massnahmen ist allerdings nicht neu. Neu ist höchstens, dass massive Einschränkungen der persönlichen Freiheit und Autonomie von einigen der mächtigsten Männer der Welt gleichzeitig als Massnahmen zur Verbreitung der Freiheit im Allgemeinen gepriesen werden.
Sowohl im Zusammenhang mit der oft zitierten Terrorismusgefahr, wie auch in Bezug auf andere Gewalt- und Kriminalitätsprobleme in öffentlichen Räumen muss ebenfalls die praktische Unmöglichkeit eines Null-Risikos oder einer absoluten Sicherheit unterstrichen werden. Vor dem Hintergrund Hannah Arendts berühmten Diktums, Macht beginne dort gefährlich zu werden, wo die Öffentlichkeit aufhört, scheint deshalb die Förderung einer gesellschaftlichen Debatte über den Sinn und Zweck unterschiedlicher Überwachungsmassnahmen unabdingbar. Dabei müsste nicht nur die neue Risikolage unserer Städte, sondern auch die Palette alternativer Sicherheitsstrategien, die weniger auf dem Repressionsgedanken, als vielmehr auf dem Versuch der Integration möglicher Risikopersonen und der Früherkennung möglicher Gefahrenlagen beruhen, kritisch diskutiert werden. Die Frage wäre also nicht, ob die Videoüberwachung grundsätzlich akzeptiert oder abgelehnt wird, sondern vielmehr, in welchen Bereichen Überwachungskameras als nützlich erachtet werden und in welchen nicht.

Literatur

Beck U., 1994, „Risiko Stadt – Architektur in der reflexiven Moderne", in, Schwarz U. (Hg.), *Risiko Stadt ? Perspektiven der Urbanität*, Junius, Hamburg : 32-58.

Dworkin R., 7. Juli 2005, *Amerika zerstört seine Selbstachtung*, Die Zeit : 35.
Graham S., 1998, "Towards the fifth Utility ? On the extension and normalisation of public CCTV", in, Norris C., Morran J., Armstrong G. (Hg.), 1998, *Surveillance, CCTV and Social Control*, Ashgate, Aldershot : 89-113.
Hirsch B., 3. März 2005, *Wehret dem bitteren Ende !*, Die Zeit, Nr. 10 : 5.
Keupp H., 2004, *Psychologisches Handeln in der Risikogesellschaft. Gemeindepsychologische Perspektiven*, Quintessenz, München.
Klauser F., 2004, „Die Entwicklung einer Sicherheitsstadt", in, *Digma*, Zeitschrift für Datenrecht und Informationssicherheit, 4. Jg., Heft 1 : 22-27.
Rössler B., 2001, *Der Wert des Privaten*, Suhrkamp, Frankfurt am Main.
Soja E.W., 1996, *Thirdspace. Journeys to Los Angeles and other real-and-imagined Places*, Blackwell Publishers Ltd., Oxford.

Stefan Czerwinski

Videoüberwachung und Alltagswelten. Ergebnisse einer qualitativen Studie in Hamburg.

Videoüberwachung hält immer stärker Einzug in unser aller Lebenswelten. Sie ist inzwischen so weit verbreitet, dass sie zu einem Alltagsphänomen geworden ist. Egal ob in Kaufhäusern und Shopping-Malls, im öffentlichen Personennahverkehr oder am Geldautomaten, Kameras sind allgegenwärtig. Selbst im öffentlichen Raum ist inzwischen in fast allen Bundesländern auf der Grundlage geänderter Polizeigesetze eine dauerhafte Installation von Kameras möglich, auch wenn deren bisherige Zahl im Vergleich zu privaten Überwachungskameras sehr gering ausfällt (vgl. Töpfer 2005: 4ff.). Die Tendenz ist jedoch eindeutig steigend. Welche Auswirkungen hat das auf das Leben der Bürgerinnen und Bürger? Begrüßen sie diese Entwicklung generell, betrachten sie sie ambivalent oder stehen sie den Kameras eher skeptisch gegenüber? Wie nehmen sie die Videoüberwachung wahr? Welchen Einfluss hat diese auf ihre persönlichen Alltagswelten? Wie sind diese Alltagswelten wiederum durch eine bestimmte Raumvorstellung geprägt? Erscheint CCTV in den Augen der Bürgerinnen und Bürger als eine technische Implementation, mittels derer „Das Ende der Privatheit" (Whitaker 1999) eingeleitet oder der Weg in eine neue Kultur der Kontrolle (u.a. Marx 2002) aufgezeigt wird? Oder wirkt sie wie eine unerlässliche Maßnahme um das gesellschaftliche Zusammenleben und eine dafür notwendige soziale Kontrolle zu gewährleisten? Nimmt sie eventuell sogar einen eher fürsorglichen Charakter an? Diesen Fragen geht eine in Hamburg durchgeführte qualitativ angelegte Studie nach. [1]

Zielsetzung und Durchführung

Von Mai bis September 2004 wurden 41 fokussierte Leitfadeninterviews durchgeführt und analysiert. Erhebungsgebiete waren zwei ausgewählte Hamburger Stadtviertel, die sich durch ihre Bevölkerungs- und Infrastruktur sowie ihre innerstädtische Lage deutlich voneinander unterscheiden: das im Zentrum gelegene St. Georg sowie der am Stadtrand liegende Boberger Dorfanger. Die befragten Personen lebten oder arbeiteten zum Zeitpunkt der Interviews vor Ort und waren zwischen 22-69 Jahre alt. Es wurden bewusst keine Jugendlichen und

1 „Raumwahrnehmung und Videoüberwachung in Hamburg" lautet der Titel dieser Untersuchung. Die Studie wird am Institut für kriminologische Sozialforschung (IKS) der Universität Hamburg durchgeführt und durch die Deutsche Forschungsgemeinschaft (DFG) gefördert. Der Zeitrahmen des Projekts ist Oktober 2003 – September 2006. Leiter des Projekts ist Dr. Nils Zurawski; ich bin im Projektrahmen als wissenschaftlicher Mitarbeiter tätig. Weitere Informationen: www.surveillance-studies.org

Kinder befragt, da deren Raumwahrnehmung von der Erwachsener differiert (Uttal/Tan 2000: 147ff.). Eine dieser Untersuchung zu Grunde liegende Grundannahme ist, dass die subjektiven Sichtweisen auf das Thema Videoüberwachung mit dem jeweiligen Raumverständnis der Menschen korrespondieren. Ich bin der Frage nachgegangen wie dieses Raumverständnis der Menschen aussieht und welche Folgen sich daraus für deren Sichtweise auf das Thema ergeben.
Die Fragen wurden so offen wie möglich gehalten mit der Absicht den Interviewten Raum für ihre Assoziationen sowie für die Bildung eigener Sinnkategorien zu lassen um dadurch deren alltagsweltliches Denken und Handeln zumindest auszugsweise erfassen zu können. Denn es sollen nicht nur deskriptiv die Einschätzungen der Befragten über CCTV dargestellt, sondern auch die dahinter stehenden Motivationen, Strukturen und Zusammenhänge in Bezug auf das Phänomen der Videoüberwachung in den Sinnwelten der Befragten erfasst werden. Ziel ist es, das vorhandene Wissen über Videoüberwachung darzulegen und aufzuzeigen wie und durch welche Mechanismen Meinungen und Wissen zum Thema generiert sowie transportiert werden und wie daraus ein gesellschaftlich relevanter Gegenstand erwachsen ist.

Ergebnisse: „Die Kriminalität ist unser Problem"

In sämtlichen Interviews wurde Videoüberwachung unabhängig von der jeweiligen Beurteilung in einen kriminogenen Kontext gestellt. Andere mögliche Motive für die Installation von Kameras, wie z.B. die Regelung von Betriebsabläufen, Kosten- und Personaleinsparung oder Unfallhilfe, wurden nur selten erwähnt. Somit spielt die Reflexion der Befragten über das, was von ihnen als „Kriminalität" bezeichnet wird, eine entscheidende Rolle bei der Beurteilung von CCTV. Dabei zeigt sich häufig ein abstraktes und die Komplexität reduzierendes Denken über „Kriminalität". Fast alle Interviewten sprachen verallgemeinernd auch von *der* „Kriminalität", selbst wenn sie nur ganz bestimmte Delikte meinten. In jedem Interview wurde mindestens entweder Raub, Diebstahl, Vergewaltigung oder Drogenmissbrauch einhergehend mit Beschaffungskriminalität genannt, wenn über vermeintlich verbreitete und vornehmlich einzudämmende Arten von Straftaten gesprochen wurde. Das bestätigt den Kritikpunkt, dass durch Videoüberwachung bestimmte Deliktarten verstärkt – und überdies zumeist auch als bedrohlich – wahrgenommen werden, obwohl die Schwere bzw. Häufigkeit ihres Auftretens dies nicht immer begründen (Leopold 2003: 190f.).[2] So zeigt sich, dass Kriminalität kein eindeutiger Tatbestand, son-

---

2 Im Gegensatz dazu nehmen die von mir aufgezählten Deliktarten bei Hölscher 2003: 45 alle keine Spitzenpositionen in den Antworten Leipziger Bürgerinnen und Bürger auf die Frage nach Bedrohungen in der Öffentlichkeit ein. Allerdings ist seine Fragestellung auch abstrakter und nicht unbedingt mit unserer Interviewsituation zu vergleichen, in der Befragte in bestimmten Gesprächssituationen Beispiele brachten.

dern immer Ergebnis eines sozialen Zuschreibungsprozesses ist (vgl. Hess/Scheerer 2004: 73).
Darüber hinaus war eine Mehrheit der Interviewten der Ansicht, dass „kriminelles Verhalten“ zugenommen habe.[3] Gleichzeitig gibt es in ihren Augen i mmer weniger formelle soziale Kontrolle, was sich in erster Linie durch vermeintlich abnehmende Präsenz von Polizeibeamten an öffentlich zugänglichen Orten bei ansteigender Sichtbarkeit von Randgruppenmitgliedern – u.a. „Bettler“, „Penner“, „Junkies“ oder „Herumtreiber“ – ausdrücke.

Das hier skizzierte Denken vieler Befragter ist eine der Voraussetzungen um soziale Sachverhalte in Problemwahrnehmungen umzudeuten, die in der Folge in Form von Problemmustern als soziale Realität erscheinen (Schetsche 2000: 98). Problemmuster können sich lebensweltlich auf der Grundlage sozialer Deutungsmuster entwickeln. Diese wiederum sind intersubjektive, auf einer reziproken Verhaltenstypisierung basierende, quasi regelgeleitete Argumentationszusammenhänge und wirken in Situationen auf Handeln ein (ebd.: 119ff., 132). Sie reduzieren Komplexität, erzeugen soziale Gemeinschaft und erlauben die Antizipation von Situationsentwicklungen sowie Verständigung über Grenzsituationen (ebd.: 126f.). Problemmuster sind entweder konkret-situative oder abstrakte, auf allgemeine Problembekämpfung ausgerichtete Handlungsanleitungen – in diesem Fall also für den Umgang mit der als Problem ausgemachten „Kriminalität“, für deren Bekämpfung Videoüberwachung als Handlungsoption erscheint.
Ein doppeltes Erkennungsschema hilft bei der vermeintlichen Problemerkennung: Symptome werden aufgezeigt, die sowohl den eigenen zumindest potentiell möglichen Betroffenenstatus darlegen als auch die äußerlichen Verhaltensweisen der Verursacher, Opfer etc. etikettieren (ebd.: 136ff.). Ein unhinterfragter und unreflektierter Umgang mit den als Problemmuster identifizierten Sachverhalten ist dabei eine Funktionsvoraussetzung unter der sich dieses dann verbreiten kann.
So sehen sich auch viele Befragte durch die von ihnen vermutete Zunahme der Kriminalität einer höheren Wahrscheinlichkeit der Opferwerdung ausgesetzt. Gleichzeitig erwarten sie, dass an dieser Situation etwas geändert wird. Generell kann der Wunsch nach Veränderung so stark wirken, dass diese, wenn sie dann eintritt, nicht weiter kritisch hinterfragt wird. Damit wäre gleichzeitig auch die Voraussetzung für eine erfolgreiche Verbreitung der als Problemmuster identifizierten Sachverhalte gegeben. Das scheint in puncto Videoüberwachung auf einige Befragte zuzutreffen, die ein schärferes Vorgehen gegen „Kriminelle“ fordern und in der Folge den Einsatz von Kameras durch Aussagen wie „besser als

3 In einer Umfrage von 2002 nannten 87% der befragten Dorfbewohner und 89% der befragten Städter in Deutschland „Schutz vor Kriminalität“ als die wichtigste Anforderung an ihren Wohnort, was schwerlich auf reale Erfahrungen zurückzuführen ist (Siebel 2003: 256).

nichts“ für ausreichend begründet erachten. Generell lässt sich bei einem Großteil der Interviewten eine geringe Kenntnis von Orten, Arten und Abläufen von Videoüberwachung konstatieren.

Auch über die potentiellen Täter bzw. Zielgruppen der Überwachung wurden seitens der Interviewten oft vereinfachende und verallgemeinernde Aussagen getroffen. Deren Verhalten wurde häufig typisiert und sie wurden generalisierend schlicht als *die* „Kriminellen“ bezeichnet. Dieser Terminus dient als Sammelbegriff für unerwünschte Bevölkerungsgruppen, die oftmals lediglich von der Majorität abweichende, unliebsame Verhaltensweisen aufzeigen. Auf diese Weise findet zugleich eine Abgrenzung von den als potentiell schuldig betrachteten Personen statt, die überdies eine Emotionalisierung des Themas begünstigt. Dieser Aspekt fördert die Verbreitung eines als Problemmuster ausgemachten Phänomens. Unangenehm erscheinende Aspekte der Videoüberwachung werden zudem von vielen Befragten verharmlost, verdrängt oder im dann folgenden ins Gegenteil verkehrt, z.B. wenn es um die Speicherung von bzw. Zugriffsmöglichkeiten auf Bildmaterial ging. (Politischen) Symbolhandlungen wird von ihnen oftmals viel Platz eingeräumt. Eine Zunahme von Symbolpolitik muss nicht zwangsläufig negative Folgen für die Bürger nach sich ziehen. Trotzdem ist dies zumeist der Fall, weil lediglich eine Steuerungssuggestion verkauft wird, deren Sinn in der Verschleierung der unzureichenden Bewältigung von Sachproblemen liegt. So auch bei der Videoüberwachung (Leopold 2005: 288ff.). Des weiteren wird von vielen Befragten Verantwortung personalisiert und an Institutionen delegiert, was einer Verbreitung des Problemwissens ebenfalls dienlich ist (Schetsche: 98f.).

Wer macht eigentlich was?

Ein daran anknüpfender Aspekt ergibt sich durch eine in vielen Interviews zu findende Überbewertung der Rolle staatlicher Organe, primär der Polizei, als Initiator und Betreiber von Videoüberwachungsanlagen. Voraussetzung dafür ist, dass CCTV von den meisten Personen mit innerer Sicherheit assoziiert wird. Diese wiederum ist ein prinzipiell anzustrebendes Gut und fällt für den Großteil der Bevölkerung in den Aufgabenbereich der Institution Polizei. Institutionen werden nach Berger/Luckmann oft als gegeben wahrgenommen und zumeist nicht hinterfragt, wenn deren Legitimationsmaßnahmen bei vielen Menschen ausreichend wirken. Trotzdem entsteht die Funktionslogik einer Institution nicht einfach aus ihr selbst heraus, sondern durch die Art und Weise, in der über sie reflektiert wird (vgl. Berger/Luckmann 2003: 62 ff., 68).

Wie wird also die Polizei in den Alltagswelten der Bürgerinnen und Bürger verortet? In einer repräsentativen EU-Studie von 2003 wurde für Deutschland erho-

ben, dass 75% der dort Befragten absolutes Vertrauen in den Umgang der Polizei mit Daten haben.[4]
Eine Reihe der im Rahmen unserer Untersuchung Befragten offenbarten eben dieses Vertrauen und schätzten gleichzeitig die Rolle der Polizei so ein, dass diese maßgeblichen Einfluss sowohl auf die Installation als auch den Umgang mit CCTV hat. Zudem geht die Mehrheit der Interviewten – so auch fast alle gerade genannten Personen – davon aus, dass Videoüberwachung sie persönlich als rechtschaffene Bürger nicht betrifft, was sich oft in dem Ausspruch „Ich habe nichts zu verbergen" widerspiegelt. Kameras sind aus ihrer Sicht intentional auf einen klar eingegrenzten Personenkreis ausgerichtet, dem sie sich nicht zugehörig fühlen. Wenn CCTV aus Sicht dieser Befragten nicht in ihre persönliche Alltagswelt eingreift und vermeintlich nur auf Personen mit delinquentem Verhalten abzielt, dann würden auch ihre sämtlichen Routinen, die zur Absicherung des Alltagswissens und zur Ausschaltung des Zweifels dienen, davon nicht beeinflusst werden. Ein kritisches Hinterfragen der Alltagswelt wäre demnach nicht notwendig (vgl. Schütz/Luckmann 1988: 53).
Durch die von vielen geäußerte Einschätzung „Ich habe nichts zu verbergen" wird außerdem implizit einer möglichen Verstärkung exkludierender Tendenzen gegenüber bestimmten Bevölkerungsgruppen Vorschub geleistet. Denn nach der Logik, die hinter dieser Aussage zu vermuten ist, müssen ja irgendwelche Personen *etwas zu verbergen* haben, damit die Überwachungskameras für die Befragten, die diese Aussage getroffen haben, sinnvoll erscheinen. So werden auch die momentan scheinbar nicht im Fokus der Überwachung stehenden Personen mit Hilfe der Kameras ständig an die vermeintlich von bestimmten Menschen bzw. Gruppierungen ausgehenden Gefahren erinnert (vgl. Klocke 2001: 91).
Ein von vielen Kritikern der Videoüberwachung vorgebrachtes Argument hat bislang keinen Eingang in die Alltagswelten der Befragten unserer Studie gefunden: Kameras filmen nicht anlassbezogen, sondern verdachtsunabhängig. Statt der Unschuldsvermutung gilt ein durch Raum begründeter Pauschalverdacht. „Nichttäter werden zu potentiellen Tätern, wodurch eine einzige gewaltige Verdächtigengruppe entsteht: wir alle" (Herrmann et al. 2003: 9).
Die vorher zitierten Personen sehen sich meines Erachtens keinem Pauschalverdacht ausgesetzt, da Überwachungskameras ja aus ihrer Sicht nur einen Personenkreis, dem sie nicht angehören, betreffen. So läuft das Argument, dass jeder potentiell betroffen ist, ins Leere.
Unterstützt wird die These, dass sich viele von CCTV nicht betroffen fühlen dadurch, dass zum einen mehrere Befragte aus ihrer Sicht negative Aspekte zwar angerissen, aber in ihre weitere Argumentation nicht aufgenommen haben. Zum anderen sind insgesamt nur sehr wenige auf eine mögliche Missbrauchsgefahr

---

4 www.europa.eu.int/comm/public_opinion/archives/eb_special.htm – Nr.196: „Data Protection" – Durchgeführt von der European Opinion Research Group EEIG im Oktober 2003 mit 2057 Personen in der Bundesrepublik. (S. 21, 73).

durch Videoüberwachung eingegangen (vgl. Reuband 2001: 9, der zum gleichen Ergebnis bei einer in Dresden und Düsseldorf durchgeführten Studie gekommen ist). Auch eventuell fehlende Transparenz oder Bürgerrechte wurden in den Interviews fast gar nicht thematisiert. Demzufolge wurde der Einsatz von CCTV lediglich von einer Minderheit als bürgerrechtsfeindlich angesehen.
Eine mögliche Ursache ist eine bei vielen fehlende Kenntnis ihrer eigenen gesetzlich festgeschriebenen Rechte. So lange die meisten Personen bspw. nichts von einem Gesetz, das ihnen das „Recht auf informationelle Selbstbestimmung" zugesteht, wissen, können sie ebensowenig kritisieren, dass Videoüberwachung dieses Gesetz verletzt. Nach der bereits zitierten EU-Studie hatten im Oktober 2003 lediglich 23% der Befragten etwas von Datenschutzorganisationen gehört. Von der Existenz etwaiger Datenschutzgesetze wussten sogar nur 21% (EEIG 2003: 21). Sowohl rechtliche Grundlagen als auch die Möglichkeiten einer missbräuchlichen Nutzung von CCTV spielen bislang in der öffentlichen Diskussion und in den breit genutzten Medien eine untergeordnete Rolle, was zu einer Erklärung dieses Nicht-Wissens beitragen könnte. Denn eine starke Verbreitung von Problemmustern findet in erster Linie über die Massenmedien statt. Berichten Medien länger anhaltend über gewisse vermeintliche Gefährlichkeitsbilder im urbanen Raum steigt die Wahrscheinlichkeit, dass daraus kollektive Situationsdefinitionen werden (Franz 2000: 77). Außerdem lässt sich in Bezug auf Videoüberwachung ein „politisch-publizistischer Verstärkerkreislauf" feststellen (Wehrheim 2004: 25 f.). Umgekehrt wäre der Schluss daraus zu ziehen, dass bestimmte Problemmuster durch fehlende Medienpräsenz schwerlich Einzug in die Sinnwelten breiter Bevölkerungsteile halten können.

Ziele

Ausgehend von den gesellschaftlichen Veränderungen seit Ende der sechziger Jahre gewann Risikokalkulation als Handlungsgrundlage stark an Bedeutung. Sie wirkte sich auf viele Bereiche aus: auf staatlich-politisches Handeln, auf den kriminalpolitischen bzw. auf den kriminologischen Diskurs und auf Einstellung und Verhalten der Bürger. Dabei führt die Logik des Risikos auf politischer Ebene zu einem „Regieren nach dem Versicherungsgrundsatz" und auf individueller Ebene bei vielen Bürgern zu einer Versicherungsmentalität (Shearing 1997: 272). Daraus resultierten auch Modifikationen von Kontrolle und Überwachung. Damit einhergehend werden soziale Phänomene über das Thema Sicherheit mehr und mehr in den Raum verlagert.
Videoüberwachung bietet die Möglichkeit, Risikoüberlegungen in den Raum zu übertragen. Sie kann damit als geeignetes Mittel einer Politik dienen, die soziale Sicherheit durch physische Sicherheit ersetzt, indem die unsicheren Elemente ausgeschlossen werden (Wehrheim 2002: 45). Die Hauptargumente der Befürworter von Videoüberwachung im öffentlichen Diskurs kreisen primär um eine angestrebte Reduzierung von Kriminalität und subjektiven Unsicherheitsgefüh-

len sowie der generellen Gefahrenabwehr innerhalb spezifischer Angsträume auf der Basis von Präventionskonzepten.
Aber inwieweit lassen sich diese Argumente in den Sinnwelten der von uns Befragten finden und welchen Einfluss haben sie auf deren Einschätzung von CCTV als Kriminalität verhindernde bzw. Sicherheit herstellende Maßnahme? Zunächst ist anzumerken, dass nicht speziell nach diesen Punkten gefragt wurde, sondern lediglich ganz allgemein nach einer persönlichen Einschätzung dessen, was durch CCTV veränderbar erscheint. Alle gerade angerissenen Aspekte wurden dabei von einem Großteil der Befragten eigeninitiativ angesprochen und zumeist auch miteinander verknüpft. Grundlegend für die Bewertung des Nutzens von Videoüberwachung durch die Befragten ist, inwieweit Risikokalkulationen und daran angelehnt Kosten-Nutzen-Abwägungen für sie handlungsleitend wirken. Denn diese nehmen zum einen unmittelbar Einfluss auf die Einstellung zu Präventionsansätzen und zum anderen auf das subjektive Sicherheitsempfinden.

a. Prävention

Präventionsmaßnahmen wurden von allen Befragten, die sich dazu äußerten, mit Abschreckung gleichgesetzt. Die Ansichten darüber, ob Abschreckung eine Wirkung hat und wenn ja, wie stark diese dann ist, differieren bei den Befragten deutlich. Jeweils ungefähr ein Drittel der Interviewten glaubte an einen präventiven Effekt, tat dieses eben nicht oder war sich nicht sicher bzw. machte dies situationsabhängig. Sämtliche Personen, die einen Effekt unterstellten, begründeten diesen mit rational denkenden potentiellen Tätern, deren Einsatz im Vergleich zum möglichen Gewinn durch Kameras durch ein erhöhtes Entdeckungsrisiko in ein ungünstiges Verhältnis gesetzt werden würde.

b. Auswirkungen auf die Kriminalitätsrate

Auf repressiver Ebene mutmaßen fast alle Befragten, dass Videoüberwachung ein wichtiges und erfolgreiches Instrument der Polizei bei der Verfolgung von Straftaten darstellt (deutlich ambivalenter äußerten sich dazu die Befragten einer Leipziger Studie. Hölscher 2003: 47). Gleichzeitig sind aber nur wenige der Ansicht, dass sie nennenswert zur Senkung der Kriminalitätsrate an kamerabestückten Orten beiträgt. Dies ist ein signifikanter Widerspruch, der bei den Personen, die zudem an eine abschreckende Wirkung und rationales Abwägen bei potentiellen Straftätern glauben, dadurch noch verstärkt wird, dass auch diese Faktoren zu einem Absinken der Kriminalitätsrate führen müssten.
Erfolgreiche Strafverfolgung und Prävention schließen sich darüber hinaus von ihrer theoretischen Basis her aus. Am Beispiel der Beschilderung von CCTV wird dies deutlich. Um einen auf einer Kosten-Nutzen-Kalkulation rational handelnder potentieller Täter basierenden Abschreckungseffekt zu erreichen sind Hinweisschilder auf Kameras positiv zu bewerten. Sie wirken jedoch kontraproduktiv bei dem Versuch, die Aufklärungsrate von Straftaten zu erhöhen. Der Er-

folg des einen Aspekts in puncto Kriminalitätsreduzierung schließt eine Nutzenminderung des anderen ein (Stolle/Hefendehl 2002: 258). Auf diesen Widerspruch ist jedoch keiner der Interviewten eingegangen.

c. generelle Gefahrenabwehr

In vielen Aufsätzen und empirischen Studien zu CCTV (siehe z.B. Bornewasser 2005: 236f.) wird von den jeweiligen Autoren die Ansicht vertreten, dass Videoüberwachung nur dauerhaft funktionieren kann, wenn auf einen erkannten Verstoß umgehend ein Akt der Gefahrenabwehr erfolgt. Sollte dies nicht geschehen, wird ihnen zufolge eine eventuell vorhandene Abschreckungswirkung beeinträchtigt. Daraus würde ein Anstieg der Kriminalitätsrate resultieren und das subjektive Sicherheitsgefühl würde abnehmen, weil viele Menschen den Glauben an den Sinn der Kameras verlieren würden, da die zur Aufrechterhaltung der öffentlichen Ordnung eingesetzten Kräfte den erfolgten Verstoß weder verhindern noch sogleich verfolgen und ahnden konnten.

Im Gegensatz dazu erwarten fast alle Befragten in unserer Untersuchung nach eigenem Bekunden keine sofortige Hilfe, wenn sie Opfer einer Straftat werden sollten. Natürlich handelt es sich hier um Aussagen, die in einer abstrakten Situation getroffen worden sind. Ob in einem konkreten Fall bei einer Person, die CCTV bis dato nicht generell ablehnend gegenüber eingestellt ist, eine fehlende Gefahrenabwehr nicht doch die oben dargelegten Folgen nach sich ziehen würde, ist an dieser Stelle nicht zu klären. Auffällig ist aber die Einmütigkeit der Meinungsäußerungen zu diesem Punkt.

d. subjektives Sicherheitsempfinden

Ob mittels CCTV ihr subjektives Sicherheitsgefühl verbessert wurde, wurde ebenso wie bei Prävention von den Befragten völlig unterschiedlich bewertet, wobei eine leichte Mehrheit dieses eher bejahte. Fast alle fokussierten ihre Aussagen zu ihrem subjektiven Sicherheitsgefühl auf Kriminalität. Neben der Verknüpfung mit Videoüberwachung, deren Einsatzgebiet sie primär eben in der Bekämpfung kriminellen Verhaltens sehen, wäre ein weiterer denkbarer Grund dafür, dass sich Sicherheit nicht ohne Bedrohung denken lässt und Kriminalität diese Bedrohung auf einem vergleichsweise leicht greifbaren und konkreten Level mitliefert. Sessar (2003: 206) kritisiert zu Recht, dass Unsicherheit häufig sowohl in der öffentlichen als auch in der wissenschaftlichen Diskussion mit Kriminalitätsfurcht gleichgesetzt wird. Dabei würden allgemeine Ängste und Erwartungsunsicherheiten lediglich auf Kriminalität übertragen.

Genau das tun aber viele der Befragten auch. Mögliche andere Ursachen für auftretende Unsicherheiten werden, wenn überhaupt, nur ansatzweise erwähnt und teilweise fälschlich in einen Kontext mit Straftaten gestellt. So werden sogar Erscheinungsformen von sozialer Unordnung einfach auf Straftatniveau umgedeutet. Beispiel dafür ist die Sauberkeit von öffentlichen Räumen. Die Beseitigung von Schmutz und Müll ist für einige Interviewte ein vordringliches Problem (vgl. Umfrage in mehreren Großstädten 2002 in Breckner 2003: 225), das ihrer Meinung nach durch strafrechtliche Maßnahmen gelöst werden muss. Selbst bestimmte Verhaltensweisen und Einstellungen fallen für manche Befragte darunter, wodurch Kriminalität bzw. das, was Menschen darunter verstehen, eindeutig als Ergebnis eines sozialen Beurteilungsprozesses ausgewiesen wird. So auch bei dieser Person:

> *„Menschen werden einfach aggressiver. Da wird man angerempelt oder man rempelt jemanden versehentlich an und wird wirklich gleich vollgepöbelt. Dadurch ist einfach so ja mehr Kriminalität schon im kleinen Sinne da.“*[5]

Daneben verdeutlicht diese Aussage, dass über subjektives Sicherheitsempfinden primär auf einer affektiv-emotionalen Ebene reflektiert wird, weshalb es weder einheitlich definiert werden kann noch als Grundlage für politische Entscheidungsfindungen dienen sollte. Folgerichtig gibt es von den Befragten, die eine Steigerung ihres Sicherheitsgefühls durch Videoüberwachung bejahten, auch nur sehr allgemein gehaltene Ausführungen, worin diese Steigerung begründet liegen könnte. Zumeist wurde die Verdrängung unliebsamer Personen bzw. Personengruppen – fast überflüssig zu erwähnen, dass es sich dabei immer um soziale Randgruppen wie Bettler, Obdachlose oder Drogendealer und -konsumenten handelt – als erleichternd empfunden. Auch das an kamerabesetzten Orten erfolgte konsequente Vorgehen gegen „incivilities“ – z.B. herumliegender Müll, Graffitis etc. – wurde wiederholt genannt. Eine Reihe der Interviewten begrüßte Videokameras auch einfach um der Überwachung willen, in der sie nichts negatives entdecken konnten. Ein Mehr an Kontrolle bedeutet in ihren Augen auch ein Mehr an Sicherheit. Als konkrete Orte wurden nur der Hauptbahnhof und die Züge der Hamburger Hochbahn AG angeführt. Von letzteren wussten mehrere Befragte, dass dort seit Installation der Kameras die Anzahl registrierter Delikte um einen relativ großen Prozentsatz zurückgegangen ist, worüber Hamburger Zeitungen regelmäßig berichtet haben. Konkrete Zahlen dazu oder auch nur ungefähre Größenordnungen wussten sie jedoch nicht, haben aber die Gesamtdeliktzahl um ein vielfaches überschätzt, wodurch der Rückgang für sie natürlich größer erschien.[6]

---

5 Interview ist beim Verfasser einzusehen.

6 Die Zahl der Gewaltdelikte in der U-Bahn ging von 284 angezeigten Fällen vor der Einführung von Videoüberwachung im Jahr 2000 auf 167 angezeigte Fälle im Jahr 2003 zurück, was weniger als einer angezeigten Tat pro 1 Million Fahrten entspricht. Der prozentuale Rückgang beträgt 40%. Die Befragten unserer Untersuchung, die die absoluten Fallzahlen geschätzt haben, siedelten sie im hohen vierstelligen oder sogar im fünfstelligen Bereich an. Das Sicherheitsempfinden in der U-Bahn hat sich jedoch interessanterweise nicht im gleichen Maß verändert. Eine Gegenüberstellung von Zahlen aus Befragungen von gut 2.000 Personen im Auftrag der Hamburger Hochbahn aus den Jahren 2000 und 2004 ergibt

„Kriminalitätsbrennpunkte"

Bestimmte Orte werden durch das Übertragen von Risikokalkulationen in den Raum als gefährlich und besonders risikobelastet angesehen. Damit sind Orte gemeint, an denen mutmaßlich eine überdurchschnittlich große Gefahr besteht, in irgendeiner Form Opfer einer Straftat zu werden. Diese Orte dienen wiederum als Legitimationsgrundlage für das Durchsetzen überwachender Maßnahmen und einer damit verbundenen Kontrollpolitik (vgl. Belina 2000: 131). Videoüberwachung bietet eine Möglichkeit, Risikoüberlegungen mit dem Ziel Risikofaktoren zu minimieren auf diese Raumkonstruktionen zu übertragen. Folgerichtig verlagerte sich das Hauptaugenmerk im sicherheitspolitischen Diskurs von den Tätern weg, hin zu mutmaßlich risikobelasteten Orten, die dann häufig als „Kriminalitätsschwerpunkte" oder „Kriminalitätsbrennpunkte" bezeichnet werden, wobei selten genauere Definitionen dieser Begriffe gegeben werden.[7]
Auch die von uns befragten Personen nahmen immer wieder auf vermeintlich stark risikobelastete Orte Bezug. Synonym für diese Orte verwendeten sie den Begriff vom „Kriminalitätsschwerpunkt" (oder auch „-brennpunkt"). Dieser Terminus wurde uneinheitlich und in einem weitgefassten Kontext, oftmals auch ohne konkreten Ortsbezug verwendet. Die Akzeptanz von Videoüberwachung ist dort deutlich größer als an anderen Plätzen. Während dort Kameras häufig als „sinnvoll" und die subjektive Sicherheit steigernd bezeichnet wurden, hielten teilweise die gleichen Personen sie in „normalen" Straßen für „unangemessen" oder „irritierend".
Sogenannte „Kriminalitätsbrennpunkte" veranschaulichen die Reduzierung von Problemlagen auf den räumlichen Kontext. Parallel dazu wurde in den Inter-

---

fast keine Veränderung bei der Anzahl der Personen, die sich *sicher* fühlen (2000: 23%, 2004: 22%). Allerdings fühlen sich weniger *unsicher* (2000: 34%, 2004: 13%). Der Großteil der Interviewten fühlt sich *eingeschränkt sicher* (2000: 43%, 2004: 65%). Diese Kategorie beantwortet jedoch nicht, worin die Einschränkungen bestehen.

Diese Zahlen stammen aus einem Vortrag von Rainer Cohrs, Bereich „Systementwicklung und Ressortcontrolling U-Bahn" bei der Hochbahn, auf einer Tagung der Hamburger Hochbahn AG in Hamburg am 22.11.2004, der mir in schriftlicher Fassung vorliegt.

Anzumerken ist, dass es in Hamburg neben der U-Bahn auch eine S-Bahn gibt. In deren Zügen laufen bisher lediglich einige Kameras im Testbetrieb. Jeder zweite Befragte, der auf mutmaßlich gestiegene Sicherheit durch Kameras im öffentlichen Personennahverkehr (ÖPNV) Bezug nahm, schloss dabei alle Züge des ÖPNV ein.

7 Beispielhaft dazu eine Definition aus dem Entwurf des „Gesetzes zur Erhöhung der öffentlichen Sicherheit in Hamburg" zu Kriminalitätsbrennpunkten, die demnach eine Installation von CCTV rechtfertigen: *„Es handelt sich dabei um öffentliche Straßen und Plätze, an denen Straftaten aus dem Bereich des Betäubungsmittelgesetzes oder Kfz-Aufbrüche sowie Taschendiebstähle, aber auch Raubtaten und Körperverletzungsdelikte wiederholt begangen werden."* Und ergänzend weiter unten: ... *„und Tatsachen die Annahme rechtfertigen, dass auch künftig mit der Begehung von Straftaten zu rechnen ist"* (Drucksache 18/1487 der Bürgerschaft der freien und Hansestadt Hamburg, S. 15).

views häufig, wie bereits gesagt, vereinfachend von den Kriminellen gesprochen, wodurch eine Tat von Individuen gelöst und eine Übertragung in bestimmte Räume erleichtert wird. Bestimmten Räumen wird so das Attribut „stark kriminalitätsbelastet" zugeschrieben. Gleichzeitig fördert ein unhinterfragter und unreflektierter Umgang mit diesen als „Kriminalitätsbrennpunkte" bezeichneten Räumen eine erfolgreiche Verbreitung der dort als Problemmuster identifizierten Sachverhalte, auf die die Kameras ununterbrochen hinweisen und die mutmaßliche Dringlichkeit ständig vor Augen führen. Zudem machen sie immer wieder auf den potentiellen Betroffenenstatus aufmerksam, zeigen die vermeintliche Risikobelastung auf und verknüpfen beides mit ganz bestimmten Räumen. Dabei kann sich die subjektiv wahrgenommene Gefahrenlage durchaus von der objektiven abkoppeln. In der Folge kann eine „Ordnung der Simulation" entstehen, in der bestimmte Symbole – in diesem Fall Kameras – nicht mehr alleine die materielle Welt abbilden, sondern handlungsrelevante Wirklichkeit – nämlich Reaktionen auf Gefährdungen, auch wenn diese nicht gegeben sind – konstituieren (vgl. Schetsche 2000: 46 ff.).
Woran aber wird die vermeintlich erhöhte Risikobelastung festgemacht? Wodurch unterscheiden sich diese Orte in den Augen der Interviewten von anderen? Es handelt sich hierbei anscheinend um Räume, auf die mit Risikobelastungen verknüpfte verschiedene Ängste projiziert werden. Dabei ist die Risikoeinschätzung eher auf der kognitiven, die Angst eher auf der emotional-affektiven Ebene angesiedelt. Das Inandergreifen beider erschwert eine Evaluation erheblich (Müller 2002: 44 f.). Denn Ängste werden eben oft nur diffus und wenig konkret artikuliert.
Alle Befragten, die CCTV an diesen Orten befürworten, bezogen sich neben der dort gemutmaßten hohen Kriminalitätsbelastung immer auf eine verstärkte Wahrnehmung bestimmter Faktoren, die sichtbare vermeintliche Defizite sozialer Kontrolle belegen: Eine zu geringe, meist noch im Abnehmen begriffene Präsenz sichtbaren Kontrollpersonals sowie eine erhöhte Sichtbarkeit von Randgruppenmitgliedern, wie z.B. „herumhängende Drogenabhängige" oder „Bettler". Dazu sprachen einige sehr unspezifisch von „Vandalen" und „Randalierern". Diese Faktoren werden dann zu kollektiven Situationsdefinitionen gebündelt, die mit dem folgenden Aspekt zusammen ein Bild ergeben können, das von Angst geprägt ist und eine Veränderung aus Sicht der Befragten dringend erfordert (vgl. Franz 2000: 75ff.).
Bei den Orten, an denen Videoüberwachung von den meisten Befragten positiv bewertet wurde, handelt es sich immer um von vielen verschiedenen gesellschaftlichen Gruppierungen stark frequentierte Orte, wie z.B. Bahnhöfe. Gerade an Orten, an denen ganz verschiedene Menschen aufeinandertreffen, entstehen leicht verunsichernde Situationen. Kameras sorgen für eine vermeintliche Erleichterung von Verhaltensentscheidungen. Unübersichtliche, schwierige und als unangenehm empfundene Situationen treten aus Sicht einiger Befragter durch eine unterstellte Disziplinierungswirkung in videoüberwachten Räumen seltener

auf. Sollten dessen ungeachtet trotzdem welche auftreten, erscheint es mehreren Interviewten guten Gewissens nicht mehr notwendig einzugreifen um diese Situationen aufzulösen, da diese für eine Ordnungsinstanz via Kamera dokumentiert sind. Das gilt auch für Fälle, in denen die Ordnungsinstanz lediglich im Nachhinein aktiv werden kann. Dies widerspricht für strafrechtlich relevante Situationen jedoch den Angaben der Befragten zu sofortiger Hilfeleistung, da sie meinten, dass diese nicht möglich ist. Allerdings greifen an dieser Stelle die Aussagen über Verfolgungsmöglichkeiten seitens der Polizei, deren Erfolgschancen durch Videoüberwachung von fast allen Interviewten höher eingeschätzt werden.

Ungefähr zwei Drittel der Befragten stimmen der Videoüberwachung an von als „Kriminalitätsbrennpunkten“ wahrgenommenen Orten zu. Dort erscheinen ihnen die Kameras zweckmäßig, weil mit ihrer Hilfe die Strafverfolgung erleichtert, eventuell auch ein Abschreckungseffekt erreicht und das subjektive Sicherheitsgefühl gesteigert wird. Wenn die Kameras also an diesen Orten erfolgreich wirken, wäre eine Ausweitung auf weitere mutmaßlich stark straftatbelastete Straßen oder Plätze eine logische Konsequenz, zumal wenn ein Großteil der Befragten Vertrauen in die Handhabung des durch Kameras erhaltenen Bildmaterials seitens der Überwacher hat und Missbrauchsmöglichkeiten nur eine untergeordnete Rolle zugesteht. Zugleich könnten die bis dato an bereits als „Kriminalitätsbrennpunkten“ deklarierten Orten existierenden Kameras kaum abgebaut werden, um die dort erreichte Wirkung nicht aufzuheben. Diese Tendenz könnte durch einen von einigen Interviewten konstatierten Verlagerungseffekt verstärkt werden. Eine solche Entwicklung würde den Kritikpunkt einer der Videoüberwachung inhärenten Tendenz zur Expansion bestätigen (Leopold 2003: 187, 191), die so jedoch keiner der Befragten gesehen hat.

Trotz der großen Zustimmung der Befragten zu CCTV an als „Kriminalitätsbrennpunkten“ wahrgenommenen Orten, lehnen fast alle eine flächendeckende Einführung von CCTV ab. Jeder zweite Interviewte lehnt bereits die Aufstellung weiterer Kameras in Hamburg ab. Mit Ausnahme derer, die sich sowieso generell gegen Videoüberwachung aussprechen, argumentieren die anderen, dass der momentane Bestand ausreichend sei. Abgesehen davon, dass der Kenntnisstand über Kameraanzahl und -orte bei fast allen Interviewten als sehr gering einzustufen ist, widerspricht diese Ablehnung den über die „Kriminalitätsbrennpunkte“ getroffenen Äußerungen.

Verhalten

Eine Verhaltensänderung in videoüberwachten Räumen verneinte eine deutliche Mehrheit der Befragten bei der konkreten Frage danach. Allerdings berichteten einige dieser Personen an anderer Stelle auch davon, dass sie in Kameras winken, lachen und versuchen möglichst vorteilhaft zu erscheinen. Dieser Widerspruch ist keiner dieser Personen während des Gesprächs aufgefallen. Offen-

sichtlich betrachteten sie Verhalten vor Kameras in einem Rahmen, der solche alltäglichen, nicht als kriminell oder gefährlich betrachteten Verhaltensweisen nicht mit einschließt (vgl. Helten/Fischer 2004: 43, denen in ihren Interviews in Berlin das gleiche Phänomen aufgefallen ist).
Die Befragten, die nach eigener Aussage ihr Verhalten an Orten mit CCTV ändern, wollen Situationen vermeiden, in denen sie vermeintlich in der Öffentlichkeit ungern gesehene Handlungen ausführen oder gegen konventionelle Verhaltensregeln verstoßen. Sie glauben zu wissen, was von ihnen erwartet wird und versuchen diesem gerecht zu werden (vgl. Berger/Luckmann 2003.: 78). Sie disziplinieren ihr Verhalten und sind dadurch einem Anpassungsdruck ausgesetzt. Entscheidend für die disziplinierende Wirkung von CCTV ist der von Foucault (1994: 258) beschriebene einseitige Blick. Die Menschen vor der Kamera sind für die überwachenden Personen jederzeit sichtbar. Umgekehrt wissen diese Menschen nie, ob sie gerade beobachtet werden oder nicht. Es kann bei ihnen eine Verhaltensunsicherheit entstehen, weil sie versuchen zu antizipieren, was mutmaßlich erwünscht ist, es aber nicht hundertprozentig wissen. Darin liegt einer der Kritikpunkte an Videoüberwachung (u.a. Weichert 1998: 66), den ich für diese Befragten bestätigt finde.

Fazit

Videoüberwachung wurde von fast allen Befragten in einen ausschließlich kriminogenen Kontext gestellt. Viele von ihnen nehmen überdies *die* Kriminalität als ein wichtiges gesellschaftliches Problem wahr, differenzieren und definieren diese aber nicht genauer. Gleichwohl wird deutlich, dass in Bezug auf CCTV bestimmte Deliktarten, häufig auch „incivilities", teilweise sogar nur verunsichernde Situationen von ihnen darunter gefasst werden. Sie grenzen sich zudem immer von *den* „Kriminellen" ab, weshalb viele davon ausgehen, dass CCTV sie persönlich nicht betrifft. Verfestigt wird diese Einstellung durch ein Vertrauen in die Polizei, deren Einfluss auf die bisher existierenden Kameras häufig weit überschätzt wird. Entscheidend ist also die Relevanz subjektiver Bedeutungszuschreibungen. Dadurch wird der Konstruktcharakter von Kriminalität als Ergebnis eines sozialen Beurteilungsprozesses deutlich. Videoüberwachung erleichtert eine Zuschreibung von Kriminalität und Abgrenzung von *den* „Kriminellen".
Über „Kriminalitätsschwerpunkte" werden diese Einstellungen in den Raum übertragen. Gefährliche Räume werden sozial konstruiert, indem Gefährlichkeit unmittelbar auf den räumlichen Kontext zurückgeführt wird. Als Folge davon werden gesellschaftlich produzierte Unterschiede marginalisiert. Soziale Probleme werden auf den Raum reduziert. Videoüberwachung erscheint dafür als geeignetes Instrument, da sich Risikokalkulationen über sie in den Raum übertragen lassen. Die Antworten der meisten Befragten bestätigen, dass eine Raumwahrnehmung, in der zum einen gefährliche Räume sozial konstruiert

werden und die zum anderen eine Kategorisierung von Räumen und Menschen erlaubt, Eingang in deren Alltagswelten gefunden hat.
Des weiteren wird durch die Aussagen der Interviewten zu Videoüberwachung an „Kriminalitätsbrennpunkten" zum einen deutlich, dass eine Akzeptanz von CCTV kontext-, frage- und ortsabhängig ist und nicht generalisiert werden kann. Vor allem nicht, wenn zum anderen die Meinung zu Kameras an „Kriminalitätsbrennpunkten" den Äußerungen zur Aufstellung von Überwachungskameras im allgemeinen widerspricht. Insgesamt lassen sich in den Interviews viele Widersprüche in den Aussagen einzelner Befragter finden, so auch zum Verhalten in überwachten Räumen. Die Kenntnis über Anzahl der Kameras und Kameraorte in Hamburg sowie über Funktionsabläufe, Zugriffsmöglichkeiten und Verantwortlichkeit sind bei den meisten Befragten sehr oberflächlich. Es zeigt sich bei vielen ein unkritischer Umgang mit CCTV, der sicher auch durch die Überbewertung der polizeilichen Kamerakapazitäten und Eingriffsmöglichkeiten verstärkt wird. Vor einer Kultur der Kontrolle oder einem Überwachungsstaat hat fast keiner Angst. Insgesamt lassen sich bei differenzierterer Betrachtung viele Interviewte nicht eindeutig als Befürworter oder Gegner von Videoüberwachung ausmachen.

Literatur

Belina, Bernd: „Kriminalität" und „Raum". Zur Kritik der Kriminalgeographie und zur Produktion des Raums. In: Kriminologisches Journal, 2/2000, S. 129-147.

Berger, Peter L./Luckmann, Thomas: Die gesellschaftliche Konstruktion der Wirklichkeit, 19. Aufl., Frankfurt a.M. 2003 (1969).

Bornewasser, Manfred: Evaluation der Videoüberwachung: Ein Praxisbericht. Ergebnisse einer wissenschaftlichen Begleituntersuchung. In: Hempel, Leon/Metelmann, Jörg (Hrsg.): Bild – Raum – Kontrolle. Videoüberwachung als Zeichen gesellschaftlichen Wandels. Frankfurt a.M. 2005, S. 235-254.

Breckner, Ingrid: Unsicherheiten im städtischen Alltag. Soziologische Blicke auf räumliche Kontexte, Wahrnehmungen und Handlungsoptionen. In: Die alte Stadt, 3/2003, S. 217-232.

Cohrs, Rainer: Referat zur subjektiven Sicherheit im öffentlichen Personennahverkehr. Schriftliche Fassung vom 22.11.04 (unveröffentlicht).

European Opinion Research Group EEIG (Hrsg.): Data Protection (Paper Nr.196), 2003. Auch unter: http://www.europa.eu.int/comm/public_opinion/archives/eb_special.htm (23.01.06).

Foucault, Michel: Überwachen und Strafen. Die Geburt des Gefängnisses, Frankfurt a.M. 1994 (zuerst 1977).

Franz, Peter: Wie weit trägt das Konzept „Soziale Kontrolle“ bei der Analyse aktueller gesellschaftlicher Entwicklungstrends? Eine Diskussion anhand der These der gefährdeten Integrationsfunktion der Stadt. In: Peters, Helge (Hrsg.): Soziale Kontrolle. Zum Problem der Normkonformität in der Gesellschaft, Opladen 2000, S. 67-86.

Helten, Frank/Fischer, Bernd: What do people think about CCTV? Findings from a Berlin survey, 2004. Auch unter: http://www.urbaneye.net/results/ue_wp13.pdf – (23.01.06).

Hempel, Leon/Metelmann, Jörg (Hrsg.): Bild – Raum – Kontrolle. Videoüberwachung als Zeichen gesellschaftlichen Wandels. Frankfurt a.M. 2005

Herrmann, Heike/Sessar, Klaus/Weinrich, Martin: Unsicherheit in der Moderne am Beispiel der Großstadt. Kontexte eines europäischen Forschungsprojekts, Hamburg 2003.

Hess, Henner/Scheerer, Sebastian: Theorie der Kriminalität. In: Oberwittler, Dietrich/ Karstedt, Susanne (Hrsg.): Soziologie der Kriminalität. Sonderheft 43/2003 der Kölner Zeitschrift für Soziologie und Sozialpsychologie, Wiesbaden 2004.

Hölscher, Michael: Sicherheitsgefühl und Überwachung. Eine empirische Studie zu Einstellungen der Bürger zur Videoüberwachung und ihrer Erklärung. In: Kriminologisches Journal, 1/2003, S. 42-56.

Klocke, Gabriele & Studiengruppe: Das Hintertürchen des Nichtwissens. Was Regensburger BürgerInnen über die Videoüberwachung in ihrer Stadt wissen und denken. In: Bürgerrechte & Polizei / CILIP 69, 2/2001, S. 88-93. Auch unter: http://www.cilip.de/ausgabe/69/video.htm (23.01.06).

Leopold, Nils: Videoüberwachung – Technologien der sozialen Kontrolle und Menschenrechte. In: Humanistische Union e.V. (Hrsg.): Innere Sicherheit als Gefahr, Berlin 2003, S. 185-194.

Leopold, Nils: Rechtskulturbruch. Die Ausbreitung der Videoüberwachung und die unzulängliche Reaktion des Rechts. In: Hempel, Leon/ Metelmann, Jörg (Hrsg.): Bild – Raum – Kontrolle. Videoüberwachung als Zeichen gesellschaftlichen Wandels. Frankfurt a.M. 2005, S. 273-292.

Marx, Gary T.: What's new about the „New Surveillance“? Classifying for Change and Continuity. In: Surveillance & Society, 1/2002, S. 9-29.

Müller, Henning Ernst: Zur Kriminologie der Videoüberwachung. In: Monatsschrift für Kriminologie und Strafrechtsreform, 1/2002, S. 33-46.

Reuband, Karl-Heinz: Videoüberwachung. Was die Bürger von der Überwachung halten. In: Neue Kriminalpolitik, 2/2001, S. 5-9.

Schetsche, Michael: Wissenssoziologie sozialer Probleme. Grundlegung einer relativistischen Problemtheorie, Wiesbaden 2000

Schütz, Alfred/Luckmann, Thomas: Strukturen der Lebenswelt, Bd. 1, 3. Aufl., Frankfurt a.M. 1988 (1979).

Senat der Freien und Hansestadt Hamburg: „Entwurf eines Gesetzes zur Erhöhung der inneren Sicherheit in Hamburg“, vorgelegt am 14.12.2004. Drucksache 18/1487.

Sessar, Klaus: Kriminologie und urbane Unsicherheiten. In: Die alte Stadt, 3/2003, S. 195-216.

Shearing, Clifford: Gewalt und die neue Kunst des Regierens und Herrschens. In: Trotha, Trutz von (Hsrg.): Soziologie der Gewalt. Sonderheft 37 der Kölner Zeitschrift für Soziologie und Sozialpsychologie, Opladen 1997, S. 263-278.

Siebel, Walter: Die überwachte Stadt – Ende des öffentlichen Raums? In: Die alte Stadt, 3/2003, S. 247-257.

Stolle, Peer/Hefendehl, Roland: Gefährliche Orte oder gefährliche Kameras? Die Videoüberwachung im öffentlichen Raum. In: Kriminologisches Journal, 4/2002, S. 257-272.

Töpfer, Eric: Die polizeiliche Videoüberwachung des öffentlichen Raums: Entwicklung und Perspektiven, Beitrag für „DANA. Datenschutznachrichten“, Berlin 2005.

Uttal, David H./Tan, Lisa S.: Cognitive mapping in childhood. In: Kitchin, Rob/Freundschuh, Scott: Cognitive Mapping. Past, present and future, London/New York 2000: 147-165.

Wehrheim, Jan: Die überwachte Stadt. Sicherheit, Segregation und Ausgrenzung, Opladen 2002.

Wehrheim, Jan: Städte im Blickpunkt innerer Sicherheit. In: Aus Politik und Zeitgeschichte, 44/2004, S. 21-27.

Weichert, Thilo: Audio- und Videoüberwachung im öffentlichen Raum. In: Vorgänge, 144/1998, S. 62-71.

Whitaker, Reg: Das Ende der Privatheit. Überwachung, Macht und soziale Kontolle im Informationszeitalter, München 1999.

Ilka Kreutzträger und Eva Osterholz

Videoüberwachung im öffentlichen Raum - Mittel zur Bekämpfung von Kriminalität oder Instrument zur Inszenierung von Sicherheit

Einleitung

Überwachungskameras sind in privaten und semi-öffentlichen Räumen schon lange keine Ausnahme mehr. So filmen Kameras den Einkauf im Supermarkt, das Geld abheben in der Bank, die Wartezeit am Bahnsteig oder die Fahrt mit öffentlichen Verkehrsmitteln. Es ist also gängige Praxis, dass unser Handeln durch Kameras beobachtet wird. Die polizeiliche Videoüberwachung öffentlicher Räume wie Straßen oder Plätze ist jedoch ein recht junges Phänomen. Das erste polizeiliche Überwachungsprojekt in Deutschland wird 1996 in Leipzig mit Blick auf die Präventions- und Repressionserfolge Großbritanniens, dem europäischen Vorreiter der Videoüberwachung öffentlicher Räume, eingeführt. (vgl. Müller 1997: 77) Die drei von Politikern und Polizei formulierten Hauptziele der Überwachung definierter Kriminalitätsschwerpunkte in deutschen Innenstädten gelten seit 1996: Kameras sollen Kriminalität verhindern (Prävention), zur Aufklärung von Straftaten beitragen (Repression) und das Sicherheitsgefühl der Bevölkerung stärken. Nur die Begründung für die Maßnahme verändert sich seit dem 11. September 2001. Der Kampf für die (als zunehmend bedroht dargestellte) innere Sicherheit hat seitdem Konjunktur. Die terroristischen Anschläge auf das World Trade Center können als eine Art Initialzündung für das Thema Sicherheit betrachtet werden, in deren Folge Sicherheitsstrategien verstärkt eingesetzt und diskutiert werden.
Präventive Sicherheitsmaßnahmen wie die Videoüberwachung, mit der laut Polizei in erster Linie Straßenkriminalität wie Eigentumsdelikte oder Verstöße gegen das Betäubungsmittelgesetz bekämpft werden sollen, werden in der öffentlichen Debatte zum Allheilmittel gegen jedwede Bedrohung der Sicherheitslage stilisiert. Dies zeigt sich, wenn den Kameras auch Nutzen für die Terrorismusbekämpfung zugeschrieben wird. Die Videoüberwachung wird, so unsere These, bewusst in den Kontext der globalen Sicherheitsdebatte gestellt. In der Konsequenz nehmen wir an, dass diese Maßnahme von ihren Anwendern weniger zur Bekämpfung von Kriminalität im öffentlichen Raum eingesetzt wird, sondern vielmehr als ein Instrument zur Inszenierung von Sicherheit dient. Kritiker bezeichnen die Politik mit der Sicherheit als „symbolischen Aktionismus". (Lepsius 2004: 66) So wird auch die intensive öffentliche Diskussion um die Video-

überwachung dem relativ geringen Ausmaß der polizeilichen Überwachung in Deutschland nicht gerecht.[1]

Die Formulierung der *Inszenierung von Sicherheit* ist angelehnt an Hitzler und Peters (1998) und gibt die theoretische Perspektive vor, aus der wir unsere These zu belegen suchen. Die Analyse der Ziele und Folgen von Videoüberwachung geschieht aus dem Blickwinkel des labeling approach (Sack 1968), mit dem wir die gesellschaftliche Konstruktion von abweichendem Verhalten und die Folgen des Kameraeinsatzes auf die gesellschaftliche Ordnung und den Raum betrachten. Sacks These beinhaltet, dass Instanzen sozialer Kontrolle über Definitionsprozesse den Status *kriminell* oder *deviant* zur Normverdeutlichung und Aufrechterhaltung der gesellschaftlichen Ordnung selektiv zuschreiben und diesen damit produzieren und reproduzieren.
Ein weiterer Aspekt unserer Untersuchung der Videoüberwachung ist die Gleichsetzung von Kameras mit Streifenpolizisten. So geht der damalige Bundesinnenminister Otto Schily, SPD, davon aus, dass Videoüberwachung „im Prinzip nichts anderes [ist], als wenn der Schutzmann an der Ecke steht und guckt, dass nichts passiert". (zit. nach Roggan 2001: 134) Aber diese Form technisierter sozialer Kontrolle, die laut Nogala (2000) seit den 1960er Jahren immer stärker zunimmt und ihn zu der Bezeichnung der „fortschreitenden Industrialisierung von sozialer Kontrolle" veranlasst (ebd.: 111), ist eine besondere Variante. Beobachter und Beobachtete stehen sich nicht Auge in Auge gegenüber, sondern befinden sich in einer einseitigen Beobachtungssituation, mit einem technischen Gerät auf der einen und einem Menschen auf der anderen Seite. Die in der öffentlichen und politischen Debatte häufig zitierte Gleichsetzung von Überwachungskameras mit menschlichen Kontrolleuren wird von uns außerdem aufgrund der mit den Kameras vorgenommenen Zuschreibungen kritisiert. Während Videoüberwachung lediglich an definierten Kriminalitätsschwerpunkten eingesetzt wird, die dadurch als ökonomisch oder politisch wichtige Räume markiert werden, finden sich Streife gehende Polizisten im gesamten Stadtbild wieder. Es ist unseres Erachtens Teil der Inszenierung von Sicherheit, dass an der Peripherie und in den so genannten sozialen Brennpunkten deutscher Städte keine polizeiliche Videoüberwachung durchgeführt wird. Weiter nehmen wir an, dass die Folgen der Videoüberwachung über die benannten Ziele der Maßnahme hinausgehen und das Verhalten der Beobachteten sowie die Wahrnehmung überwachter Räume beeinflussen. Anhand der Ergebnisse einer Aus-

---

1 Die Zahl der polizeilichen Überwachungskameras zur Kriminalitätsbekämpfung nimmt in Deutschland stetig zu, im Vergleich zu anderen europäischen Ländern jedoch in einem vergleichsweise kleinen Umfang. (vgl. Hempel/ Töpfer 2002: 11) Konkrete Zahlen sind aufgrund einer fehlenden Meldepflicht für Überwachungskameras im schwer zu ermitteln. Die Literatur weist folglich stark schwankende Zahlenangaben auf und reichen von 30.000 (Büllesfeld 2002: 44) bis zu 59 Videokameras (Nogala 2003: 43f) im öffentlichen Raum.

wahl empirischer Untersuchungen diskutieren wir, wer aus den Folgen politischen Nutzen zieht und versuchen so, unsere These von der Videoüberwachung als einem Instrument zur Inszenierung von Sicherheit zu belegen.

Ziele der Videoüberwacher: Prävention und Repression

Polizeiliche Videoüberwachung ist in erster Linie eine kriminalpräventive Maßnahme. In der 1999 vollständig überarbeiteten, bundeseinheitlichen Polizeidienstvorschrift (PDV) 100 werden die Ziele der Kriminalprävention aufgeführt, die auch für die Videoüberwachung gelten:

> *„Verhindern von Straftaten, [...] Stärkung des Sicherheitsgefühls, Stärken des Selbstschutzgedankens und Bewirken sicherheitsorientierten Verhaltens, Abbauen von objektiv unbegründeter Kriminalitätsangst, Sensibilisierung der Bevölkerung für Gefahren, die aus der Kriminalität erwachsen können, Beseitigen und Mindern von Kriminalitätsursachen, Verhindern des Entstehens oder Verfestigens kriminogener Faktoren". (PDV 100 Nr. 2.1.2.1 zitiert nach Behrendes 2001: 113f)*

Neben dem Präventionsgedanken als vornehmlich formuliertem Ziel von Videoüberwachung ist das Aufklären von Straftaten (Repression) eine nützliche Begleiterscheinung. Repressive Erfolge spielen vor allem für die Legitimation der Maßnahme eine wichtige Rolle, da eine präventive Maßnahme immer das Problem birgt, eventuelle Erfolge schwer oder gar nicht nachweisen zu können. Denn was verhindert wird, kann nicht gemessen werden. Führen die Bilder einer Videoaufzeichnung zu einem Fahndungserfolg, ist das sichtbar und dieser messbare Erfolg legitimiert die Videoüberwachung im Nachhinein.

These: Bedeutungszuschreibungen durch Videoüberwachung

Kriminalität und Devianz, welche dem Ansatz des labeling approach (Sack 1968) zufolge Ergebnisse von Zuschreibungsprozessen sind, sollen mit der Videoüberwachung bekämpft werden. Die Zuschreibungsprozesse finden bei der optischen Überwachung des öffentlichen Raums auf zwei unterschiedlichen Ebenen statt. Auf der Makroebene, also außerhalb der Kamera, gibt die Institution, die Kameras aufstellt, dem Raum durch die Installation der Geräte eine Bedeutungszuschreibung, zum Beispiel *sicher* bzw. *unsicher*. Weiter ordnen die Beobachteten den Überwachungskameras bestimmte, durchaus variierende Funktionen zu und ziehen Rückschlüsse auf die Funktion oder die Bedeutung des überwachten Raums. Auf der Mikroebene, durch die Kamera als Medium, interpretiert der Beobachter am Monitor den Raum und die Menschen und schreibt den überwachten Personen und Verhaltensweisen oder Handlungen das Etikett *normkonform* bzw. *normabweichend* zu.

Nur was im öffentlichen Raum geschieht, kann von den Überwachungskameras erfasst und von den Beobachtern gesehen werden. Aus diesem Grund beschränkt sich der Einsatz der Kameras auf die sogenannte *blue collar crime*, die im öffentlichen Raum verübte und damit sichtbare Kriminalität der unteren Gesellschaftsschichten. Zu diesen Delikten zählen Betäubungsmittelverstöße, Vandalismus, Eigentums- und Gewaltdelikte. Die Verhinderung von so genannter *white collar crime*, also nicht sichtbare Kriminalität der oberen Gesellschaftsschichten oder der organisierten Kriminalität, ist nicht Ziel der Überwachung öffentlicher Räume. Hier zeigt sich die Schichtenselektivität, die der Maßnahme Videoüberwachung immanent ist. Der Einsatz der Videoüberwachung richtet sich gegen bestimmte Delikte, denen die Kontrollinstanzen damit zuschreiben, sie seien gefährlich und bedürften besonderer Aufmerksamkeit und Bekämpfungsmethoden. In den Hintergrund tritt dabei, dass die Mehrzahl der mit Strafe bedrohten Taten durch die Videoüberwachung nicht erfasst und verhindert werden kann. Videoüberwachung wird daher als Methode der bloßen Verwaltung von Kriminalität und nicht der tatsächlichen Verbrechensvorbeugung kritisiert. Ebenso wird der Überwachung eingegrenzter Räume eine nur begrenzte Wirkung vorgeworfen, durch die Devianz und Delinquenz nicht verhindert, sondern an nicht überwachte Orte verlagert werde. (vgl. Kube 2003: 123)

These: Kriminalität verwalten und verlagern statt verhindern und bekämpfen
Es ist fragwürdig, ob seitens der Polizei mit Videoüberwachung eine nachhaltige Bekämpfung von Kriminalität verfolgt wird. Vielmehr entsteht der Eindruck, dass die Kontrollinstanzen Kriminalität verwalten und regulieren, indem sie durch Maßnahmen wie Videoüberwachung entscheiden, welche Straftaten und Straftäter öffentlichkeitswirksam verfolgt werden und in welchen Räumen welche Straftaten begangen werden. Wir stimmen darin mit Töpfer (2004) überein, der einen Paradigmenwechsel in der Kriminalpolitik konstatiert. Kriminalität werde als Bestandteil der Gesellschaft anerkannt und nunmehr „versicherungsmathematisch" gemanagt, nicht mehr individuell verfolgt und bestraft. (ebd.: 5)
Die positive Bewertung der Überwachung von Leipzigs Innenstadt seitens der Polizei stützt unsere Annahme von Kriminalitätsverwaltung statt -bekämpfung. Das Leipziger Überwachungsprojekt, ursprünglich auf vier Wochen angelegt, ist längst zur Dauereinrichtung geworden, da die anvisierten Ziele laut ihrer Anwender erreicht werden: Die Drogenszene hat sich aus dem überwachten Bereich verlagert, ohne das neue Kriminalitätsschwerpunkte entstanden sind. Mitglieder der Drogenszene und Personen, die zwar nicht mit strafrechtlich relevanten Drogendelikten in Erscheinung treten, aber laut Leipziger Polizei szenetypisches Verhalten zeigen, sind aus dem Innenstadtbereich verdrängt worden. Die von der Polizei festgestellten Diebstähle aus und von Autos sowie Taschendiebstähle weisen laut der Leipziger Polizeistatistik deutliche Rückgänge auf. Eine Verdrängung dieser Delikte in andere Bereiche der Stadt ist laut Polizeiangaben nicht festzustellen. (vgl. Müller 1998: 77-82) Die Auflösung und Zer-

streuung der Drogenszene in Splittergruppen macht zwar nun an anderen Orten der Stadt polizeiliche Maßnahmen notwendig, schmälert die positive Wirkung der Überwachung jedoch laut Polizeiangaben nicht. (vgl. ebd.: 116) Positiv scheint demnach zu sein, was im überwachten Raum nicht mehr mess- und sichtbar ist. Eine Untersuchung aber über die Verdrängungseffekte und deren Folgen für die betroffenen Personen liegt nicht vor. Die Leipziger Polizei stellt das Phänomen der Verlagerung lediglich fest und wertet es als Erfolg der Maßnahme, ohne dezidiert darauf einzugehen.

These: Beobachter mit Definitionsmacht: Videoüberwachung festigt Vorurteile
Dem Beobachter hinter dem Monitor einer Überwachungskamera kommt eine zentrale Bedeutung zu, die bislang kaum untersucht wurde. Er beurteilt die Geschehnisse vor der Kamera anhand von Aufenthaltsorten, Bewegungen, Mimik, Gestik oder Gesprächssituationen und aufgrund des Äußeren wie Geschlecht, Größe, Hautfarbe oder Kleidung der Beobachteten. Der beobachtende Polizist beurteilt das Gesehene und entscheidet, ob abweichendes Verhalten zu sehen ist oder nicht. Er urteilt, ob der Zoom betätigt oder eine Aufzeichnung gestartet wird und entscheidet so über weitere Maßnahmen, wie z. B. die Personalien der beobachteten Person oder Gruppe feststellen zu lassen oder die Bilder zu speichern. (vgl. Roggan 2001: 135) Laut unserer Annahme hängt von der subjektiven Situationsinterpretation und damit von den individuellen Einstellungen, Erfahrungen, Arbeitsanweisungen und der Ausbildung der Beobachter, sowie von den Interessen, die innerhalb der überwachten Räume dominieren, ab, welche Personen oder Verhaltensweisen als abweichend definiert und in der Folge observiert und/ oder sanktioniert werden.
Eine der beiden zum Beobachterverhalten vorliegenden Studien bestätigt unsere Annahme, dass die Beobachter die beobachteten Geschehnisse selektiv und situationsspezifisch einordnen. Im Rahmen der Studie *The Unforgiving Eye* von Norris und Armstrong (1999) wurden die Beobachtungshäufigkeit und die Gründe für Überwachung an drei verschiedenen CCTV-Anlagen in Großbritannien untersucht. Die Erhebungsergebnisse zeigen, dass 93 Prozent der beobachteten Personen männlich sind. 40 Prozent der Überwachten sind Jugendliche, obwohl diese Gruppe nur 15 Prozent der Bevölkerung ausmacht. (vgl. ebd.: 109f, zitiert nach Wehrheim 2002: 92) Anhand der technisierten sozialen Kontrolle kann zudem, weitaus einfacher und unwiderlegbarer als durch Streifenpolizisten (aber nach demselben Prinzip), der Stereotyp des männlichen jugendlichen Täters, der die Straße unsicher macht, aufrecht erhalten und reproduziert werden. Für die Praxis der Videoüberwachung gilt demnach:

> *„Nicht die Evidenz einer Handlung, sondern die Assoziation von bestimmten Personengruppen mit Devianz leitet Beobachtung, Disziplinierung und Ausschluss." (Wehrheim 2002: 91f)*

Die Ergebnisse der Studie von Helten und Fischer (2003) bestätigen im Ergebnis die Erhebungen von Norris und Armstrong. Helten und Fischer weisen in ihrer Untersuchung darauf hin, dass das Sicherheitspersonal zu den typischen Verdächtigen Jugendliche, Männer, Ausländer und Obdachlose zählt und diesen verstärkt Aufmerksamkeit widmet. vgl. ebd.: 33) Diese Gruppen gehören zu den üblicherweise Verdächtigten. Damit bestätigen sich unseres Erachtens die Annahmen Sacks (1968), dass sich durch die selektive Vorauswahl in der ausgewählten Gruppe identifizierte Abweichungen bestätigend auf die Zuschreibung auswirken. Von Stereotypen nicht entsprechenden Personen begangene Delikte werden möglicherweise weit seltener festgestellt, weil sie von vorneherein nicht zu den verdächtigen Gruppen gezählt werden, denen die Beobachter ihre Aufmerksamkeit widmen.

Ziel der Überwacher: Sicherheitsgefühl stärken

Als weiteres Wirkungsfeld der Videoüberwachung benennen die Kontrollinstanzen die Stärkung des Sicherheitsgefühls bzw. die Verringerung von Kriminalitätsfurcht. Ängste oder Unsicherheiten zum Anlass politischen und polizeilichen Handelns zu nehmen, scheint eine relativ junge Entwicklung zu sein: „Während der Zeitraum von 1968-1977 mit [dem Schlagwort] ‚Kampf gegen das Verbrechen' charakterisiert werden kann, steht die nächste Dekade unter dem Zeichen eines ‚Kampfes gegen die Kriminalitätsfurcht'". (Rosenbaum/Heath 1989: 2, zit. nach Boers 1991: 23, eig. Übersetzung) Aus der kriminalpolitischen „Wende von der Resozialisierung des Täters [hin] zum Schutz des Opfers" entwickelt sich demnach die Auseinandersetzung mit dem mangelnden Sicherheitsgefühl. (Boers 2002: 1399) Die Anwender und Befürworter von Videoüberwachung argumentieren und handeln auf der Grundlage dieser Sicherheitspolitik und stellen einen kausalen Zusammenhang zwischen dem Kriminalitätsaufkommen und den Unsicherheitsgefühlen her. Oder andersherum formuliert: Wird das Kriminalitätsaufkommen durch den Einsatz von Überwachungskameras verringert, verbessert sich automatisch das Sicherheitsgefühl der Bürger.

These: Niedrige Kriminalitätsraten sind nicht gleichbedeutend mit hohem Sicherheitsgefühl

Die Untersuchungen zum Phänomen der Kriminalitätsfurcht bestätigen den kausalen Zusammenhang zwischen einer so bezeichneten objektiven Bedrohung durch Kriminalität und der subjektiven Verbrechensfurcht, mit der die Überwachung des öffentlichen Raums legitimiert wird, jedoch nicht. Zwischen den 1970er und den 1990er Jahren ist aus der Polizeilichen Kriminalstatistik (PKS) eine Verdoppelung der Straftatenzahlen abzulesen. Wenn dies als Anstieg der objektiven Bedrohung gewertet wird, müsste demnach auch die subjektive Verbrechensfurcht der Bevölkerung angestiegen sein. Studien von Reuband (1999) und Boers (2001) widerlegen diese Annahme jedoch und stellen vielmehr einen Rückgang der Kriminalitätsfurcht[2] in den 1980er Jahren und lediglich zu Beginn der 1990er Jahre einen „Aufwärtstrend im Gefühl der Bedrohung". Von 1992 bis 1994 sinkt die Kriminalitätsfurcht in West- wie in Ostdeutschland bei gleichzeitigem Anstieg der Kriminalitätsrate. (Reuband 1999: 17f) Diese Ergebnisse zeigen, dass "objektive und subjektive Bedrohung zwei getrennte Dimensionen der Kriminalitätswirklichkeit darstellen" (Reuband 1993: 45f). Das Sicherheitsgefühl steigt also nicht mit sinkenden Kriminalitätszahlen. Dies entkräftet das Argument, die Bekämpfung von Kriminalität verbessere das Sicherheitsgefühl.

Die Ergebnisse zweier Studien zum Thema Sicherheitsgefühl und Kriminalitätsfurcht stellen die Argumentation der Polizei, die kriminalitätsbekämpfende Videoüberwachung trage zur Stärkung des Sicherheitsgefühls bei, weiter in Frage. Hölscher (2003) stellt in einer im Jahr 2000 in Leipzig mit 770 Einwohnern durchgeführten Erhebung fest, dass die Befragten sich in öffentlichen Räumen vielmehr durch Zeichen der Desorganisation bedroht fühlen, als Angst vor konkreten Delikten zu haben. Als stärkste Bedrohung werden Rechtsextreme (17,73%) und Hunde (16,06%) empfunden (vgl. ebd.: 44f). Ziel der Videoüberwachung ist aber die Verhinderung von *blue collar crime*. Die darunter fallenden Delikte werden von der Bevölkerung jedoch, so Hölscher (2003) als nicht so starke Bedrohung empfunden: Raub/Überfall (8,64%), Schlägerei/Krawalle/Zusammenrottung (8,33%), Diebstahl/Handtaschenraub (7,12%) und Übergriffe auf Personen (3,33%) (vgl. ebd.: 45). Dies wirft die Frage auf, ob eine als kriminalitätsbekämpfend dargestellte Videoüberwachung in Bezug auf Unsicherheitsgefühle überhaupt wirksam sein kann.

Eine Untersuchung von Sessar (2003) aus dem Jahr 2002 mit 403 befragten Personen zur Problemwahrnehmung von Anzeichen sozialer Desorganisation in einem Stadtteil Hamburgs stützt Hölschers Ergebnis. So betrachten 74 Prozent der Befragten Schmutz und Müll in öffentlichen Räumen als großes bis sehr großes Problem, 59 Prozent empfinden Gruppen von herumhängenden Jugendlichen als großes bis sehr großes Problem, 41 Prozent beurteilen in dieser Weise Vandalismus und 36 Prozent Graffiti. Betrunkene auf der Straße erhalten mit 29 Prozent die gleiche Einschätzung wie Gewalt auf der Straße und Gewalt in Familien. Bettler und Obdachlose (17%) werden von einer eher geringen Zahl als

2 Die folgenden Untersuchungsergebnisse beziehen sich auf die affektive Kriminalitätsfurcht, nach unserer Definition kann diese Furcht auf dem durch soziale Desorganisation hervorgerufenen *Unsicherheitsgefühl* basieren. An dieser Stelle noch eine Anmerkung zur Begriffsthematik: Aufgrund des Rückgriffes auf ältere Untersuchungen zur Kriminalitätsfurcht ist eine klare Trennung der Begriffe *Unsicherheitsgefühl* und *Kriminalitätsfurcht* nicht immer durchführbar. Dies liegt darin begründet, dass die Kriminalitätsfurcht früher als Unsicherheitsgefühl (was empfindet man „allein im Dunkeln [...] [im] eigenen Wohnviertel") erhoben wurde, erst in späteren Studien wird die spezifische Kriminalitätsfurcht, bezogen auf die Angst vor konkreten Straftaten, erhoben. (vgl. weiterführend Boers 2002: 1401f)

großes bis sehr großes Problem betrachtet. Das Fehlen von Freizeitangeboten (46%) und zu wenig Polizeipräsenz auf der Straße (38%) erachten die Probanden demzufolge als deutlich größeres Problem, als die Anwesenheit von Randgruppen. (vgl. ebd.: 207f) Gegen Randgruppen, wie Mitglieder der Drogenszene oder Personen, die zwar nicht mit strafrechtlich relevanten Drogendelikten in Erscheinung treten, aber szenetypisches Verhalten zeigen, wird die Videoüberwachung zum Beispiel in Leipzig explizit eingesetzt. (vgl. Müller 1997: 77) Der Einsatz von Videokameras gegen Anzeichen sozialer Desorganisation wie Vandalismus würde die Ängste der Bürger eher bekämpfen, als der vermittelte Eindruck, mit Videoüberwachung solle Kriminalität bekämpft werden.
Sessar (2003) nimmt aber an, dass sich Unsicherheitsgefühle weder auf die Kriminalität, noch auf Anzeichen sozialer Desorganisation beziehen, sondern auf existenzieller Verunsicherung beruhen. Als Begründung führt er an, dass Menschen mit negativer Lebensperspektive sich im öffentlichen Raum deutlich unsicherer fühlen würden als Menschen mit positiver Perspektive. (vgl. ebd.: 205) Die Einbeziehung der Aspekte Kriminalität oder soziale Desorganisation als Grund für Unsicherheitsgefühle ist demnach nicht ausreichend.

These: Akzeptanz groß, Wirkung gering
Nur einige wenige Evaluationen beschäftigen sich mit der Frage, wie die Bevölkerung die Wirksamkeit von Videoüberwachung einschätzt und die Maßnahme beurteilt. Die vorliegenden Ergebnisse zeigen vor allem eine Differenz zwischen der Akzeptanz und der erwarteten Wirksamkeit von Videoüberwachung. Die Mehrheit der Befragten ist für die Überwachung. In Leipzig (770 Befragte) sind es knapp 80 Prozent der Befragten. (vgl. Hölscher 2003: 46) In Dresden (837 Befragte) und Düsseldorf (731 Befragte) durchgeführte Erhebungen im Herbst 2000 kommen zu einem ähnlichen Ergebnis. 77 Prozent der Dresdner und 66 Prozent der Düsseldorfer Probanden betrachten Videoüberwachung als „sehr gut" oder „gut". Nur 13 Prozent nehmen gegenüber der Videoüberwachung eine tendenziell negative Haltung ein. (vgl. Reuband 2001: 7)
Aber den hohen Akzeptanzwerten steht gegenüber, dass in Leipzig nur knapp 50 Prozent glauben, dass Videoüberwachung Straftaten verhüten kann und nur etwa ein Drittel der Leipziger Bürger glaubt, die Sicherheit verbessere sich deutlich durch Kameras. Und der von den Befragten erwartete Sicherheitsgewinn durch den Einsatz von Kameras bezieht sich auf konkrete Delikte wie Handtaschenraub, Überfall oder Drogendelikte, von denen sie sich wenig bedroht fühlen. (vgl. Hölscher 2003: 47) Differenziertere Nachfragen zur Einschätzung der Wirksamkeit von Videoüberwachung schmälern vielmehr die zunächst deutlich positive Einschätzung der Videoüberwachung. Die Befragten befürchten die Verlagerung von Kriminalität an andere Orte und den Missbrauch des gewonnenen Bildmaterials. Eine eindeutig positive Resonanz, die die Forderung der Befürworter nach mehr Videoüberwachung im öffentlichen Raum zur Stärkung des Sicherheitsgefühls und die steigende Zahl der polizeilichen Überwachungska-

meras erklären und untermauern würde, kann aus diesen Ergebnissen unser Ansicht nach nicht geschlossen werden.
Kriminalitätsfurcht und das Unsicherheitsgefühl der Bevölkerung können also laut der vorliegenden Studien nicht mit Videoüberwachung bekämpft werden. Auch Boers (2001) weist auf die Schwierigkeit hin, der Kriminalitätsfurcht politisch zu begegnen. Der „neue Gefühlsansatz in der Kriminalpolitik" (Walter 1995: 72 zit. nach Boers 2001: 10) steht vor der Aufgabe, der Angst, die sich sowohl empirisch als auch hinsichtlich ihrer Entstehungszusammenhänge als „flüchtig" erweist, mit geeigneten Maßnahmen beizukommen. Die wenigen vorhandenen Evaluationen weisen eine nur geringe Wirkung von Präventionsmaßnahmen auf die Kriminalitätsfurcht nach. Boers (2001) hält daher Kriminalitätsfurcht als Grundlage für den „Eingriff mit hoheitlichen Maßnahmen" auch aus rechtlicher Sicht für nicht gerechtfertigt. (ebd.: 10) Vielmehr seien es "selbstregulative Prozesse", die besonders in als krisenhaft empfundenen Zeiten die Entwicklung der Kriminalitätsfurcht bestimmten (Boers 2002: 1417).
Gälte das Sicherheitsgefühl als polizeiliches Schutzgut, so Boers (2001) weiter, könne eine Gefährdung dieses Gefühls kaum hinreichend bestimmt werden. Außerdem gebe es für Furchtgefühle so unterschiedliche Gründe, dass nach differenzierten Lösungen gesucht werden müsse (ebd.: 14).

Folgen der Videoüberwachung

Die Wirkung der Videoüberwachung beruht zu einem großen Teil darauf, „to be seen but never to know when or by whom" (Koskela 2000: 243). Das bloße Vorhandensein einer Kamera macht dem Beobachteten sein Verhalten laut Leopold (2002) bewusst, suggeriert, dass er kontrolliert und ein eventuelles Fehlverhalten geahndet wird. Die Überwachungskamera werde so Spiegel des Verhaltens und Warnung vor Fehlverhalten zugleich. (vgl. ebd.: 193) Wer sich der Überwachung bewusst ist, wird sein Verhalten entsprechend kontrollieren, denn „wer sich anders als die meisten anderen verhält, müsse zumindest erklären, warum das so ist" (Büllesfeld 2002: 77). Und auch wer nichts zu verbergen hat, kontrolliert sein Verhalten. In der Folge werden Überwachungskameras zu Verhaltenskontrolleuren.
Es ist allerdings schwierig, sich vor den Überwachungskameras unauffällig oder normkonform zu verhalten. Der Beobachtete wird seitens der Beobachter lediglich darüber informiert, dass zu seiner Sicherheit oder zur Kriminalitätsbekämpfung überwacht wird. Weder Hinweisschilder noch Polizisten oder Sicherheitspersonal weisen auf erwünschte oder nicht erwünschte Verhaltensweisen hin. Man kann lediglich annehmen, welches Verhalten das erwünschte ist und wie man vermeidet, als verdächtig betrachtet zu werden.

These: Jede Kamera wirkt verhaltensnormierend, nicht nur die polizeiliche

Die Verhaltensnormierung, die durch die Videoüberwachung hervorgerufen wird, wird laut Leopold (2002) häufig nicht als solche empfunden, denn niemand hindert die Beobachteten daran, zunächst ihrer Wege zu ziehen oder unbelauscht ein Gespräch zu führen. Auch die geringe Zahl von der Polizei eingesetzter Überwachungskameras in Deutschland und die entsprechend geringe polizeilich überwachte Fläche fallen zunächst nicht derart ins Gewicht, als dass man von ständiger Überwachung und Verhaltenskontrolle sprechen könnte. Bei näherer Betrachtung ist die These von der Verhaltensnormierung jedoch haltbar, denn die Beobachteten unterscheiden nicht zwischen öffentlicher und privater Überwachungskamera. In der Regel weiss der Großteil der Bevölkerung nicht, wo, ob und von wem überwacht wird.[3] Es ist daher anzunehmen, dass die Beobachteten allen Kameras, die sie sehen und allen Kameras, von denen sie annehmen, sie seien da, unterschiedslos dieselben Bedeutungen zuschreiben. Eine private Überwachungskamera erzeugt nach unserer Annahme also ebensolchen Anpassungsdruck wie die Videoüberwachung durch die Polizei.

Die Verhaltenskontrolle ist unseres Erachtens Ausdruck dafür, dass die Videoüberwachung den Grundsatz der Unschuldsvermutung zu Lasten des Generalverdachtes umkehrt. Polizeiliche Videoüberwachung trägt durch ihre feste Installierung in öffentlichen Räumen eine konstante Erinnerung an die Instanzen sozialer Kontrolle in diese Räume. Sie kann aufgrund ihres panoptischen Charakters dazu beitragen, dass die Bevölkerung ihr Verhalten an eine als von den Kontrollinstanzen erwünschte Norm anpasst.

These: Ausgegrenzt wird, wer abweicht

Eine weitere Folge von Videoüberwachung ist die Segregation. also die Aufteilung der Menschen im Raum nach Hautfarbe, Geschlecht, Status und anderen Merkmalen. Diese Merkmale entscheiden über die Zugangsmöglichkeiten des Einzelnen zu Räumen. Im Falle der Videoüberwachung ist die Segregation eine Folge der Kontrolle von außen in Form der Kamera und den Zuschreibungen der hinter den Monitoren sitzenden Beobachter.

Durch die Kameras werden Räumen Bedeutungen wie *sicher* und *unsicher* oder *relevant* und *irrelevant* zugeschrieben. Die Videoüberwachung, also die technisierte soziale Kontrolle, macht Interessen und Wirklichkeiten der Definitionsmächtigen sichtbar und projiziert diese dauerhaft in den öffentlichen Raum. Auf diesen Zuschreibungen beruhend wird unerwünschten Gruppierungen der Zugang zu den überwachten Räumen erschwert oder verweigert. Der Grund für den Ausschluss aus Räumen oder Einrichtungen liegt in der Erscheinung, dem Auftreten und dem Verhalten der Person. Ausgegrenzt wird, wer abweicht. Ausge-

3 Im Literaturverzeichnis finden sich Studien zur Einschätzung von Videoüberwachung durch die Bevölkerung.

grenzt wird, wer unerwünscht ist. Ausgegrenzt wird, wer sich nicht konform verhält.

Mit dem Ausschluss bestimmter Personengruppen und Verhaltensweisen aus dem öffentlichen Raum verschwinden auch bestimmte Themen aus der Öffentlichkeit. Werden beispielsweise Obdachlose aus den Innenstädten vertrieben, verschwindet damit die sichtbare Armut. Was man nicht sehe, müsse man nicht bekämpfen oder es wirke so, als sei es bereits erfolgreich bekämpft worden. (vgl. Wehrheim 2002: 203). Sollen schnell sichtbare Erfolge vorgezeigt werden, kann mittels Überwachungskameras Sicherheit inszeniert werden. Die störenden, kriminalisierten Gruppen werden dadurch aus als ökonomisch oder politisch relevant definierten Räumen ausgegrenzt. Das Problem ist nicht mehr sichtbar und demnach augenscheinlich gelöst.

Dass es den Anwendern von Videoüberwachung nicht um eine Lösung des als solches definierten Kriminalitätsproblems geht, sondern, wie im Fall von Leipzig dargestellt, lediglich um dessen Verlagerung aus wichtigen Räumen, wird dadurch bestätigt, dass Videoüberwachung nicht in Randbezirken oder den so genannten sozialen Brennpunkten der Stadt zu finden ist. Wir gehen davon aus, dass aus diesen politisch und ökonomisch als unwichtig definierten Räumen niemand ausgegrenzt werden muss. Wer drin ist bleibt drin und von außen kommt niemand freiwillig dazu. Die Inszenierung von Sicherheit ist an der Peripherie offenbar nicht notwendig.

Die Folge von Videoüberwachung ist eine durch die Definitionsmächtigen vorgenommene Klassifizierung der Räume und der Zugänglichkeit dieser Räume in die Kategorien *dazugehörig* und (ökonomisch) *relevant* bzw. *ausgegrenzt* und (ökonomisch) *irrelevant*.

These: Kameras schaffen exklusive Räume

Für die ausgegrenzten Gruppen gibt es in der Stadt Orte, die für sie nicht zugänglich sind. Geschaffen werden diese exklusiven Orte durch Maßnahmen (technisierter) sozialer Kontrolle, wie der Videoüberwachung. Solch ein überwachter Raum funktioniert wie ein umgekehrtes Gefängnis: abweichendes Verhalten wird nach draußen verbannt (vgl. Koskela 2000: 246). Durch die Videoüberwachung erfolgt also eine symbolische Transformation von unsicheren in sichere Räume und zwar dann, wenn ökonomische und politische Interessen dafür sprechen (vgl. Wehrheim 2002: 215).

Exklusive Räume sind dennoch keine alleinige Begleiterscheinung der Kontrollgesellschaft, sie sind so alt wie die Stadt selbst. Verschiedene Städte verschiedener Epochen unterscheiden sich vor allem darin, wer auf welche Weise aus welchen Räumen ausgeschlossen wird. Heute sind es Gruppen wie Obdachlose, Drogenabhängige oder Jugendliche. Im 19. Jahrhundert gibt es für die weibliche Bevölkerung und das Proletariat exklusive Räume (vgl. Siebel 2003: 252). Und Sicherheit oder zumindest ein Sicherheitsgefühl sind Grundbedingungen für die Zugänglichkeit von Räumen. So sind beispielsweise Parks, in denen Frauen fürchten, angegriffen zu werden, für Frauen exklusive Räume. Öffentlicher Raum bedarf also eines gewisses Maßes an funktionierender sozialer Kontrolle. Gleichzeitig droht soziale Kontrolle aber auch die Zugänglichkeit zu öffentlichen Räumen einzuschränken. Was für den einen durch die Maßnahme sozialer Kontrolle laut Siebel (2003) zu einem sicheren Ort wird, bedeutet für den anderen den Ausschluss aus eben diesem Raum. Dieses ambivalente Verhältnis von sozialer Kontrolle und öffentlichem Raum ist der Stadt immanent. (vgl. ebd.: 253)

These: Konsumraum gleich exklusiver Raum

Der Ausschluss von Randgruppen bezieht sich vor allem auf den „touristisch-konsumtive[n] Erlebnisraum", an dem die Dazugehörigen dadurch sicher vor unerwarteten Ereignissen sein sollen. (Ronneberger 2000: 318) Diese Räume werden abgeschottet und überwacht, um das Sicherheits- oder Wohlgefühl zu verbessern und den Umsatz an den überwachten Orten zu erhöhen. Durch soziale Kontrollmaßnahmen wie der Videoüberwachung werden also Räume geschaffen, die exklusiv für eine kaufkräftige Öffentlichkeit bestimmt sind. Unerwünschte Randgruppen, die sich nicht angepasst verhalten und „mit der Variable *materielle Armut* korrelieren" (Wehrheim 2002: 196), werden aus dem Überwachungsraum vertrieben oder bekommen erst gar keinen Zugang:

> *„Obgleich Phänomene sichtbarer Armut wie Obdachlosigkeit und betteln nach Aussage der Mehrzahl der Einzelhändler vornehmlich die Attraktivität und weniger die Sicherheit des exklusiven Geschäftsstandortes beeinträchtigen, werden diese ‚Unzivilisiertheiten' in der Regel als Sicherheitsproblem kodiert." (Birenheide/Legnaro 2003: 9)*

Auf diesem Weg werden abweichende Verhaltensweisen kriminalisiert. Das ermöglicht den Definitionsmächtigen, die Angehörigen dieser kriminalisierten Gruppen aus den überwachten Räumen zu vertreiben oder ihnen den Zugang durch Platzverweise zu verwehren. Das bedeutet das Ende des öffentlichen Raums für bestimmte Personengruppen. Die Folge sind exklusive (Konsum-) Räume in der Stadt.

These: Die gefährlichen Klassen sind zurück

Die heutigen gefährlichen Klassen sind nach Krasmann und de Marinis (1997) genauso heterogen wie die zu Zeiten von Karl Marx. Aber statt „Bauern, politisch Unbequemen, Delinquenten, Vagabunden, Zirkusleuten, Waisen und Prostituierten" seien es heute die „sozialen Abfälle", arbeitslos, kriminell oder kriminalisiert, als Konsumenten nicht attraktiv, die die gefährliche Klasse ausmachten (ebd.: 176). Entscheidendes Merkmal für die gefährlichen Klassen sei, so Krasmann und de Marinis (1997), dass sie keinen Ort hätten, an dem sie sein dürften. Sie dürften sich nicht an als ökonomisch und politisch relevant defi-

nierten Orten aufhalten, dürften allerdings auch nicht ganz verschwinden, da ihre Gegenwart weitere Kontrollmaßnahmen legitimiere. (vgl. ebd.: 179)
Die gefährlichen Klassen stehen für strukturelle Probleme in der Gesellschaft wie Armut, Drogenabhängigkeit oder Obdachlosigkeit. Sie sollen möglichst unmittelbar verdrängt werden, weil sie an ökonomisch oder politisch wichtigen Orten stören. Das sind aber Aussagen, die in der Öffentlichkeit so nicht vertreten werden können. Zudem mangele es an der Bereitschaft der Definitionsmächtigen und weiten Teilen der Bevölkerung, Grundprinzipien in Frage zu stellen, strukturelle Probleme zu erkennen und zu benennen. Die Kriminalität bzw. die Kriminalisierung biete hier eine „optimale Scheinlösung" (Lehne 1993: 67).

These: Nützliche Feinde helfen die Macht erhalten
Regierung und Opposition versprechen im öffentlichen Diskurs, innere Sicherheit sei herstellbar und suggerieren damit, dass es eine Frage der Maßnahmen und der Mittel sei, Kriminalität wirksam und nachhaltig zu bekämpfen. Der Begriff Kriminalitätsbekämpfung weckt ebenso wie der Begriff innere Sicherheit den Eindruck, mit zusätzlichen Befugnissen der Polizei und einer Weiterentwicklung der Sicherheitstechnik sei es möglich, Kriminalität abzuschaffen. In den gewählten Begrifflichkeiten schwingt die Utopie einer kriminalitätsfreien Gesellschaft mit.
Diese Politik ist unserer Ansicht nach im Falle der Videoüberwachung Ausdruck einer symbolischen Bekämpfung durch einseitige Zuschreibungen. Durch die permanente Thematisierung der als bedroht dargestellten inneren Sicherheit und dem gleichzeitigen präsentieren von vermeintlich wirkungsvollen Methoden zur Kriminalitätsbekämpfung nutzen die Definitionsmächtigen das Bedürfnis der Bevölkerung nach Sicherheit und Ordnung.
Diese Situation verdeutlicht sich an der Handhabung der Videoüberwachung, die als Präventionsmaßnahme gegen Kriminalität dargestellt, aber in großem Maße zur Verdrängung von Devianz eingesetzt wird. In diesem Zuge werden Randgruppen und ihr Verhalten kriminalisiert und zu einer gefährlichen Klasse stilisiert, vor der die Konformen geschützt werden sollen. So wird das störende Verhalten zu einer Gefahr für die innere Sicherheit, das bekämpft werden muss. Aus den gefährlichen Klassen rekrutieren sich gewissermaßen die nützlichen Feindbilder, die zum Machterhalt der Definitionsmächtigen genutzt werden. Das Ergebnis ist eine technokratische Ökonomisierung von Problemlösungen. So kommt es zu einer kurzfristigen, symptomorientierten, statt zu einer langfristig angelegten, die Ursprünge des Problems behandelnden Lösung. Mittels der Einführung einer Maßnahme wie der Videoüberwachung schaffen sich diejenigen, die unseres Erachtens die Legitimation für den Einsatz der Maßnahme durch ihre Zuschreibungen selbst produzieren, eine Bühne, auf der sie sich als aktiv handelnd, die Probleme der Zeit in Angriff nehmend, darstellen können.

Fazit - Die inszenierte Sicherheit

Jeder, der sich normkonform verhält und nicht auffällt, kann heute die Kameras im öffentlichen und semi-öffentlichen Raum passieren, ohne aufgehalten oder kontrolliert zu werden. Jeder, der sich deviant und auffällig verhält, muss jedoch damit rechnen, beobachtet, kontrolliert und letztlich aus dem überwachten Raum ausgeschlossen zu werden. Und hier liegt das Problem, auf das wir unsere These von der Videoüberwachung als einem Instrument zur Inszenierung gestützt haben und nach der Analyse bestätigt sehen. Die Videoüberwachung ist weder so unbedenklich wie ein Streifenpolizist, noch eine so effektive Maßnahme zur Kriminalitätsbekämpfung, wie die Anwender der Maßnahme sie der Öffentlichkeit präsentieren. Es hat sich vielmehr herausgestellt, dass die Videoüberwachung gezielt gegen Randgruppen eingesetzt wird. Durch die Kriminalisierung von störenden, normabweichenden Verhaltensweisen und deren Ausschließung aus den überwachten Räumen inszenieren die Definitionsmächtigen mit der Überwachungskamera Sicherheit für diejenigen, die dazugehören.

Selektive Zuschreibung durch Videoüberwachung

In der Videoüberwachung sehen wir die These von der selektiv zugeschriebenen Kriminalität, die auf Sacks Annahme beruht, Kriminalität sei keine feststehende Größe, bestätigt: Wenige Quadratmeter entscheiden darüber, ob ein in den Augen der Polizei straffälliges Verhalten entdeckt und verfolgt wird oder nicht, ob deviantes Verhalten kriminalisiert und ausgegrenzt wird oder nicht. Dass mit der Videoüberwachung überwiegend die Kriminalität der unteren Schichten beobachtet und verfolgt wird, ist ein weiterer Beleg für die selektive Zuschreibung durch Kameras, ebenso wie die Kriminalisierung und Ausgrenzung von Minderheiten.

Das panoptische Prinzip, nach dem die Videoüberwachung funktioniert, eignet sich besser zur Kontrolle und Verlagerung von unerwünschtem Verhalten, denn zur Straftatenbekämpfung. Videoüberwachung ist demnach Ausdruck der bloßen Verwaltung von Kriminalität.

Politiker und Polizei nutzen die selektive Zuschreibung durch Videoüberwachung zu ihrem Vorteil: Im Zuge der Debatte um die gefährdete innere Sicherheit, die Maßnahmen zur Stabilisierung der Sicherheitslage und der Bekämpfung von Kriminalität erforderlich erscheinen lässt, wird mit der Videoüberwachung eine von der breiten Masse akzeptierte Maßnahme eingesetzt, mit der eine Minderheit als normabweichend und gefährlich stigmatisiert wird. Mit der Ausschließung dieser problematisierten Minderheit wird das von den Definitionsmächtigen inszenierte Problem der gefährdeten inneren Sicherheit angegangen und augenscheinlich gelöst.

Ziele verfehlt - Inszenierung geglückt

Die mit der Videoüberwachung verfolgten Ziele sind Kriminalprävention, Aufklärung von Straftaten und Stärkung des Sicherheitsgefühls der Bevölkerung. Diese Ziele werden laut unserer Analyse nicht erreicht. Vielmehr bestätigt sich die These der Inszenierung von Sicherheit mittels Videoüberwachung durch einen Abgleich der Ziele mit Beispielen aus der Praxis und Studien zu Kriminalitätssituation und Unsicherheitsgefühlen der Bevölkerung.
Die polizeilichen Erhebungen über die Wirksamkeit der Überwachungsprojekte sind mit Skepsis zu betrachten. Die Dokumentation über die Straftatenentwicklung im Überwachungsraum im Fall des Projektes in Leipzig spiegelt die durch Beobachtungszeiten, Kamerablickwinkel, Kamerastandorte und Definitionsmuster der Beobachter gefilterte Wahrnehmung normabweichenden Verhaltens wieder. Sie zeigt unseres Erachtens nicht, dass die Maßnahme erfolgreich gegen Kriminalität einzusetzen ist. Vielmehr bestätigt sie, dass die Videoüberwachung zur Konstruktion eines bestimmten Täterbildes genutzt wird. Denn der von der Polizei gefilmte Abschnitt suggeriert, hier lauere die Gefahr. Dabei scheint der überwachte Raum sich meist aus einer Mischung von Treffpunkt für Randgruppen, Drogenszene und Geschäftsviertel zusammenzusetzen. An diesem Kriminalitätsschwerpunkt werden Verhaltensweisen und Personengruppen kriminalisiert und verdrängt.
Ein aus Sicht der Polizei bestehender Kriminalitätsschwerpunkt bedeutet nach unserer Analyse nicht, dass die Bevölkerung an diesen Orten Kriminalitätsfurcht spürt. Ganz abgesehen davon, dass die Kausalität Kriminalitätsvorkommen und Kriminalitätsfurcht nicht belegt ist.
Die Informationspolitik über Videoüberwachung stützt die These von der Inszenierung weiter: Die Angaben zu Kamerazahlen schwanken erheblich, die Kriminalitätszahlen in überwachten Räumen werden je nach Position ausgelegt und dargestellt. Das trägt zur Intransparenz der Maßnahme bei. Es wird von drastischen Kriminalitätsrückgängen durch Kameras gesprochen und Bilder aus Überwachungskameras, die zur Festnahme eines Täters führen, werden medienwirksam in Szene gesetzt. All dies suggeriert, dass eine Kamera den überwachten Raum sicher macht und Kriminalität bekämpft. Diese Videoüberwachung ist aufgrund ihrer leicht zu vermittelnden Funktions- und Wirkungsweise und der unterschiedlich interpretierbaren Wirksamkeiten eine geeignete Maßnahme für politische und polizeiliche Machtpolitik, insbesondere unter dem Aspekt, dass sie als Lösung im Rahmen einer als weltweit geltenden Bedrohung der Sicherheit, zur Sicherung von Wählerstimmen, wie auch zur Befriedigung wirtschaftlicher Interessen eingesetzt werden kann.
Dass die Videoüberwachung eine intransparente Maßnahme ist und bleiben soll, sehen wir durch den Verzicht auf bzw. die rudimentäre Durchführung von Evaluationen durch ihre Anwender bestätigt. Angesichts der Erkenntnisse, die wir über die Überwachung gesammelt haben, verwundert das nicht. Damit der My-

thos der bedrohten inneren Sicherheit und der steigenden, Passanten im öffentlichen Raum gefährdenden Kriminalität erhalten werden kann, bedarf es einer ebenso mythischen Maßnahme.

Bedenkliche Tendenzen im Umgang mit Ängsten und Abweichlern

Da es in Deutschland eine überschaubare Zahl von polizeilichen Überwachungsprojekten auf einer überschaubaren überwachten Fläche gibt, mutet die Warnung vor einer Exklusion von Randgruppen und einer umfassenden Verhaltensnormierung durch Videoüberwachung zunächst wie ein übertriebenes Horrorszenario der Gegner von Videoüberwachung an. Aber die wenigen vorliegenden Erhebungen bestätigen die Tendenz, dass Videoüberwachung ausgrenzt und Verhalten kontrolliert und damit unsere These von der Inszenierung von Sicherheit durch Ausschluss von Bedrohlichem. In diesem Fall ist die Videoüberwachung wiederum in den Zusammenhang mit einer weitgehenden Privatisierung des Sicherheitsgeschäftes zu stellen. Sicherheitsdienste, die vor allem in Konsumbereichen der Städte für eine wirtschaftlichen Interessen unterliegende Art von Sicherheit und Ordnung sorgen sollen, haben die Tendenz der Verdrängung Unerwünschter bereits vorweggenommen.
So wenig Raum die polizeiliche Überwachung bisher auch einnimmt, es gibt Aspekte und Tendenzen, die unsere These von Ausgrenzung und Verhaltensnormierung stützen:
Da ist zum einen die Unwissenheit der Bevölkerung über Ausmaß und Möglichkeiten der Videoüberwachung. Die Beobachteten gehen davon aus, dass die Videoüberwachung konstanter, technisch hochleistungsfähiger und zudem heimlich durchgeführt wird. Diese Annahmen unterscheiden sich grundlegend von der gegenwärtigen Überwachungsrealität. Ein Gefühl der Beobachtung, dass zu Verhaltensnormierungen führen kann, ist darum nicht nur auf die tatsächlich überwachten Räume begrenzt.
Des Weiteren wird gegenüber der Bevölkerung der Eindruck vermittelt, Videoüberwachung sei notwendig und sinnvoll, um die Menschen adäquat vor steigender Kriminalität und globaler Bedrohung zu schützen. Angesichts der temporären Handhabung und der Beschränkung auf bestimmte Delikte und Räume wird dieser Anspruch der Anwender als Inszenierung widerlegt. Aber bei den Beobachteten kann durch die Aufnahme ihrer Ängste in politische Programmatiken und Lösungsstrategien das Gefühl der Bedrohtheit bestätigt werden. Die Kameras können dies unterstützen, da sie die vermeintliche Bedrohung im Raum sichtbar machen.
Die so inszenierte Bedrohung hilft, die Macht zu erhalten und unterstützt die Aufteilung der gesellschaftlichen Ordnung in gut und böse, richtig und falsch, kriminell und nicht kriminell.

Literatur

Behrendes, Udo (2001): Aufgaben der Polizei im Rahmen der staatlichen und kommunalen Kriminalprävention. In: Pitschas, Rainer (Hrsg.) (2001): Kriminalprävention und „Neues Polizeirecht“: zum Strukturwandel des Verwaltungsrechts in der Risikogesellschaft; Vorträge und Berichte in der Speyerer Werkstatt zur Inneren Sicherheit über „Kriminalprävention in staatlicher und zivilgesellschaftlicher Verantwortungspartnerschaft“ an der deutschen Hochschule für Verwaltungswissenschaften Speyer. Berlin: Duncker & Humblot. S. 109.151

Bircnheide, Almut; Legnaro, Aldo (2003): Shopping im Hochsicherheitstrakt? - Sicherheitsstrategien verschiedenartiger Konsumlandschaften. In: Kriminologisches Journal, 35. Jg., H 1, S. 3-16

Boers, Klaus (1991): Kriminalitätsfurcht. Über den Entstehungszusammenhang und die Folgen eines sozialen Problems. Pfaffenweiler: Centaurus-Verlagsgesellschaft

Boers, Klaus (2001): Kriminalprävention und Kriminalpolitik mit der Kriminalitätsfurcht? In: Neue Kriminalpolitik, 2/2001, S. 10 - 15

Boers, Klaus (2002): Furcht vor Gewaltkriminalität. In: Heitmeyer, Wilhelm; Hagan, John (Hrsg.): Internationales Handbuch der Gewaltforschung. Wiesbaden: Westdeutscher Verlag, S. 1399-1422

Büllesfeld, Dirk (2002): Polizeiliche Videoüberwachung öffentlicher Straßen und Plätze zur Kriminalitätsvorsorge. Stuttgart: Boorberg

Gras, Marianne (2001): Kriminalprävention durch Videoüberwachung. Gegenwart in Großbritannien - Zukunft in Deutschland? Dissertation. Baden-Baden: Nomos Verlagsgesellschaft.

Helten, Frank; Fischer, Bernd (2003): Video Surveillance on Demand for Various Purposes? Berlin Shopping Malls as Socio-technical Testbeds for CCTV. Working Paper No. 11, http://www.urbaneye.net, Stand 02.04.04

Hempel, Leon; Töpfer, Eric (2002): Inception Report. Working Paper No. 1, http://www.urbaneye.net, Stand 02.04.04

Hitzler, Ronald; Peters, Helge (Hrsg.) (1998): Inszenierung: Innere Sicherheit. Daten und Diskurse. Opladen: Leske + Budrich

Hölscher, Michael (2003): Sicherheitsgefühl und Überwachung. Eine empirische Studie zur Einstellung der Bürger zur Videoüberwachung und ihrer Erklärung. In: Kriminologisches Journal, 35. Jg., 2003, H 1, S. 42-56

Koskela, Hille (2000): `The gaze without eyes`: video-surveillance and the changing nature of urban space. In: Progress in Human Geography 24, 2 (2000), S. 243-265

Krasmann, Susanne; Marinis, de Pablo (1997): Machtintervention im urbanen Raum. In: Kriminologisches Journal, 29. Jg. 1997, H 3, S. 162-185

Kube, Edwin (2003): Polizeiliche Videoüberwachung von Straßen und Plätzen – vorrangig Präventionsmittel oder Gefahrenpotential? In: Kuratorium der

Polizei-Führungsakademie (Hrsg.): Angewandte Kriminologie und Kriminalprävention; Entwicklungen, Sachstand und Perspcktiven. Schriftenreihe Heft 2, Jg. 2003. Dresden: Sächsisches Druck- und Verlagshaus AG, S. 118-126

Lehne, Werner (1993): Politik Innerer Sicherheit. Die entpolitisierende Konstruktion gesellschaftlicher Risiken als Kriminalitätsprobleme. In: Kampmeyer, Eva; Neumeyer, Jürgen (Hrsg.): Innere UnSicherheit. Eine kritische Bestandsaufnahme. München: AG – SPAK Bücher, S. 51-70

Leopold, Nils (2002): Videoüberwachung - Technologien der sozialen Kontrolle und Menschenrechte. In: Leopold, Nils; Schiek, Sebastian (Hrsg.): Innere Sicherheit als Gefahr. Berlin: Humanistische Union, S. 185-194

Lepsius, Oliver (2004): Freiheit, Sicherheit und Terror: Die Rechtslage in Deutschland. In: Leviathan. 32. Jahrgang, Heft 1, S. 46-88

Müller, Rolf (1997): Pilotprojekt zur Videoüberwachung von Kriminalitätsschwerpunkten in der Leipziger Innenstadt. In: Die Polizei. Fachzeitschrift für öffentliche Sicherheit mit Beiträgen aus der Polizei-Führungsakademie. Köln: Carl Heymann Verlag. 88. Jg., H 3, S. 77-82

Müller, Rolf (1998): Nochmals: Videoüberwachung von Kriminalitätsschwerpunkten in der Leipziger Innenstadt. Eine Ergänzung zur Abhandlung im Heft 3/97, S. 77ff. In: Die Polizei. Fachzeitschrift für öffentliche Sicherheit mit Beiträgen aus der Polizei-Führungsakademie. Köln: Carl Heymann Verlag. 89. Jg., H 4, S. 114-116

Nogala, Detlef (2000): Erscheinungs- und Begriffswandel von Sozialkontrolle eingangs des 21. Jahrhunderts. In: Peters, Helge (Hrsg.): Soziale Kontrolle. Zum Problem der Normkonformität in der Gesellschaft. Opladen: Leske + Budrich, S. 111-131

Nogala, Detlef (2003): Ordnung durch Beobachtung – Videoüberwachung als urbane Einrichtung. In: Gestring, N.; Glasauer, H.; Hannemann, Chr.; Petrowsky, W.; Pohlan, J. (Hrsg.): Jahrbuch StadtRegion 2002. Schwerpunkt: Die sichere Stadt. Opladen: Leske+Budrich, S. 33-54

Norris, Clive; Armstrong, Gary (1999): The maximum surveillance society. The rise of CCTV. Oxford/New York

Reuband, Karl-Heinz (1993): Steigt in der Bundesrepublik Deutschland die Verbrechensfurcht? Widersprüchliche Ergebnisse aus der neueren Umfrageforschung. In: Kampmeyer, Eva; Neumeyer, Jürgen (Hrsg.): Innere UnSicherheit. Eine kritische Bestandsaufnahme. München: AG – SPAK Bücher, S. 41-50

Reuband, Karl-Heinz (1999): Von der Kriminalitätshysterie zur Normalität? In: Neue Kriminalpolitik, 4/1999, S. 16-19

Reuband, Karl-Heinz (2001): Videoüberwachung. Was die Bürger von der Überwachung halten. In: Neue Kriminalpolitik, 2/2001, S. 5-9

Roggan, Fredrik (2001): Die Videoüberwachung von öffentlichen Plätzen oder: Immer mehr gefährliche Orte für Freiheitsrechte. In: NVwZ. Neue Zeitschrift für Verwaltungsrecht, Vol. 20, Nr. 2, S. 134-141

Ronneberger, Klaus (2000): Die revanchistische Stadt. Überwachen und Strafen im Zeitalter des Neoliberalismus. In: Dinges, Martin; Sack, Fritz (Hrsg.): Unsichere Großstädte? Vom Mittelalter zur Postmoderne. Konstanz: UVK, S. 313-332

Rosenbaum; Heath (1989): The „Psycho-Logic" of fear reduction and crime prevention programs. In: Edwards, J. (Hrsg.): Applied Social Psychology Annual, Vol 9, New York: Plenum

Sack, Fritz (1968): Neue Perspektiven in der Kriminologie. In: ders.; König, René (Hrsg.): Kriminalsoziologie. Frankfurt/Main: Akademische Verlagsgesellschaft, S. 431-475

Sessar, Klaus (2003): Kriminologie und urbane Unsicherheiten. In: Die alte Stadt. Vierteljahreszeitschrift für Stadtgeschichte, Stadtsoziologie, Denkmalpflege und Stadtentwicklung, 30 Jg., H 3/2003. Thema: Stadt mit Sicherheit. Zwischen Unsicherheit, Kriminalstatistik und Law-and-order-Politik, S. 195-216

Siebel, Walter (2003): Die überwachte Stadt – Ende des öffentlichen Raums? In: Die alte Stadt. Vierteljahresschrift für Stadtgeschichte, Stadtsoziologie, Denkmalpflege und Stadtentwicklung. 30 Jg., H 3/2003, S. 247-257

Töpfer, Eric (2004): Das URBANEYE-Projekt: Videoüberwachung im europäischen Vergleich. Gemeinsame Trends, nationale Unterschiede, Probleme und Perspektiven. Vortrag für den Workshop „Videoüberwachung. Theorie und Praxis", http://www.rrz.uni-hamburg.de/kriminol/surveillance/Urbaneye_ Hamburg.pdf, Stand 12.01.05

Walter, M. (1995): Von einem realen zu einem imaginären Kriminalitätsverständnis? In: Zeitschrift für Strafvollzug 44, S. 67-73

Wehrheim, Jan (2002): Die überwachte Stadt. Sicherheit, Segregation und Ausgrenzung. (Diss.) Opladen: Leske+ Budrich.

Studien zur Einschätzung von Videoüberwachung durch die Bevölkerung (in diesem Artikel nicht zitiert):

Czerwinski, Stefan; Kamphausen, Gerrit (2004): Projekt „Videoüberwachung und räumliche Wahrnehmung". In: Zurawski, Nils (Hg.) (2004): Workshop-Bericht „Videoüberwachung in Hamburg", 28.09.2004 in Hamburg. http://www.rrz.uni-hamburg.de/kriminol/surveillance/workshopbericht_video_2004.pdf, S. 3-7, Stand 12.01.05

Helten, Frank; Fischer, Bernd (2004): What do people think about CCTV? Findings from a Berlin survey. Working paper No. 13, www.urbaneye.net, Stand 26.11.2004

Klocke, Gabriele & Studiengruppe (2001): Das Hintertürchen des Nichtwissens. Was Regensburger BürgerInnen über die Videoüberwachung in ihrer Stadt wissen und denken. In: http://www.cilip.de/ausgabe/69/video.htm, Stand 13.11.2003

Reuband, Karl-Heinz (2001): Videoüberwachung. Was die Bürger von der Überwachung halten. In: Neue Kriminalpolitik, 2/2001, S. 5-9

Gisbert van Elsbergen

(Video)-Überwachung und kommunale Kriminalprävention

Zusammenfassung

Der folgende Beitrag[1] *befasst sich mit Meinungen und Einstellungen einiger Experten aus der kommunalen Kriminalprävention, die im Rahmen eines Forschungsvorhabens erhoben wurden. Es soll das Meinungsspektrum aufgezeigt werden, das zur Videoüberwachung und zu generellen Fragen der Überwachung vorherrschend ist. Das Hauptaugenmerk liegt dabei auf den Unterschieden, die sich bei den verschiedenen interviewten Experten herausdestillieren ließen.*

Nach einem einleitenden Beispiel folgt die Beschreibung des methodischen Vorgehens. Danach werden die wichtigsten empirischen Befunde anhand von Interviewpassagen präsentiert und anschließend kommentiert. Zum Schluss folgt ein Fazit, das einen kleinen Ausblick auf weitere Forschungen eröffnen soll.

Einleitung

Ein Beispiel aus der alltäglichen Lebenswelt soll verdeutlichen, welche Fragen die Videoüberwachung als solche immer wieder aufwirft, wenn sie in den verschiedensten Bereichen eingesetzt wird oder eingesetzt werden soll. Mittlerweile hat die Verbreitung von Videokameras nicht nur auf öffentlichen Plätzen und Straßen (Hölscher 2003: 43), ein Ausmaß erreicht, das von vielen Bürgern[2] wahrgenommen (s. Herzinger 2003; Quambusch 2005: 157; Stadt Hamburg 2005; Voß 2006) aber nicht hinterfragt wird.

Das Beispiel geht auf eine wahre Begebenheit zurück, die ein Kriminologe im Jahre 2003 selbst in seiner Wohnanlage erlebt hat. Ausgangspunkt war der Umstand, dass die persönliche Post des Kriminologen in mehr oder weniger unregelmäßigen Abständen aus seinem Briefkasten entwendet wurde. Da eine persönliche und somit ständige Überwachung der Postanlage von Seiten der Hausverwaltung unmöglich war, entschloss sich der Kriminologe zu einer anderen Möglichkeit. Er versah sein Postfach mit einem Zettel mit folgender Aufschrift. „Dieser Briefkasten wird videoüberwacht!“. Darunter war eine Abbildung einer handelsüblichen Videoüberwachungskamera zu sehen. Dieser Versuch kann als eine Art von Experiment bezeichnet werden (vgl. Bungard/Lück 1974: 27). Schon nach dem ersten Tag entfaltete die Drohung, der Briefkasten wäre video-

---

1 Für einige wichtige Hinweise und Kommentare möchte ich mich ganz herzlich bei Andree van Hoevelaken bedanken.

2 Aus Lesbarkeitsgründen wurden hauptsächlich Begriffe benutzt, die die weibliche als auch die männliche Form einschließen.

überwacht, seine Wirkung. Keine Post kam mehr abhanden. Alles schien wieder seine beste Ordnung zu haben. Der Abschreckungseffekt hielt allerdings „nur" vierzehn Tage an. Dann verschwand die Post wieder aus dem Briefkasten. Gefragt werden muss hier, ob eine „echte" Videoüberwachung und nicht nur eine angedrohte das Problem gelöst hätte. Für eine gewisse Zeitspanne schien das Problem aus der Welt geschafft worden zu sein, bis es wieder virulent wurde.

Forschungsmethode

Das Beispiel sollte gezeigt haben, wie problematisch oder unvorhersehbar ein derartiger Einsatz von Videoüberwachung, auch wenn sie in diesem Fall nur angedroht war, sein kann. Mittlerweile gibt es eine Reihe von wissenschaftlichen Untersuchungen, die sich speziell mit der Wirkung von Videoüberwachungen auseinandersetzen (siehe Beiträge von Klauser, Czerwinski und

Püschel in diesem Band, auch Quambusch 2005; Hölscher 2003; Reuband 2001; Nogala/Lindenberg 1997: 296f.).

In größeren, respektive „richtigen" Forschungskontexten, kann ein derartiges Vorgehen, wie oben beschrieben, nicht angewandt werden.

Für Gesprächskreise, runde Tische und andere institutionell organisierte Gruppierungen, die im Bereich Kriminalprävention arbeiten, könnte die Frage aufgeworfen werden, ob es Sinn machen kann, den lokalen Einsatz einer Videoüberwachung in einem städtischen Kontext voranzutreiben. Die heterogene Zusammensetzung der runden Tische wird dafür sorgen, dass das Thema Pro und Contra Videoüberwachung mit großem Interesse diskutiert wird.

Von November 2000 bis August 2002 führte ich sechzehn qualitative Interviews im Rahmen meiner Qualifizierungsarbeit „Chancen und Risiken kommunaler Kriminalprävention. Eine qualitativ-empirische Analyse" (vgl. van Elsbergen 2005: 108). Insgesamt wurden vier Gruppen gebildet. Die erste Gruppe bestand aus drei Lokalpolitikern; die zweite aus vier Polizisten; die dritte aus drei Wissenschaftlern und die vierte aus fünf Angehörigen diverser sozialer Institutionen. Die Erhebungsorte waren die Kommunen Osnabrück, Oldenburg und Lingen (van Elsbergen 2003: 84).

Alle Interviews wurden leitfadengestützt geführt und auf Tonband aufgezeichnet. Anschließend wurden sie transkribiert und einer qualitativen Inhaltsanalyse zugeführt (van Elsbergen 2005: 117; vgl. Mayring 1990: 80f.).

Der Leitfaden umfasste u.a. folgende thematische Bereiche:

- Welche Vorstellungen von kommunaler Kriminalprävention liegen vor?
- Welche Probleme außer Kriminalität spielen in der Kommune eine Rolle?
- Wo liegen Risiken in der kommunalen Kriminalprävention?
- Sind politische Einflußsphären auf Handlungsfelder vorhanden?
- Wo liegen Verbindungen von Sozial- und Kriminalpolitik?

- Welche Rolle spielt die Polizei im „Kanon der Institutionalisierung" von kommunaler Kriminalprävention?
- Wo sind Schwierigkeiten bei der Zusammenarbeit der verschiedenen Akteure in derartigen Gremien auszumachen? (s. ausführlich van Elsbergen 2005: 111, van Elsbergen 2003: 83).

Im folgenden sollen lediglich die Aussagen aus den Interviews für die Auswertung berücksichtigt werden, die einen Bezug zum Themenfeld (Video)-Überwachung in der kommunalen Kriminalprävention herstellen können. Das traf auf acht der sechzehn Interviews zu. Bei der Darstellung der Befunde folgt zuerst das Zitat des interviewten Experten. Danach schließt sich eine thematische Zuordnung in das Thema an.

Empirische Befunde

Werden Ängste vor einem Überwachungsstaat thematisiert? Wie wird die Problematik um die Videoüberwachung diskutiert? Wo sind Anknüpfungspunkte zu anderen Themen, die der Interviewer angesprochen hat? Der Leitfaden berührte in dieser Form nur en passant das Hauptthema (s. van Elsbergen 2005: 289). Die Zunahme von staatlicher Kontrollgewalt stand als Schlüsselthema ebenfalls nicht explizit auf der Agenda (van Elsbergen 2004: 17).
Den Anfang bildet die Gruppe der Politiker.

Politik
Unter den drei interviewten Lokalpolitikern ist der Abgeordnete der Grünen der einzige, der sich sehr skeptisch darüber äußert, wenn es darum geht, Befürchtungen wiederzugeben und Ängste über die Etablierung eines Überwachungsstaates zu artikulieren.

> *„Also ich bin dafür, dass man alles mögliche tut. Auch ich würde zum Beispiel (++) mich erheblich dagegen zur Wehr setzen, was von anderen auch diskutiert wird, jetzt an jedem öffentlichen Platz eine Videokamera aufzuhängen (...) oder äh sonst was, um hier jetzt möglichst umfassend (Luft holend) alle möglichen Bewegungen im freien Raum äh irgendwo nachhalten zu können. Also da sind für mich Grenzen, die die es nicht zu überschreiten gilt" (Interview H, Nr. 2, S. 2).*

Eine Rede von der „guten" Videokamera sucht man hier vergebens, ob die Kamera nun kriminalpräventiv wirken könnte oder eher nicht, steht in dieser Textpassage nicht zur Debatte. Die ablehnende Haltung gegenüber Videokameras ist eindeutig und mit großen Befürchtungen verknüpft. Von angenommenen positiven Wirkungen ist hier nichts zu spüren. Eine völlig andere Meinung vertritt der CDU-Politiker, als er die folgende Geschichte erzählt. Seiner Meinung nach geht eine positiv wirkende Abschreckung von der Videoüberwachung aus, wie sie oft in der Literatur zu finden ist (Hölscher 2003: 53; Quambusch 2005: 159).

> *„Mir ist gestern Abend folgendes passiert: da unterhielt ich mich mit der Inhaberin eines Schmuckgeschäfts in X und die betreibt dieses Schmuckgeschäft ohne Angestellte. (+) Sie erlebte, dass vier Herren das Geschäft betraten und sich nach bestimmten Schmuckstücken erkundigten und diese Herren sahen alle für sie etwas gefährlich aus. Und sie war nun am überlegen, was kann ich tun. Gehe ich nun an den Safe und ich hole die Auslagen und präsentiere ihnen meine Waren. Oder mache ich etwas anderes. Und sie erklärte diesen ne Besuchern ihre Personalien brauche ich gar nicht, ich habe sie ja schon auf meinem Videofilm. (...) Daraufhin hätten die vier Herren schlagartig ihr Ladenlokal verlassen. So, das heißt also, ich habe schon den Sicherheits äh Effekt, dass ich potentielle Straftäter auch durchaus von durch solche Signale von Straftaten abhalten kann“ (Interview T, Nr. 3, S. 16).*

In dieser Aussage ist eindeutig eine Präferenz für eine derartige Maßnahme in Form einer Videoüberwachung zu sehen. Von kritischer Betrachtung ist im weiteren Verlauf des Interviews weiterhin nichts zu bemerken.

Polizei

In der zweiten Gruppe der Polizisten kommt es zu folgendem Statement: Polizist 1 äußert sich sehr positiv über diese Entwicklung, als der Einsatz von Videokameras angesprochen wird.

> *„Wir haben hier in X schon seit Jahren eine Videoüberwachung des Neumarkttunnels. (++) Ähm, weil dort sich äh Personen manifestiert haben, Straftaten begangen haben. (...) Wir können es effizienter überwachen, indem wir es auf Band aufzeichnen. (...) Die Problematik ist äh bundeseinheitlich noch nicht geregelt. Es gibt Bereiche, wo es restriktiv gehandhabt wird. Und es gibt Bereiche, wo es sehr progressiv aus unserer Sicht gehandhabt wird“ (Interview L, Nr. 1, S. 13).*

Hier werden keinerlei Probleme oder Befürchtungen geäußert, die in Richtung eines Überwachungsstaates laufen könnten. Die positive Grundhaltung gegenüber der Technik Videoüberwachung steht somit im Vordergrund seiner Aussage. Es stehen vielmehr die Erleichterungen für Überwachungsaufgaben auf polizeilicher Seite im Vordergrund, die der Videotechnik mit Speicherfunktion zugeschrieben werden müssen. Als drittes kommt ein Vertreter aus der Gruppe der Wissenschaftler mit einigen Anmerkungen zur Sprache.

Wissenschaft

Hier sind eher kritische Äußerungen zu finden, die eindeutig die Entwicklung anprangern, dass unter der kommunalen Kriminalprävention Tendenzen hin zu einem Überwachungsstaat festzustellen wären.

> *„Was mich immer erschreckt äh. Ich habe ja nichts zu verbergen äh. Betrifft ja nur, ob es jetzt den großen Lauschangriff oder sonst was ist. Könnte man jetzt alles mögliche anführen, was alles irgendwo in die gleiche Richtung geht. ... nicht irgendwo, das in die gleiche Richtung geht. Äh, dass dort ähm ja, um es noch mal zu sagen für mich leider (++) äh der Aufschrei, der Aufschrei der mündigen Bürger sich wehren gegen einen Orwell'schen äh Staat etwas in die Richtung des Orwell'schen Staates gehen, sehe ich nicht" (Interview V, Nr. 2, S. 18).*

Bei diesem Wissenschaftler ist eine große Skepsis vorhanden, wenn die Tendenzen hin zu einem Überwachungsstaat beurteilt werden sollen. Das Bewusstsein und eine gewisse Sensibilität, diese Tendenzen hin zu einem Überwachungsstaat zu erkennen, sind bei der Bevölkerung nicht sehr ausgeprägt, so die Meinung des Wissenschaftlers. Diesen Umstand empfindet er als das eigentliche Problem. Es wird immer mehr überwacht, aber das kritische Bewusstsein fehlt. Auch andere Untersuchungen weisen in eine ähnliche Richtung (Herzinger 2003: 1).
Als viertes werden einige Meinungen aus der Gruppe der Angehörigen der sozialen Institutionen wiedergegeben.

Soziale Institutionen

Aus den folgenden Urteilen soll der Trend hin zu einem Überwachungsstaat beurteilt werden. Der Jugenddezernent antwortet auf die Frage nach Videoüberwachungsmaßnahmen folgendermaßen.

> *„Ich lese es, habe es verfolgt in der Presse und äh, habe auch die ganze Diskussion um Datenschutzaspekt und ähnliche Dinge verfolgt. Ich selber, ich sage das ganz locker und offen (+) hab' insofern keine Probleme mit nach dem Motto, wenn jemand nichts zu verbergen hat oder so. Ich hätte nichts dagegen, wenn man mich filmen würde. (...) Und häufig ist es so, dass dass diejenigen äh oder dass häufig auch Täter durch Diskussion auch geschützt werden und äh" (Interview S, Nr. 1, S. 15).*

Bedenken gegenüber dem Einsatz von Videokameras sind beim Jugenddezernenten nicht wahrzunehmen. Im Gegenteil, er begrüßt diese Maßnahme sogar. Im Sinne von Kriminalitätsverhütung solle man derartige Überwachungen durchaus gut umsetzen können, so seine Meinung.
Die zweite Stimme aus der Gruppe der sozialen Institutionen kommt aus dem Bereich Rechtsprechung. Der interviewte Richter vertritt eine diametral entge-

gengesetzte Meinung, wenn es um die Beurteilung von Videoüberwachungen und ähnlichen Kontrolltechniken geht. An zwei Beispielen macht er dies klar, was er von diesen Möglichkeiten der Überwachung hält.

> „*Wissen Sie ich will es an einem anderen Beispiel deutlich machen. So es für mich irgendwo schizophren wird. (++) Wir fahren alle (+) schneller als 50, wenn wir ehrlich sind (+) an den meisten Stellen. (++) Und wir fahren auch dort schneller als 50 wo z.B. die Starenkästen aufgehängt sind. (++) Und dann wird immer gejammert: wir werden abgezockt. (++) Wir können diese ganze Geschichte ad absurdum führen, indem wir alle 50 fahren" (++) (tief Luft holend) (Interview K, Nr. 2, S. 13).*

Im Straßenverkehr lassen sich zwar Kontrollen durchführen, eine flächendeckende Überwachung auszuüben (s. Schöch 1993: 578), ist dennoch nicht möglich und sinnvoll. Beispiele aus dem Straßenverkehr werden gerne als Parallelbeispiel zur Kriminalprävention eingesetzt (Jäger 1998: 153; Schröder 2005: 107). Wie sind derartige Wirkungen von vorbeugenden Maßnahmen in diesen Bereichen einzuschätzen?
Dass eine komplette Überwachung als Maßnahme ausscheidet, läßt der Richter unmissverständlich erkennen. Zwischen den Zeilen lässt sich eine gewisse Polemik gut wahrnehmen, die in seinen Worten mitschwingt.
Als dritte Vertreterin der sozialen Institutionen kommt die Stadträtin zu Wort. Sie zeigt eine weitere Facette des Überwachungsproblems auf. Zu den angesprochenen Befürchtungen, die zu einem Überwachungsstaat führen könnten, führt sie folgendes aus.

> „*Ja diese Befürchtungen habe ich nicht. Denn ich sehe äh auch gleichzeitig die steigende Kriminalitätsangst der Bürger und ich kann nicht auf der einen Seite sagen: ich habe Angst, aber ich rede jetzt nicht mit den Institutionen, die da die was machen können. Aber die Institutionen können ja nur was machen und effektiv was machen, wenn sie alle in die gleiche Richtung laufen. Äh und die Grenzen, die wir über den Datenschutz und über allen sonstigen Bereichen (...) eigentlich gesetzt bekommen, äh sind so eklatant, dass man eigentlich sagen kann: einen gläsernen äh ähm eine gläserne Stadt oder einen gläsernen Bürger werden wir dadurch nicht schaffen" (Interview H, Nr. 3, S. 11).*

Der Datenschutz ist vorhanden, um eventuellen Fehlentwicklungen entgegenzuwirken. Somit sieht sie keinerlei Probleme, die durch gewisse Überwachungsmaßnahmen ausgelöst werden könnten.
Vergleicht man die Aussagen in der vierten Gruppe, so bleibt ein sehr ambivalentes Bild übrig. Die Meinung, dass eine komplette Kontrolle nicht möglich bzw. sinnvoll wäre, konkurriert mit der Einstellung, dass keine Bedenken ge-

genüber Videoüberwachung vorliegen. Das Meinungsbild muss somit als sehr heterogen bezeichnet werden.
Streng genommen ist die Datenbasis eigentlich zu klein, um weiterführende Aussagen wie einen Gruppenvergleich vornehmen zu dürfen. Durch die geringe Fallzahl kann den Aussagen nur ein explorativer Charakter attestiert werden (s.a. Kriz/Lisch 1988: 88). Für die gesamte Forschungsarbeit „Chancen und Risiken kommunaler Kriminalprävention" (van Elsbergen 2005) spielt das Thema Überwachung eine eher untergeordnete Rolle und kann somit nicht als Kernthema gesehen werden. Verallgemeinerbare Aussagen lassen sich auf Grund der eingeschränkten Repräsentativität nicht ziehen.

Zusammenfassung

Um sich das Meinungsbild in den vier Gruppen noch einmal besser verdeutlichen zu können, soll die folgende Tabelle dabei helfen. Die grundsätzlichen Tendenzen differieren sehr.

Tabelle 1: Videoüberwachung und Überwachungsstaat

Gruppe	Politiker	Polizei	Wissenschaft	Soz. Inst.
Extrakt/ Explikation	keine Videoüberwachung, positive Wirkung	Videoüber-wachung positiv	Lauschangriff, Kritik	Videoüberwachung positiv, Überwachung nicht möglich, keine Probleme

(Quelle: nach van Elsbergen 2005: 239).

Bei den beiden Politikern liegt eine ablehnende und eine positiv konotierte Haltung gegenüber Videoüberwachung vor. Die Polizei sieht die Entwicklung eher positiv. Der Wissenschaftler äußert eher Befürchtungen, so dass eine gewisse Unbekümmertheit im Raum stehen bleibt. Auch der Jugenddezernent kann der Videoüberwachung nur positive Dinge abgewinnen. In der Gruppe Angehöriger der sozialen Institutionen und der Politiker streut die Einstellung zwischen Zustimmung und Ablehnung für videoüberwachende Maßnahmen am meisten. Die Polarisierung des Themas ist eklatant und kann somit in so manchen Bereichen für sicherheitspolitischen Sprengstoff sorgen (vgl. Quambusch 2005: 156), wenn man sich vorstellt, dass diese unterschiedlichen Meinungen in bestimmten Kontexten immer wieder aufeinanderprallen.

Schlussbetrachtung

Wie das Anfangsbeispiel der angedrohten Videoüberwachung aus dem Einleitungskapitel bereits gezeigt haben dürfte, ist Überwachungstechnik immer problematisch. Wirkt sie oder wirkt sie nicht? Ist die Videoüberwachung eine Errungenschaft oder ein Ärgernis, das mehr Probleme heraufbeschwört, als das es welche löst? Die interviewten Experten der kommunalen Kriminalprävention zollen dieser Problematik ein sehr heterogenes Meinungsbild.
Weitere Forschungsfragen müssen gestellt werden: darf oder muss man bereits von einem Überwachungsstaat sprechen, wenn sich der Staat nur mehr mit Hilfe von Videokameras durchsetzen kann? (s. exemplarisch Wehrheim 2004). Zeigt der Staat eine Schwäche, wenn vermehrt videoüberwacht wird? Wer verbirgt sich hinter den Videokameras? Was passiert mit aufgezeichneten Bildern, die einen sehr großen und reichhaltigen Datenbestand ausmachen werden? Wer kontrolliert die Kontrolleure? (van Elsbergen 2004).
Um mit den Worten Foucaults zu sprechen: „Das Problem liegt augenblicklich eher in dem großen Anstieg der Normalisierungsanlagen: in der ungeheuren Ausweitung ihrer Machteffekte mit Hilfe neu eingesetzter Erkennungsmöglichkeiten“ (Foucault 1977: 394). Und obwohl dieser Satz mehr als 30 Jahre alt, ist er aktueller denn je (s. Bohn/Hahn 2000).
Werden wir bald Verhältnisse haben, die sehr an das Szenario aus dem Film „Die Truman Show“ erinnern? (s. Horwath 1998). Die totale Überwachung aller Bereiche im Leben eines Menschen findet ohne das Wissen des einzelnen statt. Oder werden wir die Orwell'sche Variante eines Überwachungsstaates hervorbringen, bei der wir ebenfalls keine Einfluss- bzw. Kontrollmöglichkeiten mehr haben und die Kontrolle hinnehmen (müssen)?

Literatur

Bohn, Cornelia; Hahn, Alois 2000: Michel Foucault, in: Kaesler, Dirk; Vogt, Ludgera (Hrsg.): Hauptwerke der Soziologie, Stuttgart: Kröner, S. 123-127.

Borchers, Detlef 2000: Sorgenfrei im Angstraum. Immer mehr Videokameras und Computer überwachen unsere Städte. Wozu eigentlich?, in: DIE ZEIT, 23. November 2000, S. 46.

Bungard, Walter; Lück, Helmut E. 1974: Forschungsartefakte und nichtreaktive Meßverfahren, Stuttgart: Teubner.

Elsbergen, Gisbert van 2003: Die Polizei im Netzwerk institutionalisierter sozialer Kontrolle - aus Sicht der Polizisten, in: Frevel, Bernhard (Hrsg.) 2003: Die Polizei im Netzwerk institutionalisierter sozialer Kontrolle. Dokumentation der Fachtagung "Empirische Polizeiforschung IV" 4.-6. Juli 2002 in Münster, Band 21, Gelsenkirchen: Eigenverlag, S. 81-92.

Elsbergen, Gisbert van 2004: Das Konzept der Kustodialisierung – Innere Sicherheit zwischen staatlicher Kontrolle und Privatisierung, in: Elsbergen, Gisbert van (Hrsg.): Wachen, kontrollieren, patrouillieren. Kustodialisierung der Inneren Sicherheit, Wiesbaden: VS Verlag für Sozialwissenschaften, S. 15-29.

Elsbergen, Gisbert van 2005: Chancen und Risiken kommunaler Kriminalprävention. Eine qualitativ-empirische Analyse, Wiesbaden: VS Verlag für Sozialwissenschaften.

Foucault, Michel 1977: Überwachen und Strafen. Über die Geburt des Gefängnisses, Frankfurt am Main: Suhrkamp.

Graff, Bernd 2006: Erst mal sammeln, dann mal schauen. Der Mensch, das gerasterte Wesen: Wir werden erfasst, gescannt, gefilmt, vermessen – und nur Foucault weiß, wozu. in: sueddeutsche.de, 7. Januar 2006.

Herzinger, Richard 2003: Die Freiheit nehm ich dir. Der Bürger wird rundherum überwacht - und findet nichts dabei, in: DIE ZEIT, 31. Juli 2003, S. 1.

Hölscher, Michael 2003: Sicherheitsgefühl und Überwachung. Eine empirische Studie zu Einstellungen der Bürger zur Videoüberwachung und ihrer Erklärung, in: Kriminologisches Journal 35, Nr. 1, S. 42-56.

Horwath, Alexander 1998: Frankensteins Fernsehen. Medienkritik als Medienevent: Peter Weirs Film "Die Truman Show", in: DIE ZEIT, 12. November 1998, S. 62.

Jäger, Joachim: 1998: Kriminalpolitik ohne Kriminologie?, in: PFA-Schriftenreihe. Schriftenreihe der PFA, Nr. 4/ Nr. 1, 1997/98, S. 153-159.

Kriz, Jürgen; Lisch, Ralf (Hrsg.) 1988: Methodenlexikon für Mediziner, Psychologen, Soziologen, München; Weinheim: PVU.

Mayring, Philipp 1990: Einführung in die qualitative Sozialforschung. Eine Anleitung zu qualitativem Denken, München: PVU.

Nogala, Detlef/ Lindenberg, Michael 1997: „Social Control Technologies“. Aspekte und Konsequenzen des Technikeinsatzes Instanzen strafrechtlicher Sozialkontrolle im nationalen und internationalen Kontext (Abschlussbericht des Forschungsprojektes am Aufbau- und Kontaktstudium der Universität Hamburg), Hamburg.

Quambusch, Erwin 2005: Wirkungsvolle Videoüberwachung. Aspekte eines polizeilichen Pilotprojektes, in: Kriminalistik, Nr. 3, S. 156-160.

Reuband, Karl-Heinz 2001: Videoüberwachung. Was die Bürger von der Überwachung halten, in: Neue Kriminalpolitik, Nr. 2, S. 5-9.

Schöch, Heinz 1993: Verkehrsdelikte, in: Kaiser, Günther; Kerner, Hans-Jürgen; Sack, Fritz; Schellhoss, Helmut (Hrsg.): Kleines Kriminologisches Wörterbuch, Heidelberg: UTB, 3. völlig neubearbeitete und erweiterte Auflage, S. 577-581.

Schröder, Detlef 2005: Kriminalprävention, in: Berthel. Ralph; Mentzel, Thomas; Neidhardt, Klaus; Schröder, Detlef; Spang, Thomas; Weihmann, Robert (Hrsg.): Grundlagen der Kriminalistik / Kriminologie. Band 1, Hilden: Deutsche Polizeiliteratur, S. 107-119.

Stadt Hamburg 2005: Die Reeperbahn wird überwacht. Innensenator Udo Nagel: „Sicherheitsgewinn für die Bürger und Gäste", in: Pressemeldungen vom 6. September 2005.

Voß, Oliver 2006: Guck mal, wer da krümelt. Big Brother an der Uni, in: Spiegel Online, 24. Februar 2006, http://www.spiegel.de/unispiegel/studium/0,1518,40422,00.html [Zugriff 24. Februar 2006].

Wehrheim, Jan 2004: Videoüberwachung als Machtdemonstration. Kameras im öffentlichen Raum sollen disziplinieren und ausgrenzen, aber sie verändern auch die Städte, in: Frankfurter Rundschau Online, 16. Februar 2004.

Hannes Püschel

Fünf Jahre Videoüberwachung im Land Brandenburg - eine Bilanz

Im Land Brandenburg endete in der zweiten Jahrehälfte 2005 ein fünfjähriger Langzeitversuch zur Videoüberwachung öffentlicher Plätze durch die Polizei. In dieser Bilanz soll die Entwicklung dieses Versuches überblicksartig dargestellt und kritisiert werden.

Die Ausgangslage

Brandenburg ist ein Flächenland. Gebildet wurde es nach der Wende in der DDR aus den Bezirken Potsdam, Frankfurt/Oder und Cottbus. Die Konstituierung als Bundesland erfolgte zeitgleich mit dem Beitritt zum Geltungsbereich des Grundgesetzes am 3. Oktober 1990. Nur die Städte Cottbus und Potsdam haben mehr als 100.000 Einwohner. Es überwiegen kleinstädtische und dörfliche Siedlungsstrukturen. Im Jahr 2003 gab es im Land 245.713 registrierte Straftaten.
Für die politische und juristische Bewertung der Einführung polizeilicher Videoüberwachung im Land Brandenburg ist der historische, verfassungsrechtliche Hintergrund von entscheidender Bedeutung. Das hinsichtlich staatlicher Überwachungsmaßnahmen, wie sie auch die polizeiliche Videoüberwachung öffentlicher Räume darstellt, einschlägige Grundrecht - d.h. Abwehrrecht gegen den Staat – ist das vom Bundesverfassungsgericht in seinen „Volkszählungsurteil“ von 1983 ausformulierte Recht auf informationelle Selbstbestimmung.
In der Brandenburger Landesverfassung ist dieses Grundrecht in den Absätzen (1) und (2) des Artikels 11 folgendermaßen kodifiziert und ausgestaltet:

> *„(1) Jeder hat das Recht, über die Preisgabe und Verwendung seiner persönlichen Daten selbst zu bestimmen, auf Auskunft über die Speicherung seiner persönlichen Daten und auf Einsicht in Akten und sonstige amtliche Unterlagen, soweit sie ihn betreffen und Rechte Dritter nicht entgegenstehen. Personenbezogene Daten dürfen nur mit freiwilliger und ausdrücklicher Zustimmung des Berechtigten erhoben, gespeichert, verarbeitet, weitergegeben oder sonst verwendet werden.*
> *(2) Einschränkungen sind nur im überwiegenden Allgemeininteresse durch Gesetz oder aufgrund eines Gesetzes im Rahmen der darin festgelegten Zwecke zulässig. Jede Erhebung personenbezogener Daten ist dem Berechtigten zur Kenntnis zu geben, sobald der Zweck der Erhebung dies zulässt.“*

Dabei stellt die Aufnahme des Artikels 11 (dessen dritter Absatz die parlamentarische Kontrolle des Verfassungsschutzes und das Trennungsgebot zwischen Polizei und Geheimdienst kodifiziert) in die Brandenburger Landesverfassung keine bloße Übernahme westdeutscher verfassungsrechtlicher Standards dar.
Die Brandenburger Landesverfassung ist in einem Prozess erarbeitet worden, der durch ein hohes Maß an Partizipation von BürgerInnen, Interessenverbänden und politischen Gruppierungen außerhalb des Parlamentes gekennzeichnet war. Dies führte dazu, dass der Diskussionsprozess um die Verfassung in weiten Teilen eine Auseinandersetzung mit den politischen Vorstellungen und Zielen war, die den Umbruchsprozess in der DDR motiviert hatten. Die Ausformulierung des Artikels 11 und seine herausgehobene Stellung im 2. Abschnitt „Freiheit, Gleichheit und Würde" der Brandenburger Landesverfassung stellt vor diesem Hintergrund vor allem eine Reaktion auf die systematische Überwachung der Bevölkerung in der DDR dar. Ein Staatswesen, wie die DDR, das durch informationelle Fürsorge und Bevormundung gekennzeichnet ist, sollte ein für allemal ausgeschlossen werden. Die Brandenburger Landesverfassung wurde am 14. Juni 1992 durch einen Volksentscheid angenommen.

Die Debatte um die Einführung polizeilicher Videoüberwachung im Land Brandenburg

Videoüberwachung als polizeiliche Maßnahme gewann in den 90er Jahren an Attraktivität. Für die Brandenburger Debatte war der am 15. April 1996 gestartete Modellversuch am Leipziger Hauptbahnhof von besonderer Bedeutung. Nicht zuletzt wohl auch deshalb, weil es sich bei Leipzig um eine ostdeutsche Großstadt handelt. Handelt es sich bei der Videoüberwachung doch um eine Polizeitechnik, bei der davon ausgegangenen werden musste, dass ihre Anwendung mit Verweis auf die DDR denunziert werden würde.
Der von der SPD-Regierung unter dem Ministerpräsidenten *Manfred Stolpe* - durchaus im Einvernehmen mit anderen Parteien und Interessenverbänden - nach 1990 verfolgte sogenannte „Brandenburger Weg" stand für ein Politikmodell, dass ein offenes Austragen gesellschaftlicher und politischer Widersprüche eher vermeiden sollte und eine „Problemlösung im Konsens" anstrebte. Insofern wurde Brandenburg nicht ganz zu Unrecht als „kleine DDR" apostrophiert. Ein sicherheitspolitischer Diskurs, der Gefahren beschwor, die sich nicht ganz deutlich eindeutig „fremden" bzw. „auswärtigen" Urhebern (wie z.B. "polnischen Autodieben", "rumänischen Einbrecherbanden", "westdeutschen Trickbetrügern") zuschreiben ließen, konnte sich unter diesen Bedingungen nur schwer entwickeln.

Dies sollte sich mit wichtigen Modifikationen im politischen Kräfteverhältnis des seit 1994 bestehenden Drei-Parteien-Systems aus SPD, PDS und CDU ändern. Das Bild der Brandenburger CDU war seit 1990 von schweren inneren

Querelen und geringem gestaltenden Einfluss auf die Landespolitik geprägt. Als einziger ostdeutscher CDU-Landesverband befand sie sich von 1990 bis 1999 durchgehend in Opposition. Erst nachdem der ehemalige Bundeswehrgeneral und damalige Berliner Innensenator *Jörg Schönbohm* im Januar 1999 den Vorsitz der Partei übernahm, sollte sich dies ändern. Der CDU gelang es mit zum Teil rabiaten Forderungen, wie der nach „elektronische[n] Fußfesseln für Schulschwänzer" und einer scharfen Kritik an den maroden Bedingungen des Strafvollzuges im Land Brandenburg, das mehr oder weniger brachliegende Politikfeld der „inneren Sicherheit" zu besetzen und sich als „Partei der inneren Sicherheit" zu profilieren. Bei den Landtagswahlen am 5. September 1999 erreichte die CDU ein Ergebnis, das ihr als Koalitionspartner der SPD die Teilhabe an der Landesregierung ermöglichte und ihrem Vorsitzenden *Schönbohm* das Innenressort sicherte. Mit dem akzentuierten Auftreten der märkischen CDU als sicherheitspolitischen Akteur veränderte sich der sicherheitspolitische Diskurs im Land Brandenburg hin zu einer seither mit wechselnder Intensität kontinuierlich andauernden Diskussion über die Ausweitung staatlicher Befugnisse auf den Gebieten der Kriminalitätsbekämpfung und der „inneren Sicherheit".

Den Befürwortern einer Ausweitung polizeilicher Befugnisse kam zupass, dass im Jahr 1999 eine Überarbeitung des Brandenburgischen Polizeigesetzes notwendig wurde. Der Bedarf zur Novellierung des Brandenburgischen Polizeigesetzes ergab sich in erster Linie aus einer Entscheidung des Landesverfassungsgerichtes Brandenburg vom 30. Juni 1999 (Az.: VfGBbg 3/98). Das Gericht hatte verfassungsrechtliche Maßgaben und Klarstellungen formuliert, die zukünftig bei der Anwendung des Gesetzes durch die Polizei und gegebenenfalls für die gerichtliche Überprüfung polizeilicher Maßnahmen zu beachten sind. Aus Gründen der Rechtssicherheit und der Rechtsklarheit war es unstrittig angezeigt, diese Maßgaben und Klarstellungen in entsprechender Form in den Gesetzestext aufzunehmen, auch wenn das Landesverfassungsgericht dies nicht ausdrücklich verlangte.

Bei dieser Gelegenheit sollte, so forderte es ein Gesetzentwurf, den „wachsenden Anforderungen an die Gewährleistung der Inneren Sicherheit" durch die Einführung neuer Eingriffsbefugnisse in das Polizeigesetz entsprochen werden. Bei diesen Eingriffsbefugnissen handelte es sich um die Befugnis zur Videoüberwachung zu präventiven Zwecken sowie zur Erteilung von Aufenthaltsverboten. Des weiteren wurde verlangt; die Befugnis zur Abgabe eines mit an Sicherheit grenzender Wahrscheinlichkeit tödlich wirkenden Schusses (d.h. des so genannten finalen Rettungsschusses) eindeutig im Gesetz zu regeln.

Die sich relativ schnell nach Bekanntwerden der Pläne einer Verschärfung des Brandenburger Polizeigesetzes formierende Opposition; war sehr heterogen zusammengesetzt und ihre einzelnen Teile agierten eher nebeneinander her als miteinander.

Hauptsächlich stellten sich der damalige Landesdatenschutzbeauftragte *Dr. Alexander Dix*, die PDS-Landtagsfraktion, die Gewerkschaft der Polizei und linke

Gruppierungen dem Versuch der Einführung der Videoüberwachung entgegen. Die wohl wichtigste Rolle in dieser Diskussion spielte der Brandenburger Landesbeauftragte für Datenschutz. Dieser sprach sich – unter Verweis auf das Grundrecht, sich unbeobachtet in der Öffentlichkeit bewegen zu können - prinzipiell gegen die Schaffung einer polizeilichen Befugnis zur Videoüberwachung aus. Neben dieser grundsätzlichen Kritik wurde von Seiten des Datenschutzbeauftragten im Gesetzgebungsverfahren besonders auf eine präzise und restriktive Formulierung der Voraussetzungen für die Videoüberwachung gedrungen.
Nach dem Ausscheiden von Bündnis 90/Grüne und FDP aus dem Landtag 1994 waren Parteien, die zumindest in Teilen traditionell pointiert polizeikritische oder klassisch bürgerrechtliche Positionen vertreten nicht mehr präsent. Die PDS spielte in dieser Hinsicht eine gewisse Sonderrolle. Der Versuch, aus der PDS eine pluralistische, moderne Linkspartei zu machen, führte auch in Brandenburg einige PolitikerInnen in die Landtagsfraktion, die sich engagiert und kritisch mit dem Thema innere Sicherheit auseinandersetzen. Dem gegenüber steht jedoch eine Parteibasis, die der Forderung nach mehr „innerer Sicherheit" eher aufgeschlossen gegenübersteht. Insofern lässt sich auch nicht sagen, dass sich die PDS als ganze Partei sich der Einführung der Videoüberwachung entgegenstellte.
Ein weiterer wichtiger Akteur auf Seiten der Opposition gegen die Videoüberwachung im Land Brandenburg war und ist die Gewerkschaft der Polizei (GdP) mit ihrem Vorsitzenden *Andreas Schuster*. Die Argumentation der GdP war von Anfang an ganz klar gewerkschaftlich motiviert. In Zeiten knapper Kassen stellt sie der Einführung der Videoüberwachung den geplanten Abbau von 910 Personalstellen bei der Brandenburger Polizei entgegen und nimmt für Arbeitsplatzerhalt und gegen Videoüberwachung Stellung. Dabei wird die eigene Position mit polizeitaktischen Argumenten, Effektivitätsüberlegungen und bürgerrechtlichen Argumenten unterfüttert.
Außerparlamentarische linke Gruppen agierten insbesondere in Bernau und Potsdam gegen die Einführung der Videoüberwachung. In Potsdam gründeten linke Gruppierungen, deren historische Wurzeln teilweise bis in den linken Flügel der Bürgerrechtsbewegungen in der DDR reichten, das „Bündnis gegen das Polizeigesetz" aus dem später die Polizeikontrollstelle hervorging. Besondere Öffentlichkeitswirksamkeit erreichten sie mit der Internetseite www.polizei brandenburg.de (die Domain musste später aufgrund einer gerichtlichen Entscheidung an das Innenministerium abgegeben werden) und mit zwei Plakaten, die in einer sehr hohen Auflage gedruckt, im ganzen Land verklebt wurden. Eines dieser Plakat mit dem dreisprachigen (deutsch/englisch/russisch) Text „Dieser Platz wird noch nicht videoüberwacht. Leinen Sie ihr Kind an. Sorgen Sir für eine angemessene Bewaffnung. Führen Sie möglichst wenig Bargeld mit sich. Straftaten können hier nicht ausgeschlossen werden. Betreten auf eigene Gefahr. Wir wollen, dass sie sicher leben. Ihr Jörg Schönbohm" reagierte die Polizei mit einer Strafanzeige wegen Amtsanmaßung. In der Gerichtsverhandlung, die am

21. Januar 2002 am Amtsgericht Potsdam stattfand vertrat der zuständige Staatsanwalt die Ansicht, dass durch derartige Aktivitäten der „kleine Mann auf der Straße“ der von der Videoüberwachung beschützt würde in Angst und Schrecken versetzt werde und das deswegen nicht von legaler Satire ausgegangen werden könne. Die zuständige Richterin hielt das Plakat – insbesondere da die Hersteller auf dem Plakat kenntlich gemacht waren – für eindeutig satirisch und vom Schutz der freien Meinungsäußerung gedeckt und sprach die Angeklagten frei.
Auf Ablehnung stieß die Einführung der Videoüberwachung auch in Teilen der SPD. Insbesondere die brandenburgischen Jusos äußerten ihre Ablehnung öffentlichkeitswirksam.
Nach einer lang andauernden und kontroversen öffentlichen Debatte verabschiedete am 13. Dezember 2000 der Landtag das Zweite Gesetz zur Änderung des Brandenburger Polizeigesetzes, welches am 23. Dezember 2000 in Kraft trat. Das Brandenburger Polizeigesetz wurde in § 31 um einen dritten Absatz ergänzt, der folgendermaßen lautet:

> *„Die Polizei kann zur Erfüllung ihrer Aufgaben nach § 1 Abs. 1 öffentlich zugängliche Straßen und Plätze mittels Bildübertragung offen beobachten, wenn und solange auf der Grundlage von Lageerkenntnissen Tatsachen die Annahme rechtfertigen, dass an diesen Orten Straftaten drohen (Videoüberwachung). Über Personen, bei denen auf der Grundlage ihres gegenwärtigen Verhaltens an den in Satz 1 genannten Orten Tatsachen die Annahme rechtfertigen, dass sie dort Straftaten begehen wollen, darf die Polizei Daten erheben sowie Bildaufzeichnungen anfertigen, soweit dies zur vorbeugenden Bekämpfung von Straftaten erforderlich ist. Dabei dürfen auch personenbezogene Daten über andere Personen erhoben werden, soweit dies erforderlich ist, um eine Aufzeichnung nach Satz 2 durchführen zu können. Bildaufzeichnungen sind spätestens einen Monat nach der Datenerhebung zu löschen oder zu vernichten, es sei denn, sie werden zur Verfolgung von Straftaten benötigt. Über die Einrichtung einer Videoüberwachung nach Satz 1 entscheidet das Ministerium des Inneren auf Vorschlag des Polizeipräsidenten oder seines Vertreters im Amt. Nach einer Aufbau- und Erprobungsphase von fünf Jahren wird die Landesregierung einen umfassenden Bericht über Einsatz und Auswirkungen der Maßnahme erstatten, um eine Entscheidungsgrundlage für den Landtag über den Fortbestand der Regelung zu schaffen.“*

Die doch sehr verschiedenen Gegner der Einführung der Videoüberwachung im Land Brandenburg vermochten es zwar nicht, die Änderung des Polizeigesetzes zu verhindern, aber sie erreichten immerhin, dass der Gesetzgeber die polizeiliche Videoüberwachung auf eine Art und Weise regelte, die den Kritikern ein weites Stück entgegenkam. Ausschlaggebend dürfte dafür eine auch in Teilen der SPD verbreitete Skepsis gegenüber der Wirksamkeit der Videoüberwachung gewesen sein.

Diese Regelung, nach Ansicht des damaligen Brandenburger Datenschutzbeauftragten *Dix* eine der restriktivsten ihrer Art, beschränkt die Befugnisse der Polizei deutlich. Die Installation von Kameras ist nur an Orten zulässig, die aufgrund nachprüfbarer polizeiliche Lageerkenntnisse als Kriminalitätsschwerpunkte bezeichnet werden. Eine Aufzeichnung ist wiederum nur möglich, wenn ein konkretes menschliches Verhalten die Annahme rechtfertigt, dass die betreffende Person eine Straftat begehen will. Damit sind die Voraussetzungen für das Tätigwerden der Polizei nach der Schwere des Eingriffs in das Grundrecht auf informationelle Selbstbestimmung abgestuft. Regelungen, die ein vergleichbares Stufenverhältnis begründen, indem sie zwischen Beobachtung und Aufzeichnung differenzieren und die Möglichkeit der Aufzeichnung an zusätzliche Voraussetzungen knüpfen, existieren in Mecklenburg-Vorpommern (§ 32 Abs. 1 SOG M-V), Niedersachsen (§ 32 Abs. 3 SOG) und Schleswig-Holstein (§ 184 Abs. 3 LVwG). Die entsprechenden Regelungen in der Mehrheit der Bundesländer hingegen machen keinen Unterschied zwischen Beobachtung und Aufzeichnung und legen für beide Maßnahmen die gleichen Voraussetzungen fest. Die zeitliche Begrenzung der Geltungsdauer der Regelung und die Festlegung, dass über eine Verlängerung aufgrund eines „umfassenden Bericht[es] über Einsatz und Auswirkungen der Maßnahme" entschieden werden solle, ist vorrangig auf die nicht ausgeräumten Zweifel über die Wirksamkeit des Instrumentes Videoüberwachung zurückzuführen.

Die Entschließung des Landtages zur Videoüberwachung

Die kontroverse öffentliche Debatte um die Einführung der Videoüberwachung und die massiv vorgetragene Kritik schlugen sich des weiteren in einer Entschließung des Landtages (Landtagsdrucksache 3/2162-B) nieder, die die vorgenommene Änderung des Polizeigesetzes ergänzt. Die Entschließung hält fest, dass der Landtag die Ansicht teilt, dass Videoüberwachung an Kriminalitätsschwerpunkten ein geeignetes Mittel sein kann, um die Wahrnehmung polizeilicher Aufgaben (Gefahrenabwehr und Strafverfolgung) wirksam zu unterstützen. Allerdings sei der Einsatz von Videoüberwachung sorgfältig abzuwiegen, da diese einen Eingriff in das Grundrecht auf informationelle Selbstbestimmung darstellt und die Kosten für Installation und Betrieb der Kameras hoch seien. Neben der gesetzlichen Regelung im Polizeigesetz seien für eine erfolgreiche Durchführung der Videoüberwachung weitere Maßnahmen notwendig. Die Videoüberwachung sei erstens in ein umfassendes Kriminalitätspräventionskonzept einzubinden. Zweitens sei eine umfassende Öffentlichkeitsarbeit zu betreiben, die einerseits die Arbeit der Polizei dem Bürger möglichst transparent zu machen habe, andererseits durch regelmäßige Berichterstattung über die Erfolge der Videoüberwachung auch potenzielle Täter abschrecken soll. Drittens wird gefordert, ein gut funktionierendes, auf klaren und überprüfbaren technischen und organisatorischen Regelungen beruhendes Kontrollsystem zu schaffen, dass jegliche Unsicherheit über Beobachtung und Verwendung von Aufzeichnungen ausschließt. Des weiteren wird die Landesregierung aufgefordert, zu überprüfen, ob der strafrechtliche Schutz gegen Zweckentfremdung und Weitergabe von Videoaufzeichnungen aus der polizeilichen Tätigkeit an Dritte gewährleistet sei. Viertens, und das soll für die hier vorgenommene Betrachtung der zentrale Punkt sein, wird konstatiert, dass es kaum umfassende Untersuchungen über die Effekte der Videoüberwachung gibt und die vorhandenen Studien zu sehr unterschiedlichen Ergebnissen kommen. Als unstrittig wird angesehen, dass Videoüberwachung zu einem Kriminalitätsrückgang in den überwachten Gebieten führe, allerdings seien Gewöhnungs- und Verdrängungseffekte kaum erforscht. Außerdem seien die Erfolge der Videoüberwachung auf dem Gebiet der Strafverfolgung aufgrund technischer und personeller Defizite eher gering. Aus diesen Gründen solle die Videoüberwachung in Brandenburg durch unabhängige Wissenschaftler evaluiert werden. Dies sei insbesondere deshalb notwendig, weil der Landtag nach Ablauf der Frist über die Fortgeltung des Gesetzes entscheiden müsse. Fünftens wird schließlich gefordert, dass die Landesregierung einmal jährlich dem Landtagsausschuss für Inneres Bericht zu erstatten habe. Diese jährliche Berichtspflicht wurde später im Rahmen des von der Landesregierung betriebenen "Bürokratieabbaus" abgeschafft.

Die Inbetriebnahme der Kamerastandorte

Nach der Änderung des Polizeigesetzes begann die Suche nach geeigneten Standorten für die Kameras. Zum Einsatz sollte die Videoüberwachung an sogenannten Kriminalitätsbrennpunkten kommen. Im August 2000 ließen sich keine Orte identifizieren, an denen in den Jahren 1997, 1998, 1999 und der ersten Jahreshälfte 2000 vermehrt Straftaten begangen wurden, da im Land Brandenburg keine Tatortstatistik geführt wird. Stattdessen wurde auf polizeiliche Erfahrungen verwiesen, nach denen Fußgängerzonen, Bahnhofsvorplätze, Parkplätzen, Haltestellen, Parkanlagen, Friedhöfe, Jugendklubs und Diskotheken Orte seien, an denen vermehrt Straftaten verzeichnet werden. (Landtagsdrucksache 3/1744). Dementsprechend schlugen die Brandenburger Polizeipräsidien zehn derartige Orte vor. Ausgewählt wurden schließlich Bahnhofsvorplätze und Bahnhofsumgebung in Bernau, Erkner und Potsdam, sowie der Parkplatz einer Diskothek in Rathenow. Die zu überwachenden Areale an den drei Bahnhöfen waren schwerpunktmäßig Tatort von Eigentumsdelikten, insbesondere an dort abgestellten Kraftfahrzeugen und Fahrrädern. Aber auch Rohheitsdelikte mit zum Teil rechtsextremen Hintergrund sind hier in gewisser Häufigkeit zu verzeichnen. Die Umgebung der Rathenower Diskothek war regelmäßig Schauplatz von Rohheitsdelikten mit einen rechtsextremen Hintergrund.

Wobei 30 registrierte Straftaten im Jahr 2001 die Frage aufwerfen, ob die Bezeichnung Kriminalitätsschwerpunkt hier gerechtfertigt ist.
Eröffnet wurde der Modellversuch mit der Inbetriebnahme der Kameras am Bahnhof Erkner Anfang November 2001. Es folgte am 17.12.2001 die Inbetriebnahme der Kameras zur Überwachung des Parkplatzes der Diskothek „Dancehouse“ in Rathenow. An beiden Standorten wurde eine Eröffnungszeremonie zelebriert, die eine Demonstration des Funktionierens der neuen Technik beinhaltete, bei der verkleidete Polizisten verdächtiges Verhalten bzw. ein Verbrechen simulierten, dass von ihren Kollegen dann aufgezeichnet wurde. Am 21. Dezember 2001 ging die Überwachungsanlage am Hauptbahnhof Potsdam in Betrieb. Hier hatte, wie aus dem öffentlich vorliegenden Einsatzkonzept des Polizeipräsidiums Potsdam (http://lola.d-a-s-h.org/~pks/bibliothek/pkvp.pdf) hervorgeht, die Polizei im Vorfeld eine relativ detaillierte „Akzeptanzforschung“ betrieben. Für Aufmerksamkeit sorgte ein Eklat im Vorfeld der Inbetriebnahme der Potsdamer Kameras. Der Vorsitzende der Gewerkschaft der Polizei (GdP) *Schuster* kritisierte öffentlich eine Anweisung des Innenministeriums, dass Presseauskünfte zur Videoüberwachung nur vom Pressesprecher des Innenministeriums gegeben werden dürften und nicht mit ihm abgestimmte Auskünfte durch mit der Videoüberwachung beauftragten Polizeibeamten zu unterbleiben hätten, als „Maulkorberlass“. Eine öffentliche Einweihungszeremonie mit von Polizisten dargestellten Straftaten zur Demonstration der Wirkungsweise der Videoüberwachung unterblieb, vermutlich aufgrund befürchteter Störungen durch politische Proteste. Während der Inbetriebnahme der letzten Kameras in Bernau am 12. Februar 2002 wurde die Zeremonie der Eröffnung aufgrund einer stattfindenden Kundgebung kurzfristig in die Einsatzzentrale der Bernauer Polizei verlegt. Dies führte bei der auch hier durchgeführten Simulation der Aufzeichnung verdächtigen Verhaltens zu einer gewissen Konfusion bei den anwesenden Journalisten, die sich auf einmal nicht mehr sicher waren, ob die Teilnehmer der Kundgebung mit zum Spiel gehörten oder nicht.

Die Evaluation

Mit der federführenden Durchführung der Evaluation wurde die Landespolizeihochschule in Basdorf betraut. Diese zog drei Universitätsprofessoren als unabhängige Gutachter hinzu. *Prof. Dr. Claus Dieter Classen*, Inhaber des Lehrstuhls für Öffentliches Recht, Europa- und Völkerrecht an der Ernst-Moritz-Arndt Universität Greifswald übernahm die juristische Evaluation während *Prof. Dr. Manfred Bornewasser*, Lehrstuhl für Sozialpsychologie/Arbeits- und Organisationspsychologie ebenfalls an der Ernst-Moritz-Arndt Universität Greifswald für die sozialwissenschaftliche Begleitforschung zuständig war. Die Zusammenarbeit mit dem dritten Gutachter, *Prof. Dr. Dieter Wagner* vom Lehrstuhl für Betriebswirtschaftslehre mit dem Schwerpunkt Organisation und Personalwesen an der Universität Potsdam wurde vor Abschluss des Versuches beendet. Nach der vom Innenministerium verbreiteten offiziellen Erklärung stellte sich heraus, dass „die Erfolge der polizeilichen Arbeit einer klassischen Wirtschaftlichkeitsanalyse nicht zugänglich" seien. (Landtagsdrucksache 4/1927) Andere Stimmen behaupten, dass der Gutachter aufgrund von Differenzen über die Durchführung der Evaluation „das Handtuch geworfen" habe.

Die Ergebnisse der Evaluation waren bis Anfang Januar 2006 nur der Landesregierung bekannt und lagen der Öffentlichkeit nicht vor. Dementsprechend war zu diesem Zeitpunkt eine wissenschaftliche oder politische Kritik an Methoden und Ergebnissen nicht möglich. Dies hinderte die Landesregierung jedoch nicht, mit Nachdruck in den Medien bekannt zugeben, dass die Studie einen umfassenden Erfolg der Videoüberwachung verzeichne. Mittlerweile ist der Abschlussbericht der Landesregierung veröffentlicht worden (Landtagsdrucksache 4/2347) und allmählich entwickelt sich unter den politischen Akteuren (Parteien, Berufsverbände, Interessengruppen etc.) eine Diskussion um dessen Ergebnisse. Dabei zeigte sich bisher, dass die wissenschaftlichen Studien schon hinsichtlich der Empirie stellenweise fehlerhaft sind. Einer Diskussion der Ergebnisse des Modellversuchs in den parlamentarischen Gremien des Brandenburger Landtags verweigern sich die Regierungsfraktionen bisher. Hinsichtlich der statistischen Resultate ließ sich relativ früh ein oberflächlicher Eindruck aus der Antwort der Landesregierung auf eine Kleine Anfrage des Abgeordneten der PDS.Linkspartei *Dr. Hans-Jürgen Scharfenberg* aus dem Dezember 2005 gewinnen. (Landtagsdrucksache 4/1927/siehe Grafik) Ferner publizierte *Bornewasser* „Evaluation der Videoüberwachung: Ein Praxisbericht– Ergebnisse aus der wissenschaftlichen Begleituntersuchung" in dem Band „Bild – Raum – Kontrolle", herausgegeben von *Leon Hempel* und *Jörg Metelmann.* Eine geringfügig ergänzte Version dieses Aufsatzes wurde von *Bornewasser* gemeinsam mit der Ko-Autorin *Franziska Schulz* in „Die Polizei" Heft 2/2005 veröffentlicht.

Die auf der polizeilichen Kriminalstatistik beruhenden Zahlen für die Kamerastandorte schwanken teilweise extrem. Beeindruckende prozentuale Ergebnisse (in Rathenow z.B. ein Rückgang der Straftaten um ca. achtzig Prozent!) relativieren sich aufgrund der insgesamt niedrigen Fallzahlen. Auf die Problematik der niedrigen Fallzahlen verweist auch *Bornewasser.* Trotzdem lässt sich an allen Standorten ein Rückgang der registrierten Straftaten ausmachen, der insbesondere auf Veränderungen bei den Diebstahlsdelikten zurückzuführen ist (siehe Grafik). Allerdings lässt die Entwicklung der Fallzahlen viele Interpretationsmöglichkeiten zu. Fasst man die Fallzahlen aller Kamerastandorte zusammen, dann zeigt sich, dass nach einem einmaligen Einbruch im Jahr 2002 die Fallzahlen seither kontinuierlich steigen, wobei jedoch das Niveau des Jahres 2001 bisher nicht wieder erreicht wurde. Insgesamt sind in den videoüberwachten Arealen in den letzten fünf Jahren 1755 Straftaten registriert worden, 303 Aufzeichnungen wurden vorgenommen und 128 Tatverdächtige aufgrund der Videoüberwachung gestellt. Wie viele von diesen tatsächlich verurteilt wurden und bei wie vielen eine Verurteilung auf der Nutzung von Videoaufzeichnungen als Beweismaterial im Strafprozess beruhte, ist nicht bekannt. Damit bestätigen sich die in dem Leipziger Modellversuch gewonnenen Erkenntnisse, dass Videoüberwachung eher als Instrument der Abschreckung denn als tatsächliches Instrument der Strafverfolgung effektiv wirksam ist.

Um eine umfassende Bewertung der Evaluation vornehmen zu können sind derzeit noch zu viele Fragen offen. Unklar bleibt bisher welche Auswirkungen sonstige polizeiliche Maßnahmen auf die Entwicklung der Fallzahlen haben. So ist z.B. die rechte Szene in Rathenow, die für die Straftaten im Bereich der Diskothek „Dancehouse" verantwortlich ist, von Polizeieinsätzen der Polizei-Spezialeinheiten MEGA (Mobile Einsatzeinheit gegen Gewalt und Ausländerfeindlichkeit) und TOMEG (Täterorientierte Maßnahmen gegen extremistische Gewalt) betroffen gewesen. Für Potsdam sieht das Einsatzkonzept des Polizeipräsidiums zur Videoüberwachung eine ganze Reihe von weiteren gleichzeitig durchzuführenden Maßnahmen vor – wie z.B. eine intensivierte Bestreifung des Geländes - vor, auch sind im Versuchszeitraum umfangreiche Umgestaltungen im Bahnhofsumfeld – z.B. die Installation von Fahrradständern - vorgenommen worden.

Neben der Zurückdrängung von Kriminalität und einer erleichterten Strafverfolgung wird als ein Hauptziel der Videoüberwachung die „Steigerung des Sicherheitsgefühles" in der Bevölkerung angegeben. *Bornewasser* stellt dazu in seinem Aufsatz in „Bild – Raum – Kontrolle" fest: „Entgegen den landläufigen Erwartungen zeigt die Videoüberwachung bislang jedoch wenig Auswirkungen auf das Sicherheitsempfinden der Bürger in Bernau und Rathenow" (S. 246).

Das nicht nur die Senkung der Kriminalitätszahlen und die Erleichterung der Strafverfolgung Ziel und Zweck der Videoüberwachung sein können, sondern auch und gerade die soziale Säuberung öffentlicher Räume wird deutlich, wenn *Bornewasser* an gleicher Stelle konstatiert: „Positiven Nutzen haben Geschäftstreibende, Frauen und Senioren, wobei diese nicht direkt (zum Beispiel durch verbesserten Schutz ihrer Fahrräder) sondern vor allem indirekt von der Maßnahme profitieren (zum Beispiel durch das Fernbleiben von Angehörigen einzelner Risikogruppen)" (S. 249).

Unter wirtschaftlichen Gesichtspunkten lassen sich die unmittelbaren finanziellen Kosten des Modellversuches nach Angaben der Landesregierung beziffern, wenn auch nicht in vollem Umfang (Landtagsdrucksache 4/1927). Die jährlichen Sachkosten, d.h. Mietkosten der Videotechnik und Datenübertragungsleitungen belaufen sich demnach auf ca. 260.000 €. Die einmaligen Investitionskosten werden mit 59.730 € angegeben. Da kein zusätzliches Personal für die Videoüberwachung eingestellt oder höhergruppiert worden sei, entstünden aus haushalterischer Sicht keine zusätzlichen Personalkosten. Aus betriebswirtschaftlicher Sicht werden zwar Personalressourcen für die Videoüberwachung gebunden – in Potsdam und Bernau durch das Abstellen von Beamten für die Videoüberwachung, in den anderen Städten durch die zusätzliche Wahrnehmung dieser Aufgaben durch den Wachdienstführer/ Einsatzbearbeiter der Wache, evt. auch durch das Vorhalten von Einsatzkräften um zeitnah auf Beobachtungen reagieren zu können – diese seien jedoch von den Personalkostenansätzen her nicht zu quantifizieren. Im Gegensatz dazu können die für die technische Realisierung des Projektes im Zentraldienst der Polizei entstandenen Personalkosten auf Basis der durch das Brandenburger Finanzministerium herausgegebenen Personalkostenansätze mit 95.835 € beziffert werden. Insgesamt liegen die Kosten des Brandenburger Modellversuches damit bei mindestens 1.455.000 €. Ob mit gleichem Mittelaufwand für andere Maßnahmen, die weniger intensiv in das Grundrecht auf informationelle Selbstbestimmung eingreifen (z.B. verstärkte Bestreifung der betroffenen Orte), ein ähnlicher Erfolg hätte erzielt werden können ist – soweit ersichtlich - bisher nicht diskutiert worden.

Öffentlichkeitsarbeit

Einer der problematischsten Aspekte an dem Brandenburger Modellversuch ist die Öffentlichkeitsarbeit. Sowohl die Auswertung der Videoüberwachung am Leipziger Hauptbahnhof als auch die Entschließung des Brandenburger Landtages sowie das Einsatzkonzept der Potsdamer Polizei sehen eine intensive Öffentlichkeitsarbeit der Polizei bzw. des Innenministeriums vor, mit dem Ziel die Videoüberwachung im öffentlichen Bewusstsein zu verankern, um so von der Begehung von Straftaten in den überwachten Bereichen abzuhalten. Die Instrumentalisierung der Medien zur Effektivitätssteigerung einer polizeilichen Maßnahme kollidiert jedoch mit einem Verständnis von Medien in einer demokratischen Gesellschaft, die am prägnantesten vom Bundesverfassungsgericht formuliert worden ist: „Nur die freie, öffentliche Diskussion über Gegenstände von allgemeiner Bedeutung sichert die freie Bildung der öffentlichen Meinung, die sich im demokratischen Staat notwendig als „pluralistisch" im Widerstreit verschiedener und aus verschiedenen Motiven vertretener, aber jedenfalls in Freiheit vorgetragener Auffassungen, vor allem in Rede und Gegenrede vollzieht. Jedem Staatsbürger ist durch Art. 5 Abs. 1 Satz 1 GG das Recht gewährleistet, an dieser öffentlichen Diskussion teilzunehmen. Die Presse ist neben Rundfunk und Fernsehen das wichtigste Instrument der Bildung der öffentlichen Meinung; ..." (1 BvR 9/57/ BVerfGE 12, 113 Rn . 125). Die Medien sind eben kein Instrument polizeilicher Maßnahmen sondern wichtigster Ort von Information und Diskussion in unserer Gesellschaft. Die freie und staatlich nicht gelenkte Meinungsbildung ist für eine demokratische Gesellschaft deshalb von zentraler Bedeutung, weil sie das zentrale Element der politischen Willensbildung und damit des politischen Entscheidungsfindungsprozesses ist. Eine Nutzung der Medien zur Effektivitätssteigerung der Videoüberwachung wäre zwar problematisch, wäre aber eventuell mit dem Gedanken eines freien staatlich nicht gelenkten Willensbildungsprozesses vereinbar, wenn die öffentliche Diskussion dadurch nicht von staatlichen Stellen zielgerichtet eingeschränkt werden würde. Genau dies ist in Brandenburg jedoch geschehen und geschieht noch. Nachdem zu Beginn der Debatte versucht wurde, Kritiker der Videoüberwachung in der Möglichkeit der öffentlichkeitswirksamen Verbreitung ihrer Kritik zu beschränken (z.B. Klage auf Herausgabe der Domain www.polizeibrandenburg.de, Versuch der Kriminalisierung von Plakaten gegen die Videoüberwachung, „Maulkorberlass" (*Schuster*) des Innenministerium) ging das Innenministerium später dazu über, die relevanten Informationen, die sich aus der Durchführung des Modellversuches ergaben, zu monopolisieren und nur selektiv und zielgerichtet der Öffentlichkeit zugänglich zu machen. Am auffälligsten zeigte sich dies im Umgang mit den Ergebnissen der „unabhängigen Evaluation". Während Innenministerium und CDU-Landtagsfraktion eine massive Medienkampagne durchführen, in der sie mit Verweis auf die Begleitforschung feststellen, dass die Videoüberwachung ein Erfolg wäre und dringend ausgeweitet werden müsse, waren und sind die Ergebnisse der Evaluation einer kritischen Prüfung bis heute (Anfang Januar 2006) nicht zugänglich. Das dieses Vorgehen auch den Gegenstand der Evaluation beeinflusst, lässt sich aus *Bornewassers* oben erwähnten >>Praxisbericht<< ablesen. Er konstatiert, dass die Akzeptanz der Videoüberwachung hoch ist, während kritische Einschätzungen „insbesondere in der Universitätsstadt Potsdam" geäußert werden (S.249f.), wo – so ist hinzuzufügen – das politische und mediale Spektrum ausdifferenzierter ist als in den kleineren Städten und eine staatliche Beeinflussung von Meinungsbildungsprozessen so einfach nicht möglich ist. Dem Brandenburger Innenministerium ist unter diesem Gesichtspunkt die Manipulation der öffentlichen Meinung vorzuwerfen.

Nach dem „Versuch"

Nach den Bombenanschlägen von London im Sommer 2005 kündigte der Innenpolitische Sprecher der CDU-Fraktion im Landtag *Sven Petke* einen Gesetzentwurf zur Ausweitung der Videoüberwachung an, der mittlerweile vorliegt Der Gesetzentwurf schlägt eine Änderung des § 31 des Brandenburger Polizeigesetzes dahingehend vor, dass dieser in Zukunft nur noch lautet:

> *„(3) Die Polizei kann zur Erfüllung ihrer Aufgaben nach § 1 Abs. 1 öffentlich zugängliche Straßen und Plätze mittels Bildübertragung offen beobachten oder Bildaufzeichnungen von Personen anfertigen, wenn Tatsachen die Annahme rechtfertigen, dass an diesen Orten Straftaten drohen.*
> *Dabei dürfen auch personenbezogene Daten über andere Personen erhoben werden. Bildaufzeichnungen sind spätestens einen Monat nach der Datenerhebung zu löschen, es sei denn, sie werden zur Verfolgung von Straftaten benötigt. Über die Einrichtung einer Maßnahme nach Satz 1 entscheidet das Ministerium des Innern auf Vorschlag des Polizeipräsidenten oder seines Vertreters im Amt."*

Dieser Vorschlag beseitigt die meisten der Restriktionen, die § 31 III des Brandenburgischen Polizeigesetzes bisher enthält. Die Streichung der Bestimmung, dass öffentliche Straßen und Plätze überwacht werden können „...wenn und solange auf der Grundlage von Lageerkenntnissen ..." Tatsachen die Annahme rechtfertigen, dass dort Straftaten begangen werden könnten, stellt – da an Orten wo sich viele Menschen bewegen immer Straftaten drohen – die Entscheidung über die Überwachung eines öffentlichen Platzes mehr oder weniger allein der Polizei und dem Innenministerium anheim. Außerdem wird damit der Eingriff in das Grundrecht auf informationelle Selbstbestimmung von einer eventuell die Eingriff rechtfertigenden Lage entkoppelt, womit die Verhältnismäßigkeit dieses Eingriffs in hohem Maße zweifelhaft wird.
Nach der jetzigen Regelung ist eine Aufzeichnung nur verhaltensabhängig zulässig, was eine Beobachtung des Monitors durch einen Polizisten voraussetzt, der aufgrund seiner Beobachtungen über den Beginn der Aufzeichnung entscheidet. So knüpft die Befugnis zur Aufzeichnung – und damit zum Grundrechtseingriff - an ein „verdächtiges" Verhalten der beobachteten Personen an. Nach der vorgeschlagenen Neuregelung wäre eine permanente Aufzeichnung des Geschehens im videoüberwachten Raum, völlig unabhängig vom Verhalten der sich dort bewegenden Menschen, zulässig. Die Aufzeichnungen könnten dann für einen Monat zur Auswertung vorgehalten werden.
Begründet wird die Notwendigkeit dieser Neuregelung mit den Gefahren des islamischen Terrorismus, der schnellen Präsentation von Bildern der Attentäter durch die Londoner Polizei, die mit der in Brandenburg benutzten Technik nicht möglich gewesen wäre und dem angeblich hervorragenden Abschneiden der Videoüberwachung in der Evaluationsstudie.
Daneben zeichnet sich ein weiterer Trend ab, der nicht unvorhersehbar gewesen ist. Schon im November 2000 warnte der damalige Datenschutzbeauftragte des Landes Brandenburg *Dix* vor der Eigendynamik von Videoüberwachung, die insbesondere dadurch vorangetrieben wird, dass einmal von der Polizei installierte Kameras Begehrlichkeiten anderer Akteure wecken, andere Orten überwachen zu lassen oder sogar selbst zu überwachen. Wenn Videoüberwachung – wie in Brandenburg geschehen – von Seiten des Innenministeriums stets und ständig als erfolgreiches und unproblematisches Mittel zur Lösung von Problemlagen dargestellt wird, dann ist es nicht verwunderlich, dass das Verlangen nach dem Einsatz von Videoüberwachung wächst. Besonders deutlich wird dies im Falle Rathenows. Im Juli 2005 unternahm die Stadtverwaltung unter Bezugnahme auf den Modellversuch zur polizeilichen Videoüberwachung, der auch in Rathenow stattfindet, einen Vorstoß beim Innenministerium um dort Unterstützung für kommunale Videoüberwachung des öffentlichen Raumes im Kampf gegen Graffiti einzuwerben. Allerdings ist die Videoüberwachung öffentlichen Straßenlandes durch Kommunen bisher nicht zulässig. Diese haben gemäß § 33 c des Brandenburger Datenschutzgesetzes nur das Recht, *„öffentlich zugängliche [zu] Räume beobachten, soweit dies zur Erfüllung ihrer Aufgaben oder zur*

Wahrnehmung des Hausrechts erforderlich ist und überwiegende schutzwürdige Interessen Betroffener nicht beeinträchtigt werden.“ Auffällig ist, dass trotz dieser eindeutigen Rechtslage immer häufiger von Lokalpolitikern die Videoüberwachung öffentlichen Straßenlandes durch die Kommunen gefordert wird. Zur Begründung wird fast immer auf die Schäden durch illegale Graffitti verwiesen. Dort, wo die Kommunen überwachen dürfen, weiten sie ihre Tätigkeit hingegen stetig aus. Dabei spielen die kommunalen Unternehmen in den Sektoren ÖPNV, Wohnungsbau und Gebäudeverwaltung eine wichtige Rolle. So wird vielfach der Innenraum von Bussen und Straßenbahnen überwacht, Teltow überwacht nachts einen Schulhof per Kamera, in Frankfurt/Oder die kommunale Wohnungswirtschaft Eingangsbereich und Fahrstühle eines Hochhauses. In wesentlich mehr Kommunen wird über die Einführung von Videoüberwachung von Gebäuden, Fußgängerzonen, Plätzen und Denkmälern debattiert. Dort, wo politische und juristische Hindernisse die Installation von Kameras derzeit noch verhindern, wird von den Befürwortern der Videoüberwachung auf eine baldige Änderung der Gesetzeslage gehofft. Denn im Zusammenhang mit der Debatte um eine Ausweitung der polizeilichen Befugnisse wird ebenfalls die Schaffung einer rechtlichen Grundlage für Kommunen diskutiert, selbständig Sicherheitskameras zu installieren. Der Gesetzentwurf der CDU sieht das in seiner jetzigen Form allerdings noch nicht vor.

Fazit

Die versuchsweise polizeiliche Videoüberwachung öffentlicher Plätze im Land Brandenburg wird von ihren Befürwortern als Erfolg verkauft. Die Kriterien, die sie zur Entscheidung über Erfolg oder Misserfolg heranziehen, werden von ihnen dabei oft nicht offen gelegt. Ebenfalls wird nicht diskutiert, wie weit sich der „Erfolg“ einer staatlichen Maßnahme, bei der jede Effektivitätssteigerung und jede Ausweitung eine Intensivierung des Eingriffs in Grundrechte darstellt, mit den Grundwerten eines demokratischen Gemeinwesens verträgt. Ob die Videoüberwachung in Brandenburg unter dem Gesichtspunkt der Kriminalitätsbekämpfung und Verhinderung ein Erfolg ist, ist hochgradig zweifelhaft. Die Evaluation der Versuchsüberwachung ist der politischen und wissenschaftlichen Kritik bisher kaum ausgesetzt. Insbesondere steht eine ökonomische Bewertung des Modellversuches aus. Allein schon das simple Kosten-Nutzen-Verhältnis der Maßnahme ist nur ungenügend untersucht. In Zeiten, in denen jede soziale Transferleistung sich als finanzielle Belastung der öffentlichen Hand scharfer Kritik ausgesetzt sieht, ist dies ein Skandal. Im Moment gibt es dennoch massive Bestrebungen, die rechtlichen Beschränkungen der polizeiliche Videoüberwachung aufzuweichen. Die Durchführung der Evaluation unter der federführenden Leitung der Brandenburger Polizeifachhochschule ist geeignet, gewisse Zweifel an der „Unabhängigkeit“ der Begleitforschung zu begründen.
Besorgniserregend ist das wachsende Engagement der Kommunen im Bereich

der Videoüberwachung, dass durch die Propagierung polizeilicher Videoüberwachung als unzweifelhaft erfolgreiches Mittel zur Verhinderung von Kriminalität stimuliert wird. Sollte hier der Trend langfristig anhalten, dann rücken Verhältnisse, wie sie aus Großbritannien beschrieben werden, auch hier in den Bereich des Vorstellbaren. Während auf Landtagsebene derzeit eine Bedrohung durch islamische Terroristen als Begründung für die Notwendigkeit der Ausweitung der Videoüberwachung herhalten muss, so ist es auf kommunaler Ebene das Problem „Graffiti". Hier lässt sich auch die gegenseitige Beeinflussung von Gesetzesverschärfungen auf unterschiedlichen Ebenen beobachten. Die Kriminalisierung von Graffiti durch den neuen § 303 II StGB schafft viele neue „Kriminalitätsschwerpunkte", die wiederum die Ausdehnung der Videoüberwachung rechtfertigen.

Eine Wechselbeziehung ist ebenfalls zwischen polizeilicher und privater Videoüberwachung anzunehmen. Wenn polizeiliche Videoüberwachung stattfindet, wenn diese Videoüberwachung ständig als erfolgreich und als probates Mittel gegen Kriminalität gepriesen wird, dann wird das den Wunsch nach privater Nutzung dieser Technik stimulieren. Wenn gleichzeitig abweichendes Verhalten, wie das Graffitisprühen öffentlichkeitswirksam kriminalisiert wird - wenn wie in Rathenow die Einrichtung polizeilicher oder kommunaler Videoüberwachung zur Verhinderung von Graffiti bzw. zur Ergreifung der Sprüherangedacht wird – und dazu die rechtlichen Hemmschwellen für den privaten Einsatz dieser Technik effektiv gering sind, dann befördert die polizeiliche Videoüberwachung ganz direkt die private.

Problematisch ist daran, dass die Vervielfachung der Betreiber von Videoüberwachung eine Kontrolle der Überwachungsmaßnahmen, wie sie bei einer begrenzten polizeilichen Videoüberwachung immerhin noch möglich ist, ausschließt. Damit steigt die Wahrscheinlichkeit gravierender Verletzungen des Rechtes auf informationelle Selbstbestimmung.

Das Vorhaben, Videoüberwachung gegen Graffitisprüher einzusetzen, ebenso wie das Ziel mittels Videoüberwachung in bestimmten Teilen der Bevölkerung das Sicherheitsgefühl zu steigern, in dem „Risikogruppen" von bestimmten Plätzen ferngehalten werden, kennzeichnen die Videoüberwachung als Mittel der Sozialkontrolle, das sich in starkem Maße gegen deviantes Verhalten unterhalb der Strafbarkeitsschwelle richtet. Das Einhergehen der Ausweitung der Beobachtung derartigen Verhaltens mit einer Absenkung der Strafbarkeitsschwelle kennzeichnet den Übergang zu einem immer repressiveren Umgang mit derartigen Verhaltensweisen. Dabei wird die Notwendigkeit von Videoüberwachung von ihren Befürwortern immer mit Verweisen auf gerade aktuelle, beängstigende schwere und schwerste Straftaten (Bombenanschläge, Tötungsdelikte im ÖPNV etc.) begründet, während die (potentiellen) Anwender meistens eher Verhalten im Bereich der Kleinkriminalität im Auge haben.

Videoüberwachung als polizeiliche Maßnahme trägt somit das Versprechen der autoritären Auflösung sozialer und politischer Konfliktlagen in sich. Mit ihrer forcierten Anwendung wird ein strukturell autoritärer Umgang mit Symptomen gesellschaftlicher Krisen oder Problemlagen erleichtert. Gleichzeitig setzt die Durchsetzung und Etablierung der Videoüberwachung als polizeilicher Maßnahme, wie zumindest das Beispiel Brandenburg zeigt, einen obrigkeitsstaatlichen Eingriff in politische Entscheidungsfindungsprozesse voraus. Dieses Vorgehen ist mit einer Landesverfassung nicht vereinbar, die das Grundrecht auf informationelle Selbstbestimmung klar und ausdrücklich formuliert, die der politischen Partizipation der Bürgerinnen und Bürger auf allen Ebenen einen hohen Stellenwert einräumt und deren Präambel mit den Worten anhebt „Wir, die Bürgerinnen und Bürger des Landes Brandenburg, haben uns in freier Entscheidung diese Verfassung gegeben, im Geiste der Traditionen von Recht, Toleranz und Solidarität in der Mark Brandenburg, gründend auf den friedlichen Veränderungen im Herbst 1989, von dem Willen beseelt, die Würde und Freiheit des Menschen zu sichern ..." Der „legale Weg in einen Polizeistaat" (*Fredrik Roggan*) kommt also ohne Rechtsbrüche derer, die ihn gehen, nicht aus.

Literatur

Bornewasser, Manfred, Evaluation der Videoüberwachung: Ein Praxisbericht - Ergebnisse einer wissenschaftlichen Begleituntersuchung, in: Hempel, Leon/Metelmann, Jörg, *Bild – Raum – Kontrolle*, Frankfurt a. M. 2005.

Bornewasser, Manfred/Schulz, Franziska, Polizeiliche Videoüberwachung im Land Brandenburg: Ergebnisse einer wissenschaftlichen Begleituntersuchung, in: *Die Polizei* 2/2005, S. 39-45.

Büchner, Christiane/Franzke, Jochen, *Das Land Brandenburg – Kleine politische Landeskunde*, Potsdam 2002.

Dix, Alexander, Datenschutz und Akteneinsicht – zwei Seiten einer Medaille, in: Präsident des Landtages Brandenburg (Hg.), *10 Jahre Verfassungswirklichkeit im Land Brandenburg*, Potsdam 2002.

Landesbeauftragter für den Datenschutz und für das Recht auf Akteneinsicht Brandenburg (Hg.), *Tätigkeitsbericht des Landesbeauftragten für den Datenschutz für das Recht auf Akteneinsicht zum 31. Dezember 2000*, Kleinmachnow 2001. (www.lda.brandenburg.de, letzter Abruf 08.01.2006)

Landesregierung des Landes Brandenburg, *Bericht der Landesregierung an den Landtag über die polizeiliche Videoüberwachung öffentlich zugänglicher und Plätze zu präventiven Zwecken im Land Brandenburg gem. § 31 Abs. 3 Satz 6 Brandenburgisches Polizeigesetz*, www.parldok.brandenburg.de/parladoku/w4/drs/ab_2300/2347.pdf. (Letzter Abruf: 10.04.2006)

Müller, Rolf, Pilotprojekt zur Videoüberwachung von Kriminalitätsschwerpunkten in der Leipziger Innenstadt, in: *Die Polizei* 3/97, S. 77-82.

Müller, Rolf, Nochmals: Videoüberwachung von Kriminalitätsschwerpunkten in der Leipziger Innenstadt, in: *Die Polizei* 4/98, S. 114-116.

Polizeipräsidium Potsdam, *Pilotprojekt Polizeiliche Videoüberwachung öffentlich zugänglicher Straßen und Plätze zu präventiven Zwecken - Potsdam-Center / Hauptbahnhof*, http://lola.d-a-s-h.org/~pks/bibliothek/pkvp.pdf. (Letzter Abruf: 08.01.2006)

Roggan, Fredrik, *Auf legalem Weg in einen Polizeistaat – Entwicklungen des Rechts der Inneren Sicherheit*, Bonn 2000.

www.focuspotsdam.de/customer/cdu/cms/data/pdf/Gesetzentwurf.pdf (aktueller Gesetzentwurf der CDU, letzter Abruf 08.01.2006)

www.inforiot.de (Einen relativ vollständigen Überblick über Pressemeldungen zum Thema Videoüberwachung auch aus Brandenburger Lokalzeitungen erhält man, wenn dort „Videoüberwachung" als Suchbegriff eingibt. Letzter Abruf 08.01.2006)

www.parldok.brandenburg.de (Landtagsdrucksachen, letzter Abruf 10.04.2006)

www.polizeikontrollstelle.de (Letzter Abruf 08.01.2006)

III.
Sicherheitstechnologien und Alltag

Gerrit Hornung

Reisepässe mit Biometrie und RFID-Chips Bausteine einer neuen Identifizierungsinfrastruktur?

Seit dem 1. November 2005 enthalten alle neu ausgestellten deutschen Reisepäs-se einen kontaktlosen („RFID"-) Chip mit biometrischen Daten des Gesichts. Diese Entwicklung wirft erhebliche rechtliche, technische, organisatorische und gesellschaftliche Probleme auf. Der Beitrag erläutert die rechtlichen Grundla-gen und die Funktionsweise der neuen Pässe, nimmt eine verfassungsrechtliche Bewertung vor und erläutert die Frage der demokratischen Legitimation der europarechtlichen Vorgaben.

Hintergrund

Seit den Terroranschlägen des 11. September 2001 betreiben nahezu alle Regierungen weltweit die Aufnahme biometrischer Daten in ihre Reisepässe. Die treibenden Kräfte hinter dieser Entwicklung sind einerseits viele Sicherheitspolitiker der einzelnen Staaten, andererseits der außenpolitische Druck der USA. Diese hatten ursprünglich in Sec. 303 (c) des Enhanced Border Security and Visa Entry Reform Acts den 25 Partnerstaaten des Visa-Waiver-Abkommens, das bisher eine Einreise in die USA ohne Visum ermöglicht, angedroht, dieses zu kündigen, wenn sie bis zum 26. Oktober 2004 keine Reisepässe mit biometrischen Verfahren ausgeben. Diese Frist wurde inzwischen zweimal um jeweils ein Jahr verlängert. Gleichzeitig machten die USA jedoch deutlich, weitere Verzögerungen nicht hinnehmen zu wollen.
Neben den USA fordert auch die zivile Luftfahrbehörde der Vereinten Nationen (ICAO, d.i. International Civil Aviation Organization, s. näher Luftrecht-Online 2003; ICAO 2005) – wiederum beeinflusst von den USA und einigen anderen Staaten – die standardisierte Speicherung biometrischer Daten in den weltweit verwendeten Reisepässen. Die Europäische Union erließ am 13. Dezember 2004 eine Verordnung mit technischen Vorgaben für die Einführung von Gesichts- und Fingerabdrucksdaten (s.u. 3), um die Einheitlichkeit und Interoperabilität der Pässe der Mitgliedstaaten zu gewährleisten. Die Bundesrepublik Deutschland stellt seit dem 1. November 2005 nur noch Reisepässe mit biometrischen Gesichtsdaten aus und entspricht damit den Vorgaben der USA, der ICAO und der Europäischen Union.

Der neue Reisepass

Mit der Einführung des neuen Reisepasses am 1. November 2005 ist Deutschland – sowohl innerhalb der Europäischen Union als auch weltweit – eines der

ersten Länder, das biometrische Daten in seinen Pässen speichert. Die neuen Dokumente enthalten einen Speicherchip mit kontaktloser (so genannter RFID-, d.i. Radio Frequency Identification) Schnittstelle. Auf dem Chip werden biometrische Daten des Gesichts gespeichert.
Für den Passinhaber wird hierdurch der Antrags- und Ausgabeprozess nur unwesentlich verändert. Statt eines Bildes im Halbprofil muss bei der Antragstellung in Zukunft eine Frontalaufnahme zur Verfügung gestellt werden. Diese Veränderung ist durch die Funktionsweise der biometrischen Gesichtserkennung bedingt und wird durch den Standard ISO 19794-5 vorgeschrieben. Die spürbarste Veränderung dürfte die Erhöhung der Gebühr für die Ausgabe des Passes von 26,- auf 59,- Euro (bzw. von 13,- auf 37,50 Euro bei Ausstellung vor Vollendung des 26. Lebensjahres) sein. Die alten Reisepässe bleiben für den vollen Zeitraum gültig, für den sie ausgegeben wurden.
Wichtige Neuerungen ergeben sich für die Kontrollabläufe. Die RFID-Chips der Reisepässe können mittels entsprechender Lesegeräte ohne direkten Kontakt ausgelesen werden. Ziel ist es, die Verifikation des jeweiligen Passinhabers zu verbessern und die Identitätsprüfung zu automatisieren. Die Erweiterung der Passdaten um biometrische Daten des Fingerabdrucks wird in einer zweiten Stufe spätestens im Frühjahr 2008 erfolgen.

Rechtsgrundlage der Einführung

Die Einführung des neuen Reisepasses erfolgt nicht im nationalen Alleingang, sondern aufgrund einer Vorgabe der Europäischen Union. Das geltende deutsche Passrecht erwähnt zwar biometrische Daten, enthält aber keine hinreichende Ermächtigung für die Einführung. Der Gesetzgeber hatte im Gesetz zur Bekämpfung des internationalen Terrorismus (Terrorismusbekämpfungsgesetz, BGBl. 2002 I, 361) vom 9. Januar 2002 einen politischen Kompromiss zwischen den Interessen der Sicherheit und des Grundrechtsschutzes beschlossen (s. näher Roßnagel/Hornung 2005a: 983; Hornung 2005: 47 ff., 173 ff. et passim; ders. 2004: 355 ff.): In § 4 Abs. 3 PassG wurde einerseits festgelegt, dass der Pass neben dem Lichtbild und der Unterschrift weitere biometrische Merkmale von Fingern oder Händen oder Gesicht des Passinhabers enthalten „darf" und diese auch in verschlüsselter Form eingebracht werden können. Zugleich wurde jedoch in § 4 Abs. 4 PassG – inhaltlich widersprüchlich (Hornung 2005: 173 ff.; ders., 2004: 355 ff.) – eine bundesweite Datei untersagt und die Regelung der Arten der biometrischen Merkmale, ihre Einzelheiten und die Einbringung von Merkmalen und Angaben in verschlüsselter Form sowie die Art ihrer Speicherung, ihrer sonstigen Verarbeitung und ihrer Nutzung einem besonderen Bundesgesetz vorbehalten. Dieses ist bisher nicht erlassen worden.
Der Europäische Rat erließ am 13. Dezember 2004 die EG-Verordnung 2252/2004 über Normen für Sicherheitsmerkmale und biometrische Daten in von den Mitgliedstaaten ausgestellten Pässen und Reisedokumenten (Europäi-

sche Union 2004, im Folgenden: europäische Verordnung, s. ausführlich Roßnagel/Hornung 2005a), um – ausweislich Erwägungsgrund Nr. 2 – „höhere, einheitliche Sicherheitsstandards für Pässe und Reisedokumente zum Schutz vor Fälschungen festzulegen. Zugleich sollen auch biometrische Identifikatoren in die Pässe oder Reisedokumente aufgenommen werden, um eine verlässliche Verbindung zwischen dem Dokument und dessen rechtmäßigem Inhaber herzustellen". Unter den verschiedenen biometrischen Merkmalen, die hierfür in Betracht kämen, hat sich der Europäische Rat für das Gesichtsbild und den Fingerabdruck entschieden. Er wählte überdies den Weg der unmittelbar verbindlichen Verordnung, um eine europaweit einheitliche technische Lösung für die verschiedenen europäischen Reisedokumente, Visa und Asylbewerberdateien sicherzustellen. Die Besonderheiten der nationalen Rechtsordnungen sollten laut den Erwägungsgründen Nr. 1 und 4 nicht zu Problemen der Interoperabilität führen.

Technische Funktionsweise

Zur Analyse und Bewertung der rechtlichen und gesellschaftlichen Probleme, die die neuen Reisepässe aufwerfen, ist ein Grundverständnis ihrer technischen Funktionsweise unerlässlich.

Biometrische Systeme

Biometrie ist die automatisierte Messung von natürlichen, hoch charakteristischen, physiologischen oder verhaltenstypischen Merkmalen von Menschen zum Zweck der Unterscheidung von anderen Personen (Albrecht 2003: 31; Behrens/Roth 2001: 1 f.; Hornung 2005: 75; Woodward/Orlans/Higgins 2003, 27; jeweils m.w.N.). Fingerabdrucksverfahren sind dabei am weitesten verbreitet. Sie erreichten im Jahre 2003 einen Marktanteil von etwa einem Drittel (Woodward/Orlans/Higgins 2003: 213). Verwendet werden daneben vor allem Gesicht, Iris, Handgeometrie, Stimme und Handschrift. Der Gesichtserkennung wird ein zunehmendes Potential eingeräumt, und diese wird auch von der ICAO für den weltweiten Einsatz in Reisedokumenten favorisiert (ICAO 2004a: 19, 31 ff.). Zu beachten ist, dass nicht jede Videoüberwachungsanlage ein biometrisches System ist. Dazu ist vielmehr erforderlich, dass die Gesichter der erfassten Personen automatisiert mit Referenzdaten abgeglichen werden und nicht nur eine Überwachung durch eine Kontrollperson vor einem Monitor erfolgt.

Biometrische Systeme laufen im Wesentlichen identisch ab (s. zum Folgenden ausführlich Albrecht 2003: 35 ff.; Behrens/Roth 2001: 10 ff.; Gundermann/Probst 2003: Rn. 8 ff.; Hornung 2005: 78 ff.; ders. 2004: 346 ff.; Woodward/Orlans/Higgins 2003: 28 ff.), wobei allerdings einige technische Besonderheiten (z.B. templatefreie Verfahren oder das so genannte „Matching-On-Card", s. näher ebd.) für Reisepässe keine Rolle spielen. Zunächst werden im Rahmen des so genannten Enrolments Referenzdaten des Merkmalsträgers gewonnen und gespeichert. Schlägt das Enrolment fehl, so wird der prozentuale Anteil der fehlgeschlagenen Versuche als False Enrolment Rate oder Failure to Enrol Rate (FER) bezeichnet. Ein Fehlschlag kann durch Fehler des Systems bedingt sein. Es gibt bei den meisten Merkmalen aber auch einen gewissen Prozentsatz der Bevölkerung, der dieses entweder überhaupt nicht oder nicht in hinreichender Ausprägung für die biometrische Authentifikation besitzt. Schließlich kann es vorkommen, dass das System – beispielsweise verletzungsbedingt – temporär nicht genutzt werden kann.

Die Speicherung der Referenzdaten kann in vollständiger Form (Roh- oder Volldaten) oder als extrahierter Datensatz (so genannte Templates) erfolgen. Beim späteren Vergleichsprozess (Matching) werden die aktuell erhobenen Daten mit den gespeicherten Referenzdaten verglichen. Eine Möglichkeit ist, diese zentral zu speichern. Dann werden vor Ort die biometrischen Daten erhoben und an eine zentrale Recheneinheit gesandt, die das Matching vornimmt. Die Referenzdaten können aber auch – wie beim Reisepass – dezentral auf einer Chipkarte gespeichert werden.

Biometrische Systeme dienen der Authentifikation (Bezeugung der Echtheit) eines Merkmalsträgers. Diese kann durch zwei Verfahren geschehen, nämlich durch Verifikation oder Identifikation. Bei der Verifikation findet ein Vergleich der im Einzelfall erhobenen Daten mit einem konkreten Referenzdatensatz statt (1:1). Es wird überprüft, ob es sich bei einer Person um diejenige handelt, für die sie sich ausgibt. Die Identifikation hingegen erfolgt durch einen Vergleich der erhobenen Daten mit allen Referenzdaten (1:n). Hierbei wird festgestellt, um welche Person es sich tatsächlich handelt.

Aufgrund von Messfehlern, zu geringen Merkmalsausprägungen und anderen Ungenauigkeiten ergibt sich beim Matching niemals ein eindeutiges Ergebnis. Biometrische Verfahren arbeiten mit relativen Übereinstimmungsgraden und können deshalb Falschakzeptanzen und -zurückweisungen nie ganz ausschließen. Die Wahrscheinlichkeit einer ungerechtfertigten Zurückweisung wird als False Rejection Rate (FRR), die einer ungerechtfertigten Akzeptanz als False Acceptance Rate (FAR) bezeichnet. Beide Raten sind von der Grundgenauigkeit des Systems und dem Wert abhängig, der für eine hinreichende Übereinstimmung festgelegt wird (Schwellwert). Je höher dieser liegt, desto geringer wird die FAR. Das ist etwa für die Zugangssicherung zu Hochsicherheitsbereichen erwünscht. Gleichzeitig steigt jedoch die FRR an. Dies ist für die Benutzer problematisch, da sich das Risiko erhöht, einen erneuten Zugangsversuch machen zu müssen, dabei unter Verdacht zu geraten oder sogar insgesamt zurückgewiesen zu werden. Aus Sicht der Merkmalsträger ist deshalb im Regelfall eine geringe FRR vorteilhaft. In diesem Fall steigt jedoch die FAR an, was zu Sicherheitsproblemen führen kann. Die beiden Fehlerraten beeinflussen sich also gegenseitig, und die optimale Systemeinstellung kann nur nach den konkreten Einsatzbedingungen ermittelt werden.

RFID
Der Begriff „RFID“ als Abkürzung für Radio Frequency Identification wird derzeit regelmäßig als Sammelbezeichnung für eine Vielzahl technischer Anwendung verwendet (s. zur Funktionsweise und den datenschutzrechtlichen Problemen z.B. Bundesamt für Sicherheit in der Informationstechnik 2004; Eisenberg/Puschke/Singelnstein 2005; FoeBuD e.V. et. al. 2003; Gräfin von Westerholt/Döring 2004; Müller 2004; ders./Handy 2004). Erste Einsatzfelder finden sich im Bereich der Logistik. Hier werden einzelne Produkte oder Verpackungen mit kleinen Transponderchips versehen, die eine weltweit einmalig vergebene Identifikationsnummer speichern. Auch die Eintrittskarten der Fußball-Weltmeisterschaft in Deutschland im Jahre 2006 werden mit RFID-Chips ausgestattet sein. Schließlich lässt sich die Technik auf Chipkarten, etwa bei Bezahlsystemen in der Gastronomie, einsetzen. Die neuen Reisepässe verfügen demgegenüber über einen hochentwickelten Speicherchip, auf dem auch kryptographische Grundfunktionen wie Verschlüsselung und Authentisierung ablaufen können.
Wegen der Vielgestaltigkeit der Anwendungen erscheint es nicht sinnvoll, die jeweiligen rechtlichen Probleme unter dem Schlagwort „RFID“ zusammenzufassen. Die Speicherung einer Nummer auf einer Umverpackung für Rasierklingen (dies war eine der ersten praktischen Anwendungen) wirft völlig andere Probleme auf als die Einführung biometrischer Reisepässe. „RFID“ sollte deshalb als eine Schnittstellen-Technologie begriffen werden, die – insoweit allerdings verallgemeinerbar – durch die Möglichkeiten der kontaktlosen Datenübertragung Probleme für Datensicherheit und Nutzertransparenz verursacht. Die weiteren Fragen der Datenverwendung hinter der Schnittstelle können nur in Bezug auf die einzelne Applikation beantwortet werden.

Rechtliche Probleme der Einführung

Verfassungsrechtliche Anforderungen
Die verfassungsrechtlichen Anforderungen an die Verwendung biometrischer Daten auf Identifikationsdokumenten können hier nur im Überblick behandelt werden (s. ausführlich Hornung 2005: 165 ff.; ferner ders. 2004: 355 ff.; Roßnagel/Hornung 2005a; dies. 2005b: 106 ff., 223 ff.). Durch die Erhebung, Verarbeitung und Nutzung der biometrischen Daten wird in Grundrechte der betroffenen Passinhaber eingegriffen. Grundrechtseingriffe bedürfen nach dem Grundsatz des Vorbehalts des Gesetzes einer gesetzlichen Ermächtigungsgrundlage, die Inhalt und Ausmaß des Eingriffs mit hinreichender Bestimmtheit für die Betroffenen regelt. Wenn einzelne Bürger hoheitliche biometrische Systeme nicht nutzen können, so ist der Staat nach dem Gleichheitssatz (Art. 3 GG) verpflichtet, effektive und diskriminierungsfreie Ersatzsysteme zur Verfügung zu stellen.
Wichtige Anforderungen ergeben sich aus dem Grundrecht auf informationelle Selbstbestimmung. Im Jahre 1983 leitete das Bundesverfassungsgericht im

Volkszählungsurteil aus Art. 2 Abs. 1 in Verbindung mit Art. 1 Abs. 1 GG „die aus dem Gedanken der Selbstbestimmung folgende Befugnis des Einzelnen, grundsätzlich selbst über die Preisgabe und Verwendung seiner persönlichen Daten zu bestimmen" ab (Bundesverfassungsgericht 1983: 42). Für dieses Recht sind in der Judikatur des Bundesverfassungsgerichts und der rechtswissenschaftlichen Literatur grundlegende Prinzipien herausgearbeitet worden (s. zum Folgenden z.B. Simitis 2003: Einl. Rn. 30 ff.; Roßnagel/Pfitzmann/Garstka 2001: 70 ff.; Tinnefeld/Ehmann 1998: 85 ff.; Trute 2003). Es darf nur auf der Basis einer Einwilligung oder einer gesetzlichen Grundlage beschränkt werden, die dem überwiegenden Allgemeininteresse dient. Die Datenverwendung muss erforderlich sein. Ihr Zweck ist genau zu regeln, und die Zweckbestimmung begrenzt die zulässige Datenverwendung. Nach dem Prinzip der informationellen Gewaltenteilung sind Datenverarbeitungsbereiche für unterschiedliche Zwecke technisch und organisatorisch zur trennen, um Machtkonzentrationen durch unkontrollierte Verfügung über Informationen vorzubeugen. Datenverarbeitungssysteme sind so zu gestalten und auszuwählen, dass sie keine oder so wenig wie möglich personenbezogene Daten erheben, verarbeiten und nutzen. Daten sind grundsätzlich offen und beim Betroffenen selbst zu erheben (Transparenzprinzip); dieser hat Auskunftsrechte und ist vor einer Einwilligung genau aufzuklären. Schließlich ist die Bildung weitreichender Datenprofile über den Betroffenen unzulässig.

Die gesetzliche Grundlage der Einführung

Wie bereits erläutert (s.o. 3), findet sich die Rechtsgrundlage für den neuen Reisepass nicht in einem deutschen Gesetz, sondern in einer unmittelbar geltenden Rechtsverordnung der Europäischen Union. Diese ist verfahrensrechtlich ordnungsgemäß zustande gekommen (Roßnagel/Hornung 2005a: 984, 986). Das Europäische Parlament hatte sich zwar gegen die obligatorische Speicherung von Fingerabdrücken gewandt, musste im Verfahren nach Art. 62 Nr. 2 a) und Art. 67 EGV aber nur angehört werden, ohne über ein Mitentscheidungsrecht zu verfügen.

Nach dem Grundsatz des Vorrangs des Europarechts sind die Vorschriften des deutschen Passgesetzes (s.o.), die der europäischen Verordnung entgegenstehenden, gegenstandslos geworden. Aus Gründen der Lesbarkeit und der Rechtsklarheit sollten die voll oder teilweise verdrängten deutschen Normen (vor allem §§ 4 I, III, 16 VI, 17 I, 18 III PassG) an die Verordnung angepasst werden (Roßnagel/Hornung 2005a: 988). Das hat auch der Bundesrat in einem Beschluss vom 8. Juli 2005 gefordert (Bundesrat 2005). Erforderlich ist auch eine Regelung zur Erweiterung um ein Speichermedium, die bislang weder im Passgesetz noch in den ausführenden Rechtsverordnungen enthalten ist. Notwendig sind außerdem Bestimmungen, die aus verfassungsrechtlicher Sicht zum Schutz der betroffenen Grundrechte erforderlich sind. Diese müssen ausreichend spezifisch und detailliert sein, weil sie einen Ausgleich für die Tiefe des Grundrechtseingriffs darstellen (Roßnagel/Hornung 2005a: 988; dies. 2005b: 141 ff.). Der Inhalt dieser Bestimmungen ergibt sich in wesentlichen Teilen aus den im Folgenden dargestellten inhaltlichen Anforderungen an die Verwendung der Biometrie.

Eignung zur Erreichung des Eingriffszweck

In den Begründungen für die Einführung der biometrischen Pässe wurde und wird von deutschen, europäischen und US-amerikanischen Politikern immer wieder auf das Motiv der „Terrorismusbekämpfung" rekurriert. Dies ist deshalb problematisch, weil nach unterschiedlichen Angaben alle (Burchardt 2004) oder zumindest neun (Towler 2004: 20) der Attentäter des 11. September 2001 mit ihren echten Pässen reisten. Nach der Gesetzesbegründung der europäischen Richtlinie (Erwägungsgrund 2) erfolgt die Speicherung der biometrischen Daten allerdings ausdrücklich allgemein zu dem Zweck, eine verlässliche Verbindung zwischen dem Dokument und dessen rechtmäßigem Inhaber herzustellen.

Setzt man die technische Eignung der biometrischen Verfahren voraus, so sind diese in der Tat ein geeignetes Mittel, diese Verbindung herzustellen. An der technischen Sicherheit und der Funktionstüchtigkeit des eingesetzten Verfahrens haben alle Beteiligten ein hohes Interesse. Das System muss hinreichend geringe Fehlerraten gewährleisten und über Sicherungen gegen Angriffe verfügen. Andernfalls könnten die Kontrollinstanzen aus einer Erkennung oder Abweisung durch das System keine verwertbaren Schlüsse ziehen, und die Passinhaber wären dem Risiko ausgesetzt, zu Unrecht unter Verdacht zu geraten, Verzögerungen hinnehmen zu müssen oder gar insgesamt zurückgewiesen zu werden.

Es gibt mittlerweile eine Reihe von Untersuchungen über die Fehlerraten biometrischer Systeme (s. die Zusammenfassung bei Hornung 2005: 179 ff., dort auch zu einzelnen Fehlerraten). Problematisch ist jedoch, dass vor der Einführung der neuen Pässe kein groß angelegter Feldversuch mit einer repräsentativen Stichprobe aus der Gesamtbevölkerung erfolgte. Es muss bezweifelt werden, inwieweit Studien mit weniger als 1.000 Testpersonen, bei denen es sich überdies meist um nicht repräsentative Gruppen wie Vielflieger (beispielsweise beim Test der Iriserkennung am Frankfurter Flughafen) oder Mitaberbeiter des Bundeskriminalamts (so in der Studie BioP I, s. BSI/BKA/Secunet 2004: 19 ff.) handelt, Aussagen für die Alltagstauglichkeit der Systeme bei einer Anwendung auf die erwachsene Gesamtbevölkerung zulassen. Damit soll nicht behauptet werden, dass biometrische Systeme gegenwärtig oder in absehbarer Zukunft nicht zur Anwendung im Reisepass geeignet wären. Es erscheint jedoch problematisch, diese Anwendung ohne gesicherte empirische Grundlage zu beschließen.

Auch wenn man hinreichend niedrige Fehlerraten unterstellt, muss vor übertriebenen Erwartungen an den Gewinn an Identifizierungssicherheit gewarnt werden. Als erheblicher Schwachpunkt verbleibt beispielsweise der Enrolmentsprozess (Hornung 2005: 434). Werden durch Bestechung oder Erpressung falsche Daten in das Herstellungsverfahren eingeschleust, so produziert dieses Originaldokumente, die Namen und biometrische Daten enthalten, welche tatsächlich nicht zusammengehören. Für die kontrollierenden Instanzen gibt es dann keinerlei Möglichkeit mehr, dies zu erkennen. Es dürfte aufgrund der „offiziell bestätigten“ biometrischen Daten sogar erheblich schwerer als heute sein, die Fälschung nachzuweisen.

Schließlich verbleibt das Problem des Umgangs mit einem nicht funktionierenden Chip. Von Seiten der Bundesregierung verlautete im Dezember 2005, der Reisepass behalte in diesem Fall seine Gültigkeit, und der Inhaber werde „im Rahmen der Grenzkontrolle der bisher üblichen visuellen Kontrolle unterzogen“ (Bundesregierung 2005: 4). Dahinter dürfte der richtige Gedanke stehen, dass Funktionsfehler des Chips oder der Antenne äußerlich nicht stets erkennbar sein werden. Wenn allerdings potentielle Straftäter durch eine nicht erkennbare Zerstörung des Chips der biometrischen Kontrolle entgehen könnten, würde der Sinn des neuen Reisepasses insgesamt in Frage gestellt.

Die Wahl des biometrischen Merkmals

Biometrische Systeme können unabhängig von dem verwendeten Merkmal im Wesentlichen allgemein beschrieben werden (s.o. 4.1). Dennoch weisen sie unterschiedliche Fehlerraten und Gefährdungslagen für die Betroffenen auf. Die Auswahl des biometrischen Merkmals ist deshalb keine nachgeordnete technische Entscheidung, sondern von großer Wichtigkeit auch für die rechtliche Bewertung des Systems.

Der verfassungsrechtliche Grundsatz der Erforderlichkeit verlangt, unter mehreren biometrischen Merkmalen das zu wählen, welches den geringsten Grundrechtseingriff mit sich bringt. Hierfür gibt es drei Kriterien, die allerdings nicht zu einem eindeutigen Ergebnis führen (Roßnagel/Hornung 2005b: 120 ff., 226 ff.; Hornung 2005: 184 ff.):

- Nach (umstrittenen) medizinischen Erkenntnissen enthalten einige Merkmale – wie die Iris und der Fingerabdruck – überschießende Informationen, insbesondere über die Gesundheit (Albrecht 2003: 172; Gunder-mann/Probst 2003: Rn. 26 f.; Golembiewski/Probst 2003: 64 f.). Auch wissenschaftlich strittige Risiken sind jedoch bei der Merkmalsauswahl zu berücksichtigen, da auch potentielle zukünftige überschießende Informationen bereits jetzt in die Entscheidung einzubeziehen sind.
- Hinterlassen biometrische Merkmale dauerhafte Spuren, so besteht ein erheblich größeres Risiko, dass diese Spuren erhoben und die so gewonne-nen Daten mit den für den Pass erhobenen Daten verglichen werden (Golembiewski/Probst 2003: 53). Dieses Risiko besteht beim Fingerabdruck.
- Gesichtsbilder können schließlich auch unmerklich erhoben werden. Dies w iderspricht dem datenschutzrechtlichen Transparenzgebot.

Speicherung von Volldatensätzen?
Templates sind Datensätze, die nach einem bestimmten Algorithmus aus den Volldatensätzen der biometrischen Merkmale extrahiert sind. Da sie weniger Informationen über den Merkmalsträger enthalten (Albrecht 2003: 158; Hornung 2005: 78 f., 188 ff.) und geringere Fehlerraten aufweisen (BSI/BKA/Secunet 2004: 10, 49), sind sie aus Sicht des Datenschutzes zu bevorzugen. Die Berechnung der Templates ist bislang jedoch nur unzureichend standardisiert. Standards gibt es für den Vergleich von Fingerabdrücken, aber nicht von Gesichtern. Um eine weltweite Interoperabilität von Reisedokumenten sicherzustellen, hat sich die ICAO deshalb für die Verwendung von Volldatensätzen ausgesprochen (ICAO 2004a: 19, 31 ff.) und der Europäische Rat ist ihr hier gefolgt (Roßnagel/Hornung 2005a: 985).
Aus technischer Sicht ist das Argument der Interoperabilität nachvollziehbar, da die einzelnen Staaten nicht für die Dokumente jedes anderen Staates verschiedene Prüfgeräte oder -algorithmen vorhalten können. Da die Verwendung von Volldatensätzen jedoch eingriffsintensiver ist, ist zumindest ein verstärktes staatliches Engagement in der Template-Standardisierung zu fordern. Immer dann, wenn für das verwendete Merkmal Template-Standards verfügbar sind, müssen diese verwendet werden (Hornung 2005: 188 ff.; Roßnagel/Hornung 2005b: 135 ff.). Das dürfte für die Verwendung von Fingerabdrücken in der zweiten Stufe der Einführung des neuen Passes der Fall sein.

Verwendung kontaktloser Schnittstellen (RFID)
Auch die Verwendung kontaktloser Schnittstellen entspricht einer Vorgabe der ICAO (ICAO 2004b). Die Gründe für diese Entscheidung liegen in der höheren Übertragungsrate und der geringeren Anfälligkeit für Verschmutzungen.
Aus rechtlicher Sicht geraten kontaktlose Schnittstellen in Konflikt mit dem datenschutzrechtlichen Transparenzgebot. Dieses fordert, biometrische Daten gegenüber dem Betroffenen offen und für ihn bemerkbar zu erheben (Albrecht 2003: 169; Roßnagel/Hornung 2005b: 134 ff.; Hornung 2005: 197 f.). Es wäre mit verfassungsrechtlichen Vorgaben unvereinbar, wenn sensible biometrische Daten mit handelsüblichen Lesegeräten ohne Kenntnis des Passinhabers ausgelesen werden könnten. Auch nach Art. 1 II 3 der europäischen Verordnung muss der Chip über ein Zugriffsschutzsystem verfügen. Der deutsche Pass wird in der ersten Erweiterungsstufe über einen „schwachen" Authentifizierungsmechanismus verfügen, der den Zugriff auf die Daten nur erlaubt, wenn das Lesegerät über einen spezifischen Schlüssel verfügt, den es aus den – zuvor automatisiert optisch gelesenen – Passdaten berechnet (Kügler 2005; ICAO 2004c). Dadurch werden die Nachteile der kontaktlosen Schnittstelle ausgeglichen, über die sonst praktisch jedermann „im Vorbeigehen" die Daten auslesen könnte.

Das Problem des Vertraulichkeitsschutzes

Da jedoch bei Verlust oder Diebstahl jedermann auf die Daten zugreifen kann, genügt diese „schwache" Authentifizierung nicht dem Erfordernis von Art. 1 II 3 der europäischen Verordnung, der ausdrücklich den Schutz der Vertraulichkeit der Daten fordert (zur Kritik durch Pfitzmann und andere s. Schulzki-Haddouti 2005). Ein weitergehender kryptographischer Zugriffsmechanismus ist erst für die Speicherung der Fingerabdrucksdaten vorgesehen.

Ähnlich wie bei der Template-Standardisierung stellt sich auch bei der Verschlüsselung allerdings das Problem der weltweiten Interoperabilität. Anders als in kleineren, geschlossenen Anwendungen – bei denen eine Verschlüsselung unproblematisch realisierbar und deshalb unbedingt zu fordern ist – ist es bei Reisepässen unrealistisch, die verwendeten Schlüssel dauerhaft geheimzuhalten, wenn sie weltweit verteilt und an einer Vielzahl von Kontrollstellen vorgehalten werden müssen. Allerdings ergibt sich zumindest ein Schutz gegen alltägliche Angriffe (insbesondere durch Privatleute). Das gilt umso mehr, als ein Missbrauch der Schlüssel zumindest in Deutschland strafbar wäre (Hornung 2005: 350 f.). Hierdurch wird ein Abschreckungseffekt erzielt, der eine zusätzliche Sicherung darstellt: Im Unterschied zu einem Angreifer, der sich von der Überwindung einer staatlichen Kontrollstelle erhebliche Vorteile verspricht, ist im nicht-hoheitlichen Bereich kaum damit zu rechnen, dass eine größere Zahl von Tätern das Risiko der Bestrafung eingehen wird. Aufgrund dessen ist eine Verschlüsselung trotz der genannten Kompromittierungsgefahren zum Schutz der Daten geboten (ebd.; Roßnagel/Hornung 2005b: 140 f., 232 f.).

Als letzte Lösung verbleibt für den Bürger schließlich der Selbstschutz, etwa der Transport des Passes in einer Verpackung, die das vom Lesegerät ausgehende elektromagnetische Feld abschirmt. Hierzu reicht eine einfache Metallhülle oder Aluminiumfolie aus (ICAO 2004b: 14; Kügler 2005: 85).

Speicherung ausschließlich auf dem Reisepass

Die europäische Verordnung enthält – entgegen der Forderung einiger europäischer Regierungen – ausdrücklich keine Vorgabe für die Speicherung der biometrischen Daten außerhalb der Reisepässe. Sie überlässt die Frage der Einrichtung nationaler Register damit den Mitgliedstaaten.

Nach geltendem deutschen Recht können gemäß dem abschließenden § 21 II PassG im Passregister zwar Gesichts-, nicht jedoch Fingerabdrucksdaten gespeichert werden. Hieran hat die europäische Verordnung nichts geändert. Vor dem Hintergrund der Risiken zentraler biometrischer Referenzdatenbanken sind diese prinzipiell nur zulässig, wenn kein dezentrales System verfügbar ist oder die spezifische Verarbeitungsaufgabe eine solche Datenbank erfordert (Albrecht 2003: 159 ff., 162 f.; Golembiewski/Probst 2003: 69 f., 72; Hornung 2005: 191 ff.; ders. 2004: 352 f.; Woodward/Orlans/Higgins 2003: 40).

Zentrale *und* dezentrale Datenbanken sind für einzelne Kontrollvorgänge unter Verwendung von Pass oder Personalausweis weder geeignet noch erforderlich

(Roßnagel/Hornung 2005b: 135 ff.; Hornung 2005: 192). Im Ausland werden zentrale biometrische Register mitunter zur Verhinderung der Vergabe von Mehrfachidentitäten eingesetzt. Hierfür gibt es in Deutschland wegen des hochentwickelten Meldewesens jedoch keine Notwendigkeit. Bei einer Erweiterung der Pass- und Personalausweisregister um biometrische Daten könnte im Fall einer Neubeantragung auf diese Informationen zugegriffen werden. Hierzu bietet sich aber als milderes Mittel die Neuerhebung an. Diese ist schon aus Gründen der Merkmalsveränderung über die Zeit und wegen der zu erwartenden technischen Veränderungen der Verfahren erforderlich. Im Ergebnis ist die Speicherung weiterer biometrischer Daten außerhalb des Passes in staatlichen Dateien zum Zwecke der Wiedererkennung des Inhabers weder erforderlich noch objektiv zumutbar (Roßnagel/Hornung 2005b: 136 ff.; Hornung 2005: 191 ff.; ders. 2004: 357; Golembiewski/Probst 2003: 69 ff.).
Ein Einsatz im Rahmen der Verbrechensbekämpfung wäre demgegenüber zur Aufklärung einer gewissen Zahl von Straftaten geeignet und erforderlich. Diesem Vorteil steht jedoch der Nachteil der Einrichtung einer zentralen Datenbank gegenüber, die von jedem Bürger Zeit seines Lebens ein unveränderbares und zur allgemeinen Überwachung geeignetes Kennzeichen vorhalten würde. Dies ist deshalb unzumutbar, weil nur eine kleine Zahl von Bürgern straffällig wird. Die Möglichkeit zusätzlicher Fahndungserfolge rechtfertigt nicht, die konkrete Gefahr der Verwendung biometrischer Merkmale als allgemeines Personenkennzeichen in Kauf zu nehmen (Roßnagel/Hornung 2005b: 138; Hornung 2005: 194 f.; Konferenz der Datenschutzbeauftragten des Bundes und der Länder 2002: 4./5.). Nicht umsonst hat das Bundesverfassungsgericht für den Aufbau einer – sogar begrenzten – Gendatenbank Vorbestrafter hohe Anforderungen formuliert (Bundesverfassungsgericht 2000; s. dazu Faber 2003: 280 ff.). Für die hier in Rede stehende Datenbank müssen noch höhere Anforderungen gestellt werden, weil die gesamte Bevölkerung betroffen wäre und im Unterschied zu einer Datenbank Vorbestrafter die übergroße Mehrheit der Betroffenen keinen Anlass für die Datenspeicherung gegeben hätte.
Eine bundesweite Datenbank – und funktionelle Äquivalente wie dezentralvernetzte Systeme – sind deshalb unzulässig. Im Ergebnis hat eine Änderung der gegenwärtigen Regelung zu unterbleiben.

Biometrie und Gleichheitssatz

Unter gleichheitsrechtlichen Gesichtspunkten ist zu fordern, dass biometrische Systeme diskriminierungsfrei implementiert werden. Bei einer dauerhaften oder vorübergehenden Nichteignung zur Authentifikation (s.o. 4.1) liegt eine Ungleichbehandlung vor. Diese ist schwerwiegend, weil sie durch die Betroffenen nicht beeinflusst werden kann (zu diesem Kriterium vgl. Bundesverfassungsgericht 1993a: 96; dass. 1995: 401). Außerdem kann es bei der Erkennungsleistung zu diskriminierenden Unterschieden kommen. Es gibt Berichte darüber, dass Gesichter von Männern um bis zu 9 % besser erkannt werden als die von Frauen (so das Ergebnis des „Face Recognition Vendor Tests“, s. Phillips et. al. 2003: 3), die Erkennungsleistung mit dem Lebensalter steigt (ebd.) und einige Algorithmen Schwierigkeiten bei der Erkennung von Menschen dunkler Hautfarbe haben (Breitenstein 2002: 46). Unterschiedliche ethnische Gruppen haben unterschiedliche Fingerabdruckscharakteristika (Woodward/Orlans/Higgins 2003: 32 m.w.N.). Bei der Iriserkennung führen die Vorgaben der Bilderfassung mitunter zu Problemen für Menschen aus Fernost (Breitenstein 2002: 49).

Biometrische Grenzkontrollsysteme sind deshalb ohne effektive Rückfallsysteme verfassungsrechtlich unzulässig. Eine Möglichkeit sind manuelle Nachkontrollen. Diese haben ohne größere zeitliche Verzögerungen oder sonstige Nachteile für die Betroffenen zu erfolgen.

Die logistischen Herausforderungen in diesem Bereich sind nicht zu unterschätzen. Schon Fehlerraten, die für heutige Systeme durchaus ambitioniert sind, verursachen bei der Massenabfertigung verhältnismäßig hohe absolute Fallzahlen. So würde am Frankfurter Flughafen ein biometrisches Kontrollsystem mit einer FRR von 1 % etwa 1.000 Fehlalarme pro Tag verursachen (Hornung 2005: 179). Werden schließlich Falschabweisungsraten von bis zu 10 % als „eindrucksvoll gering“ bezeichnet (so Büro für Technikfolgenabschätzung beim deutschen Bundestag 2004: 37), so muss man sich vor Augen führen, dass dies allein am Frankfurter Flughafen zu einer täglichen Zahl von Fehlalarmen im fünfstelligen Bereich führen würde.

Einsatz im privaten Umfeld?

Kontrovers diskutiert wird derzeit der Einsatz der biometrischen Daten auf Identifikationsdokumenten im privaten Bereich, der beispielsweise im betrieblichen Umfeld denkbar wäre (Hornung 2005: 204 f., Roßnagel/Hornung 2005b: 150 f., 241). Personalausweis und Pass können nach §§ 4 PersAuswG, 18 PassG auch im nichtöffentlichen Bereich als Ausweis- und Legitimationspapier benutzt werden, jedoch ist eine Verwendung zum automatischen Abruf und zur automatischen Speicherung personenbezogener Daten unzulässig (Medert/Süßmuth 1998: § 4 Rn. 1 ff.). Von Ausnahmen abgesehen ist deshalb de lege lata der Gebrauch biometrischer Daten nicht möglich (näher Hornung 2005: 205). Eine Änderung dieser Regelung wäre verfassungsrechtlich akzeptabel, wenn die Freiwilligkeit der Anwendung gesichert wird und eine gegenseitige Authentisierung mit einem Lesegerät erfolgt, welches zuvor zertifiziert wurde. In diesem Fall kann der Passinhaber sichergehen, dass seine Daten nicht über das zum Matching erforderliche Maß hinaus gespeichert oder gar weitergegeben werden. Ein strafbewehrtes Verbot könnte außerdem dem Missbrauch der Daten entgegenwirken. Aus staatlicher Sicht stellt der Zugriff Privater auf die elektronisch gespeicherten Daten kein Problem dar, wenn deren Integrität – beispielsweise durch eine elektronische Signatur – sichergestellt wird.

Organisation und Kosten

Die organisatorischen und finanziellen Aspekte der Einführung des neuen Passes sollen an dieser Stelle nur angerissen werde (vgl. ausführlich Strasser/Müller/Roßnagel/Gitter 2005, 243 ff.; Büro für Technikfolgenabschätzung beim deutschen Bundestag 2004, 62 ff.). In der Bundesrepublik gibt es derzeit ca. 6.500 Passbehörden, die im Normalfall in den Gemeinden angesiedelt sind. Allerdings verfügen die allermeisten dieser Behörden über eine Zahl von Zweigstellen, Bürgerbüros oder ähnliche Einrichtungen, in denen ein Reisepass beantragt werden kann. Über die Gesamtzahl dieser Stellen gibt es, soweit ersichtlich, keine Statistik.

Für den neuen Antragsprozess seit dem 1. November 2005 wurden die Passbehörden nicht mit biometrischen Erfassungsgeräten ausgerüstet. Stattdessen muss der Antragsteller weiterhin ein Passbild zur Verfügung stellen, das an die Bundesdruckerei versandt, dort digitalisiert und auf den Pass-Chip gespeichert wird. Eine Überprüfung der Funktionsfähigkeit des Passes bei der Ausgabe ist nicht vorgesehen. Der Verzicht auf diesen Test ist hochgradig problematisch. Er birgt für den Inhaber das Risiko, ein fehlerhaftes Dokument zu erhalten und dies erst beim ersten Einsatz an der Grenze festzustellen. Der Chip selbst kann zwar beim Hersteller getestet werden. Die Funktionsfähigkeit des Datensatzes – und damit des Passes insgesamt – kann jedoch nur durch einen Vergleich mit den neu erhobenen Daten des Passinhabers ermittelt werden.

Offensichtlich sind auch die Passämter selbst unsicher, wie in solchen Fällen zu verfahren ist. In verschiedenen Gemeinden mussten im November des Jahres 2005 Antragsteller, die Passbilder bereitstellten, deren biometrische Verwertbarkeit zweifelhaft war, eine Erklärung unterschreiben, nach der sie darauf bestanden hatten, dieses Bild zu verwenden, und auf Schadensersatzansprüche für den Fall der Funktionsuntüchtigkeit des Passes verzichteten (Borchers 2005). Aus staatshaftungsrechtlicher Sicht dürften derartige Erklärungen kaum geeignet sein, die Rechtsträger der betroffenen Behörden aus der Verantwortung zu entlassen. Der Pflicht, ein staatliches Identifikationsdokument zu besitzen, korrespondiert ein Anspruch gegen den Staat auf Ausstellung eines solchen Papiers (s. für den Personalausweis Bundesverwaltungsgericht 1992). Dies beinhaltet auch die Funktionsfähigkeit des Reisepasses. Solange dem Bürger keine Möglichkeit gegeben ist, diese zu testen, kann das Risiko einer fehlerhaften Datenerhebung keinesfalls auf ihn abgewälzt werden.

Es ist derzeit schwer möglich, die Kosten der Einführung des neuen Reisepasses abzuschätzen. Die hauptsächlichen Kostenfaktoren sind allerdings erkennbar (Strasser/Müller/Roßnagel/Gitter 2005: 243 ff.; ICAO 2004a: 29; London School of Economics 2005: 6 f.; Hornung 2005: 359 ff.). Die erforderlichen Ausgaben werden etwa durch die Wahl des Merkmals bestimmt, weil die Preise für Geräte und Lizenzgebühren differieren. Kosten entstehen durch die Auswahl der Speichermedien, die Implementierung kryptographischer Sicherungen und das Zertifikatsmanagement. Auf der Kontrollebene spielt die Zahl der Kontrollstellen (Grenzübergänge, Flughäfen, perspektivisch möglicherweise auch Polizeistellen oder mobile Kontrollen) eine Rolle. Die Geräte zum Enrolment und zur Kontrolle müssen gewartet und gegebenenfalls fortentwickelt werden. Schließlich könnten alle diese Faktoren durch eine verkürzte Laufzeit der neuen Pässe überlagert werden. Die ICAO hat den Staaten empfohlen, bei der Verwendung von Chips statt der bisher üblichen zehnjährigen eine fünfjährige Gültigkeit zu erwägen (ICAO 2004a: 40, 47). Dies würde eine Verdoppelung der Kosten bei Beantragung, Produktion und Ausgabe bedeuten.

Die deutsche Gebühr von 59,- Euro für den neuen Reisepass (bzw. 37,50 Euro bei Beantragung vor Vollendung des 26. Lebensjahres) ist im internationalen Vergleich durchaus moderat. In der Schweiz wird der neue Pass 250,- SFR kosten; allerdings wird das bisherige Dokument für eine Übergangszeit weiterhin erhältlich sein. In Großbritannien ist eine Gebühr von umgerechnet ca. 120,- Euro für die kombinierte Beantragung des Passes und des zukünftigen Personalausweises im Gespräch (s. zur internationalen Entwicklung Hornung 2005, 93 ff.).

Zu den Gesamtkosten des Projekts gibt es bislang keine offiziellen Angaben. Das Büro für Technikfolgenabschätzung beim deutschen Bundestag (2004: 62 ff.) schätzt die einmaligen Kosten der Einführung eines biometrischen Ausweispapiers auf bis zu 670 Mio. Euro und die laufenden Kosten auf bis zu 610 Mio. Euro jährlich. Auch unter Berücksichtigung der wesentlich erhöhten Gebühr erscheint fraglich, ob die Gesamtkosten durch die Gebühren aufgebracht werden können. Zumindest im Bundeshaushalt 2005 waren keine Mittel für die Einführung vorgesehen.

Das Problem der demokratischen Legitimation

Die europäische Passverordnung ist unter Beachtung der europarechtlichen Kompetenzvorgaben korrekt zustande gekommen (s.o. 5.2). Dennoch lässt sie an der Legitimität des mit ihr verbundenen Eingriffs in die Grundrechte der Bürger der Europäischen Union zweifeln (s. zum Folgenden Roßnagel/Hornung 2005a: 689).

Im Vorfeld der Verabschiedung der europäischen Verordnung fehlte so gut wie jede öffentliche Diskussion über die Chancen und Risiken der Einführung der biometrischen Daten. Die Entscheidung des Europäischen Rates – in Form des Rates der Innenminister – kam unter maßgeblichem Druck der USA und der ICAO zustande (s. schon oben 1). Soweit ersichtlich, gab es vor der Abstimmung im Rat in keinem Mitgliedstaat eine parlamentarische Anhörung, geschweige denn eine formelle Zustimmung zu der Maßnahme. In Deutschland war der Fortgang der Arbeiten auf der europäischen Ebene zwar Gegenstand verschiedener parlamentarischer Fragestunden (z.B. BT-Drs. 15/3145, 9; 15/3642, 12 ff.; 15/3663, 3; 15/3765, 4 f.; 15/4211, 7 ff.; 15/4477, 8 f., 17 ff.);

es erfolgte aber keine politische Willensäußerung des Bundestages, der sich im Terrorismusbekämpfungsgesetz die näheren Entscheidungen ausdrücklich vorbehalten hatte (s.o. 3). Äußerungen der Konferenz der Datenschutzbeauftragten des Bundes und der Länder (z.B. 2002: 247) wurden nur in der Fachöffentlichkeit diskutiert.

Die europäischen Institutionen bewerten die Chancen und Risiken der Biometrie sehr unterschiedlich. Während die Europäische Kommission in einem Bericht aus dem Frühjahr 2005 ein sehr optimistisches Bild für künftige kommerzielle Anwendungen in nahezu allen Lebensbereichen zeichnet (Europäische Kommission 2005), äußerten sich der EU-Datenschutzbeauftragte und die in der Art. 29-Gruppe zusammengefassten Datenschutzbeauftragten der Mitgliedstaaten (2005; 2003) kritisch bis ablehnend. Das Europäische Parlament hatte sich entschieden gegen die Speicherung auch der Fingerabdrucksdaten ausgesprochen, wurde aber vom Europäischen Rat überstimmt.

Dieser Vorgang ist ein geradezu prototypisches Beispiel für das so genannte „Demokratiedefizit" der Europäischen Union (dazu z.B. Fischer 2001; Kluth 1994: 44 ff., 67 ff.; Häberle 2004: 306 ff.; Kleger/Karolewski/Munke 2004: 213 ff., 236 ff; s. bereits Bross 1971: 134 ff., 186 ff). Nach der Rechtsprechung des Bundesverfassungsgerichts (1993b: 189 f.; ebenso die überwiegende Auffassung in der Literatur, s. Fischer 2001: 44 m.w.N.) wird die demokratische Legitimation von Maßnahmen der Union, die in Grundrechte eingreifen, durch die nationalen Parlamente vermittelt, die über die im Rat entscheidenden Minister die Kontrolle ausüben. Dem Europäischen Parlament komme eine unterstützende Funktion zu. Dieser Befund ist verschiedentlich als empirisch nicht haltbar kritisiert worden, weil bei Ratsentscheidungen de facto so gut wie keine Mitsprache der nationalen Volksvertretungen stattfinde (Kohnen 1998: 49 ff:; Kleger/Karolewski/Munke 2004: 219, 261 ff.; Fischer 2001: 114f., 117 f. m.w.N.). Wie gezeigt, gilt das auch für den konkreten Fall.

Hinzu kommt ein weiteres Problem (Roßnagel/Hornung 2005a: 989 f.). Die europäische Verordnung verweist für die technischen Sicherheitsstandards auf die Richtlinien und Empfehlungen der ICAO und ermächtigt für die Art der Speicherung biometrischer Daten und die Schutzmechanismen (Verschlüsselung und Authentisierung) zum Erlass von Vorgaben, bei denen zu erwarten ist, dass sie ebenfalls auf die Standards der ICAO Bezug nehmen. Diese Standards sind nicht völkerrechtlich bindend (wenn sie auch durch ihre weltweite Einhaltung praktisch so wirken), erlangen so aber unmittelbare rechtliche Geltungskraft in allen EU-Mitgliedstaaten.

Daran schließen sich mehrere grundsätzliche Probleme an (Roßnagel/Hornung 2005a: 989 f.): Die Normung innerhalb der ICAO ist, zumindest für die zweite Stufe der Erweiterung um Fingerabdrucksdaten, noch gar nicht abgeschlossen. Die Organisation könnte in Zukunft Vorgaben so ausgestalten oder ändern, dass sie nach deutschem Grundrechtsverständnis unzulässig wären – nichtsdestotrotz müsste Deutschland die entsprechenden Normen umsetzen. Hierfür fehlt den

Normungsgremien der ICAO aber die erforderliche demokratische Legitimation. Zwar ist Deutschland seit 1956 Mitglied der ICAO und arbeitet ständig durch technische Experten der Ministerien in ihrem Rat und den Ausschüssen mit. Die ICAO hat aber 187 Mitgliedstaaten, von denen einige – insbesondere die USA – derzeit bemüht sind, die technische Normierung in ihrem Sinn zu beeinflussen. Durch eine dynamische Verweisung auf die Ergebnisse dieser Normung werden jedoch Grundrechtspositionen ohne weitere parlamentarische Kontrolle gefährdet. Diese dynamische Verweisung erscheint daher nicht nur politisch inopportun, sondern wegen Verstoßes gegen das Demokratieprinzip und den Grundrechtsschutz auch verfassungs- und europarechtlich zweifelhaft (ebd.).

Ausblick

Eine endgültige Bewertung der hier aufgezeigten technischen Fragen des neuen Reisepasses und der durch sie hervorgerufenen rechtlichen Probleme wird erst erfolgen können, wenn nach einer hinreichenden Verbreitung der Pässe die Möglichkeiten und Grenzen der biometrischen Authentifikation im Massenbetrieb erkennbar werden. Auch der praktische Umgang der Kontrollbehörden mit dem Pass – etwa die Behandlung von Reisenden, die aus den angesprochenen Gründen nicht erfasst werden können oder im Einzelfall abgewiesen werden – wird eine erhebliche Auswirkung auf die rechtliche Bewertung haben.
Schon jetzt ist allerdings erkennbar, dass die Art und Weise des Zustandekommens der rechtlichen Grundlagen unter dem Gesichtspunkt der demokratischen Legitimation mehr als zweifelhaft ist. Das ist umso problematischer, als es sich bei biometrischen Systemen und RFID-Chips um Teile einer neuen Identifizierungsinfrastruktur handelt, die in Zukunft in immer mehr Lebensbereichen eingesetzt werden wird. Schon heute ist erkennbar, dass beide Technologien auch beim neuen, „digitalen" Personalausweis (Hornung 2005: 165 ff., 346 ff. et passim; Roßnagel/Hornung 2005b: 106 ff., 223 ff.) und in weitem Umfang auch im betrieblichen Umfeld (Hornung/Steidle 2005) Anwendung finden werden. An die politische und gesellschaftliche Öffentlichkeit stellt sich deshalb die Herausforderung, die weiteren Implementierungsschritte kritisch zu begleiten.

Literatur

Albrecht, A. (2003), Biometrische Verfahren im Spannungsfeld von Authentizität im elektronischen Rechtsverkehr und Persönlichkeitsschutz, Baden-Baden 2003.

Article 29 Data Protection Working Party (2005), Working Paper 112: Opinion on Implementing the Council Regulation (EC) No 2252/2004 of 13 December 2004 on standards for security features and biometrics in passports and travel documents issued by Member States, 1710/05/EN, http://europa

.eu.int/comm/justice_home/fsj/privacy/docs/wpdocs/2005/wp112_en.pdf, 2005.

Article 29 Data Protection Working Party (2003), Working Paper 80: Working document on biometrics, 12168/02/EN, abrufbar unter http://europa.eu.int/comm/justice_home/fsj/privacy/docs/wpdocs/2003/wp80_en.pdf, 2003.

Behrens, M. / Roth, R. (2001), Biometrische Identifikationssysteme: Auf dem Weg vom Labor zum Markt. Eine Bestandsaufnahme – unter Berücksichtigung der USA, Gießen 2001.

Breitenstein, M. (2002), Überblick über biometrische Verfahren, in: Nolde, V. / Leger, L. (Hrsg.): Biometrische Verfahren. Körpermerkmale als Passwort – Grundlagen, Sicherheit und Einsatzgebiete biometrischer Identifikation, Köln 2002, 35.

Borchers, D. (2005), Und wenn der Mensch ein Mensch ist: Holpriger Start für den ePass, Heise Newsticker vom 3. November 2005, abrufbar unter http://www.heise.de/newsticker/meldung/65711, 2005.

Bross, J.-M. (1971), Die Bedeutung des Grundsatzes der Demokratie für die Wirksamkeit europagemeinschaftlicher Sekundärrechtsnormen im Bereich der Bundesrepublik Deutschland, Kiel 1971.

Büro für Technikfolgenabschätzung beim Deutschen Bundestag (2004), Biometrie und Ausweisdokumente. Leistungsfähigkeit, politische Rahmenbedingungen, rechtliche Ausgestaltung. Zweiter Sachstandsbericht, BT-Drs. 15/4000, 2004.

Bundesamt für Sicherheit in der Informationstechnik (2004), Risiken und Chancen des Einsatzes von RFID-Systemen. Trends und Entwicklungen in Technologien, Anwendungen und Sicherheit, abrufbar unter http://www.bsi.de/fachthem/rfid/studie.htm, 2004.

Bundesamt für Sicherheit in der Informationstechnik (BSI) / Bundeskriminalamt (BKA) / Secunet AG (2004), Untersuchung der Leistungsfähigkeit von Gesichtserkennungssystemen zum geplanten Einsatz in Lichtbilddokumenten – BioP I. Öffentlicher Abschlussbericht, Version 1.1, 7. April 2004, abrufbar unter http://www.bsi.de/literat/studien/biop/index.htm, 2004.

Bundesrat (2005), Beschluss vom 08. Juli 2005 zur Zweiten Verordnung zur Änderung passrechtlicher Vorschriften, BR-Drs. 510/05.

Bundesregierung (2005), Antwort auf die Kleine Anfrage der Abgeordneten Ulla Jelpke, Petra Pau und der Fraktion DIE LINKE – Sicherheit der biometriegestützten Reisepässe, Bundestags-Drucksache 16/161, 9.12.2005.

Bundesverfassungsgericht (1983), Urteil des Ersten Senats vom 15. Dezember 1983, 1 BvR 209, 269, 362, 420, 440, 484/83 („Volkszählung"), Amtliche Sammlung, Band 65, 1.

Bundesverfassungsgericht (1993a), Beschluss des Ersten Senats vom 26. Januar 1993, 1 BvL 38, 40, 43/92, Amtliche Sammlung, Band 88, 87.

Bundesverfassungsgericht (1993b), Urteil des Zweiten Senats vom 12. Oktober 1993, 2 BvR 2134, 2159/92, Amtliche Sammlung, Band 89, 155.

Bundesverfassungsgericht (1995), Entscheidung vom 10. Januar 1995, 1 BvL 20/87, 20/88, Amtliche Sammlung, Band 91, 389.

Bundesverfassungsgericht (2000), Beschluss der 3. Kammer des Zweiten Senats vom 14. Dezember 2000, 2 BvR 1741/99, 276, 2061/00, Amtliche Sammlung, Band 103, 21.

Bundesverwaltungsgericht (1992), Urteil v. 29. September 1992 – Buchholz 402.02 Nr. 5.

Burchardt, U. (2004), Die EU lässt das Volk vermessen, Frankfurter Rundschau vom 2. Dezember 2004.

Eisenberg, U. / Puschke, J. / Singelnstein, T. (2005), Überwachung mittels RFID-Technologie. Aspekte der Ausforschung und Kontrolle mit neuartigen Funk-Chips, Zeitschrift für Rechtspolitik 2005, 9.

Europäische Kommission (2005), Biometrics at the Frontiers: Assessing the Impact on Society, Report of the Joint Research Centre (DG JRC), Institute for Prospective Technological, abrufbar unter: ftp://ftp.jrc.es/pub/EURdoc/eur21585en.pdf, 2005.

Europäische Union (2004), Verordnung 2252/2004 über Normen für Sicherheitsmerkmale und biometrische Daten in von den Mitgliedstaaten ausgestellten Pässen und Reisedokumenten, ABl. EU Nr. L 385 v. 29.12.2004, S. 1.

Faber, M. (2003), Verrechtlichung – ja, aber immer noch kein „Grundrecht"! – Zwanzig Jahre informationelles Selbstbestimmungsrecht, Recht der Datenverarbeitung 2003, 278.

Fischer, R. (2001), Das Demokratiedefizit bei der Rechtsetzung durch die Europäische Gemeinschaft, Münster 2001.

FoeBuD (Verein zur Förderung des öffentlichen bewegten und unbewegten Datenverkehrs) e.V. et. al. (2003), Positionspapier über den Gebrauch von RFID auf und in Konsumgütern, abrufbar unter http://www.foebud.org/texte/aktion/rfid/positionspapier.pdf, 2003.

Gräfin von Westerholt, M. / Döring, W. (2004), Datenschutzrechtliche Aspekte der Radio Frequency Identification. Ein „Virtueller Rundgang" durch den Supermarkt der Zukunft, Computer und Recht 2004, 710.

Golembiewski, C. / Probst, T. (2003), Datenschutzrechtliche Anforderungen an den Einsatz biometrischer Verfahren in Ausweispapieren und bei ausländerrechtlichen Identitätsfeststellungen (Gutachten des Unabhängigen Landeszentrums für Datenschutz Schleswig-Holstein für das Büro für Technikfolgenabschätzung beim Deutschen Bundestag), abrufbar unter http://www.datenschutzzentrum.de/download/Biometrie_Gutachten_Print.pdf, Kiel 2003.

Gundermann, L. / Probst, T. (2003), Biometrie, Kapitel 9.6, in: Roßnagel, A. (Hrsg.), Handbuch zum Datenschutzrecht. Die neuen Grundlagen für Wirtschaft und Verwaltung, München 2003.

Häberle, P. (2004), Europäische Verfassungslehre, 2. Auflage, Baden-Baden 2004.

Hornung, G. (2004), Biometrische Systeme – Rechtsfragen eines Identifikationsmittels der Zukunft, Kritische Justiz 2004, 344.

Hornung, G. (2005), Die digitale Identität. Rechtsprobleme von Chipkartenausweisen: digitaler Personalausweis, elektronische Gesundheitskarte, Job-Card-Verfahren, 2005.

Hornung, G. / Steidle, R. (2005), Biometrie am Arbeitsplatz – sichere Kontrollverfahren versus ausuferndes Kontrollpotential, Arbeit und Recht 2005, 201.

International Civil Aviation Organisation (2004a), Biometrics Deployment of Machine Readable Travel Documents. Technical Report, Version 2.0, abrufbar unter http://www.icao.int/mrtd/Home/Index.cfm, 2004.

International Civil Aviation Organisation (2004b), Annex I: Use of Contactless Integrated Circuits in Machine Readable Travel Documents, Version 4.0, abrufbar unter http://www.icao.int/mrtd/Home/Index.cfm, 2004.

International Civil Aviation Organisation (2004c), PKI for Machine Readable Travel Documents offering ICC Read-Only Access, Version 1.1, 2004d, abrufbar unter http://www.icao.int/mrtd/Home/Index.cfm, 2004.

International Civil Aviation Organisation (2005), About the ICAO, abrufbar unter http://www.icao.int/icao/en/m_about.html. 2005.

Kleger, H. / Karolewski, P. / Munke, M. (2004), Europäische Verfassung: zum Stand der europäischen Demokratie im Zuge der Osterweiterung, 3. Auflage, Münster 2004.

Kluth, W. (1994), Die demokratische Legitimation der Europäischen Union, Berlin 1994.

Kohnen, D. (1998), Die Zukunft des Gesetzesvorbehalts in der Europäischen Union: zur Rolle des Bundestages in den Angelegenheiten der Europäischen Union, Baden-Baden 1998.

Konferenz der Datenschutzbeauftragten des Bundes und der Länder (2002), Positionspapier zu technischen Aspekten biometrischer Merkmale in Personalausweisen und Pässen, Datenschutz und Datensicherheit 2002, 247.

Kügler, D. (2005), Risiko Reisepass? Schutz der biometrischen Daten im RF-Chip, c't 5/2005, 84.

London School of Economics & Political Science (2005), The Identity Project. An assessment of the UK Identity Cards Bill & its implications. Interim Report, London, abrufbar unter http://www.lse.ac.uk/collections/pressAndInformationOffice/PDF/IDreport.pdf, 2005.

Luftrecht-Online, Die Internationale Zivilluftfahrt-Organisation (ICAO), abrufbar unter http://www.luftrecht-online.de/einzelheiten/verwaltung/icao.htm, 2003.

Medert K. M. / Süßmuth, W. (1998), Pass- und Personalausweisrecht. Band 1: Personalausweisrecht des Bundes und der Länder. Kommentar, 3. Auflage, Stuttgart 1998.

Müller, J. (2004), Ist das Auslesen von RFID-Tags zulässig? Schutz von RFID-Transponderinformationen durch § 86 TKG, Datenschutz und Datensicherheit 2004, 215.

Müller, J. / Handy, M. (2004), RFID und Datenschutzrecht. Risiken, Schutzbedarf und Gestaltungsvorschläge, Datenschutz und Datensicherheit 2004, 655.

Phillips, P. J. / Grother, P. / Micheals, R. J. / Blackburn, D. M. / Tabassi, E. / Bone, M. (2003), Face Recognition Vendor Test 2002. Overview and Summary, abrufbar unter http://www.frvt.org/DLs/FRVT_2002_Overview_and_Summary.pdf, 2003.

Roßnagel, A. / Hornung, G. (2005a), Reisepässe mit elektronischem Gesichtsbild und Fingerabdruck. Die EG-Verordnung 2252/2004 über Normen für Sicherheitsmerkmale und biometrische Daten in von den Mitgliedstaaten ausgestellten Pässen und Reisedokumenten, Die Öffentliche Verwaltung 2005, 983.

Roßnagel, A. / Hornung, G. (2005b), Datenschutzrechtliche Anforderungen / Möglichkeiten zur Erfüllung, in: Reichl, H. / Roßnagel, A. / Müller, G. (Hrsg.): Digitaler Personalausweis. Eine Machbarkeitsstudie, Wiesbaden 2005, 106 / 223.

Roßnagel, A. / Pfitzmann, A. / Garstka, H. (2001), Modernisierung des Datenschutzrechts. Gutachten im Auftrag des Bundesministeriums des Innern, Berlin 2001.

Schulzki-Haddouti, C. (2005), Biometrie ohne Nebenwirkungen? Kritik an den geplanten Reisepässen, c't 10/2005, 94.

Simitis, S. (2003), Kommentar zum Bundesdatenschutzgesetz, hrsg. von S. Simitis, 5. Auflage, Baden-Baden 2003.

Strasser, M. / Müller, G. / Roßnagel, A. / Gitter, R. (2005), Kosten und Umsetzungsmodelle, in: Reichl, H. / Roßnagel, A. / Müller, G. (Hrsg.): Digitaler Personalausweis. Eine Machbarkeitsstudie, Wiesbaden 2005, 243.

Tinnefeld, M.-T. / Ehmann, E. (1998), Einführung in das Datenschutzrecht, 3. Auflage, München 1998.

Towler, A. (2004), Mistaken Identity?, Law Society Gazette 2004, No. 17, 20.

Trute (2003), Verfassungsrechtliche Grundlagen, Kap. 2.5, in: Roßnagel, A. (Hrsg.), Handbuch zum Datenschutzrecht. Die neuen Grundlagen für Wirtschaft und Verwaltung, München 2003.

Woodward, J. D., Jr. / Orlans, N. M. / Higgins, P. T. (2003), Biometrics. Identity Assurance in the Information Age, New York 2003.

Oliver Decker

Alle Karten in der Hand. Panoptismus und die Gesundheitskarte

Zusammenfassung
In diesem Beitrag wird am Beispiel des eHealth-Systems eine Wirkung des elektronischen Regierens, des eGovernments betrachtet werden. Insbesondere der Einführung der Gesundheits- und Heilberufskarte wird eingangs die Aufmerksamkeit gewidmet. Sie sind die technischen Voraussetzungen für die Telematikmedizin und damit der erste Schritte auf dem Weg zur elektronischen Patientenakte. Um die exemplarische Bedeutung der Gesundheitskarte für das eGovernment zu verdeutlichen, wird in diesem Beitrag zunächst der administrative Hintergrund skizziert. Im nächsten Schritt soll die Foucaultsche Analyse von Regierungstechniken vorgestellt werden. Beispielhaft ist hier der „Panoptismus" als Technik der Kontrolle, mit der das überwachte Subjekt in seine Kontrolle und Disziplinierung eingebunden wird. Der abschließende Rückbezug auf die Gesundheitskarte kann sichtbar machen, inwieweit bereits diese Karte, unabhängig von den repressiven Überwachungsmöglichkeiten, als Verfeinerung der Kontrolle verstanden werden kann.

Die Gesundheitskarte

Das Gesetz zur Modernisierung der gesetzlichen Krankenversicherung trat zum 1. Januar 2004 in Kraft, ein Kernelement dieses Modernisierungsgesetzes ist die sogenannte Gesundheitskarte. Sie führte lange Zeit neben der ebenfalls in diesem Gesetz enthaltenen Zuzahlungsregelung bei Arzneimitteln und der Praxisgebühr ein Schattendasein und wurde in der Öffentlichkeit und auch bei den betroffenen Fachgruppen wenig zur Kenntnis genommen. Das ist erstaunlich, betrifft doch die Gesundheitskarte alle Versicherten, die komplementär eingeführte Heilberufskarte alle ÄrztInnen, PsychotherapeutInnen und ApothekerInnen und auch das finanziellen Volumen für ihre Umsetzung ist groß. Derzeit beginnt in einigen Bundesländern in ausgewählten Modellregionen (beispielsweise in Baden-Württemberg, Bayern, Bremen, Niedersachsen, NRW, Sachsen und Mecklenburg-Vorpommern) die Einführung der Gesundheitskarte und der Heilberufskarte (Schug & Redders 2005) und auch das geplante Datum der Einführung dieser Gesundheitskarte für alle 80 Millionen Versicherten in der Bundesrepublik zum 1. Januar 2006 rückt näher. Zwar werden, anders als für die Versicherten, für die sich durch ihre schrittweise Einführung die unmittelbare Konsequenz noch einige Jahre hinziehen kann, vor allem die Heilberufe von dieser

Veränderung unmittelbar betroffen sein (Warda & Noelle 2002). Dennoch ist eine so große Veränderung in der Gesundheitsversorgung Grund genug, diese Neuerung nicht nur hinsichtlich adminstrativer und technischer Aspekte einmal genauer in den Blick zu nehmen.
Im Folgenden wird es wesentlich um einen ausgewählten Aspekt der Gesundheitskarte und der Karte für die Heilberufe gehen: Beide sind notwendige Voraussetzung für die Einführung des eHealth-Systems, der Gesundheitstelematik, insbesondere der elektronischen Patientenakte. Wie viele Begriffe, so haben auch diese in der wissenschaftlichen Auseinandersetzung einen sehr weiten Bedeutungsraum (Oh, Rizo, Enkin & Jadad 2005), so dass sich eine Klärung des Kontextes empfiehlt: Diese Klärung führt in die Politik.

Was ist die Gesundheitskarte? Eines der zentralen Politikfelder der rot-grünen Regierung war die Umsetzung des sogenannten eGovernments, also der elektronischen Verwaltung. Wie auch bei der Gesundheitskarte, vollzieht sich diese „Verwaltungsrevolution" weitestgehend ohne öffentliche Resonanz (Engemann 2002). Das ist verhältnismäßig erstaunlich. Der Übergang zur „Elektronischen Verwaltung", welcher auf einem Kabinettsbeschluss vom 1.12.1999 basiert („Moderner Staat – Moderne Verwaltung – Deutschland erneuern"; vgl. Bundesregierung 1999) wird mit mehreren Millionen Euro befördert und diversen Forschungsprojekten flankiert. Die Umsetzung dieser Vision hat einige Konsequenzen, die in den unmittelbaren Nahbereich jedes Individuums hineinreicht.
Die Gesundheitskarte ist ein Meilenstein bei der Einführung des eGovernments in der Bundesrepublik: Die Gesundheitskarte wurde von einer gemeinsamen Arbeitsgruppe des Bundesinnenministeriums, des Bundeswirtschaftsministeriums, des Bundesgesundheitsministeriums und des Bundesfinanzministeriums vorbereitet (Bundesregierung 2005). Das Bundesinnenministerium hatte hierbei die Federführung. Diese enge Verzahnung zwischen den verschiedenen Ressorts begründet sich aus der Zielstellung: Mittelfristig soll dann der neue digitale Personalausweis folgen. Ergänzt werden die Gesundheitskarte und der digitale Personalausweis um eine „JobCard", auf der die Berufsbiographie mit den erworbenen Sozialansprüchen abrufbar ist (Weichert 2005). Geplant ist, diese Karten langfristig zu einer Karte zusammen zu führen (Bundesregierung 2005). Die Gesundheitskarte soll ab Anfang 2006 ausgegeben werden, wobei die Ausgabe „evolutionär" erfolgen wird, d. h. die bisher geführten Krankenversichertenkarten werden im Zuge eines sowieso notwendigen Austausches ersetzt. Da bisher pro Jahr 10-15 % der Krankenversichertenkarten neu ausgegeben werden mussten, etwa wegen Wohnortswechsel, Namenswechsel oder eines Defekts, ist auch auf diesem Weg bald mit einer flächendeckenden Einführung der Gesundheitskarte zu rechnen.
Dabei scheint zumindest die Gesundheitskarte in der Krankenversorgung nicht ohne Vorbild zu sein. 1993/1994 wurde in der Bundesrepublik die Krankenversichertenkarte eingeführt. Heute sind etwa 90% der Bevölkerung – ob gesetzlich

oder privat krankenversichert – mit dieser Karte ausgestattet (vgl. Warda & Noelle 2002). Wahrscheinlich bietet sich wegen der Vertrautheit im Umgang mit einer Speicherkarte auf Seite der Versicherten auch die Gesundheitskarte als Einstieg in das eGovernment an. Dabei wird die Gesundheitskarte der heutigen Krankenversichertenkarte aber nur noch in der Größe gleichen. Auf der bisherigen Krankenversichertenkarte sind auf einem Speicherchip bisher Angaben zur Person erfasst (Name, Anschrift, Geburtsdatum) sowie versicherungsrelevante Informationen.
Was die Gesundheitskarte in der geplanten Form deutlich von der Krankenversichertenkarte unterscheiden wird, ist zweierlei: Im Erscheinungsbild fällt das Passbild auf, das auf der Gesundheitskarte den Träger kenntlich machen soll (Paland & Riepe 2005). Mit dem Passbild wird die Gesundheitskarte mit einer Ausweisfunktion ausgestattet, die die Krankenversichertenkarte nicht gehabt hat. Zwar diente auch sie dem Nachweis, Leistungbezugsberechtigter im Gesundheitswesen zu sein. Allerdings blieben die Kontrollmöglichkeiten beschränkt. Die neue Gesundheitskarte wird den Träger wie ein Personalausweis identifizierbar machen. „Dabei werden die Identifizierungsdaten, weitere Grunddaten und das Foto auf die Karte aufgebracht. Danach ist die eindeutige Karte einer Person zugeordnet.“ (Weichert 2004, S. 394).

Daneben sind es die inneren Werte, die die Gesundheitskarte unterscheidbar machen von der Krankenversichertenkarte – und die Gesundheitskarte hat es in sich. Zwar verfügte auch die Krankenversichertenkarte über einen Speicherträger, aber die Gesundheitskarte soll mit einem wiederbeschreibbaren Mikroprozessorchip ausgestattet werden. Dieser Mikroprozessor kann nicht unbedingt mehr Informationen aufnehmen, als die bisherige Krankenversichertenkarte mit ihren etwa 300 kb. Hier werden Größen um die 64 Kb genannt. Das Besondere nicht seine Speicherkapazität, sondern das er -wie ein kleiner Computer- selbst Rechenoperationen durchführen kann und damit auch programmierbar ist.
Die Diskussion ist aber geprägt von dem Ziel, Informationen direkt auf der Karte zu speichern. Hier werden verschiedene Informationen genannt, die abgelegt werden sollen. Neben einem elektronischen Rezept, welches die bisherige Papierversion in der Kommunikation zwischen Arzt und Apotheker ablösen soll, ist daran gedacht, etwa Notfallinformationen aufzunehmen, die dem Sanitäter oder Arzt vor Ort bereits sämtliche relevanten Informationen für die notfallmäßige Versorgung zugänglich machen. Auch Informationen zu chronischen Krankheiten oder Medikamentenunverträglichkeiten sollen auf der Karte direkt abgelegt werden. Die Phantasien, die sich in der momentanen Planungsphase mit den Möglichkeiten verbinden, reichen weit. So wird etwa die Idee eingebracht, auf der Karte für die Patienten lesbar die Kosten den Arztinanspruchnahme abzulegen, mit dem Argument, sie damit in eine gleichberechtigte Position mit dem Arzt zu bringen. Hierbei wurde etwa von Seiten des Bundesgesundheitsministeriums argumentiert: „Mit der elektronischen Gesundheitskarte wer-

den bestehende Patientenrechte umgesetzt. Für Patienten bietet die elektronische Gesundheitskarte die Chance, besser als bisher über die eigenen Gesundheitsdaten verfügen zu können und über deren Verwendung eigenverantwortlich verfügen zu können. (...) Mit modernen Informations- und Kommunikationstechnologien kann den Patienten ein Service geboten werden, wie sie ihn aus anderen Lebensbereichen kennen.“ (Bales 2005, S. 728). Das dabei formulierte Ziel der Stärkung der Patientenrechte und der informationellen Bewässerung einer Dienstleistungswüste geht einher mit der Steigerung der Eigenverantwortlichkeit des Patienten. Die mit der Gesundheitskarte in Aussicht gestellte Verfügungsmöglichkeit über die krankheitsrelevanten Daten wird als Empowerment der Patienten vorgestellt (Grätzel von Grätz 2004). Wie bei anderen Modernisierungsmaßnahmen im Gesundheitssystem geht diese Stärkung der Patientenrechte mit einer Betonung der Marktförmigkeit der Arzt/Patienten-Beziehung einher, wie etwa bei der Einführung von Qualitätssicherungsmaßnahmen (Decker & Brähler 2000). Die mit der Gesundheitskarte in Aussicht gestellte Zunahme an Freiheit ist hierbei immer verknüpft mit ökonomischen Motiven. Politisch steht auch die Gesundheitskarte im Kontext einer Liberalisierung des Gesundheitsmarktes.

Die Verbindung von angestrebter Transparenz mit ökonomischer Rationalität wird noch deutlicher im Ziel, den Informationsfluss zwischen den verschiedenen Gruppen und Ärzten im Gesundheitssystem besser zu gewährleisten und damit etwa das Disease Managment oder die Integrierte Versorgung in einer neuen Qualität zu ermöglichen. Die Vermeidung von Doppelverordnungen und –untersuchungen, sowie die angestrebten Synergieeffekte aus der verbesserten Kommunikation zwischen den funktionalen Gruppen im Gesundheitssystem soll dann –nicht zuletzt- ein großes Einsparvolumen zeitigen. Es wird damit argumentiert, dass bereits das elektronische Rezept ein sehr großes Einsparungspotential für das Gesundheitswesen aufweist. Je nach Autoren wird bis zu 1 Milliarde Einsparvolumen angenommen, allerdings sind diese Zahlen eher strittig (vgl. Schmidt & Koch 2005).

Auch wenn die Erwartungen vielfältig sind, so äußern sich die Beteiligten hinsichtlich des ersten konkreten Einsatzes in 2006 dann vorsichtig. Zunächst ist vor allem an die Nutzung des elektronischen Rezepts gedacht (Bales 2005). Diese Zurückhaltung in der Nutzung des Potentials der Gesundheitskarte ist der Überlegung geschuldet, dass die Karte mit Akzeptanzproblemen zu kämpfen hätte, würden gleich zu Anfang für die Patienten nicht mehr nachvollziehbare elektronische Prozesse stattfinden (Weichert 2005). Tatsächlich ist nach der Erprobungsphase nicht mehr damit zu rechnen, dass mehr als Notfalldaten auf der Karte abgelegt werden: „Im Hinblick auf die begrenzte Speicherkapazität und auch wegen der notwendigen Sicherung der Daten ist allerdings davon auszugehen, dass sich die Speicherung von Daten auf der Karte – nach der Aufbauphase des Systems – im Wesentlichen auf die Notfalldaten beschränkt.“ (Bales 2005, S. 729 für das Bundesgesundheitsministerium).

Warum also der Aufwand der Einführung dieser Karte? Der Mikroprozessor soll gegenüber dem bisherigen Speicherträger eine andere Entwicklung möglich machen. Das eGovernment - und damit die Telematikmedizin - soll nicht aus bei jedem einzelnen Bürger abgelegten Daten bestehen, sondern die personenbezogenen Informationen sollen zentral gebündelt werden – und das gilt auch für die Gesundheitsdaten: Die Gesundheitskarte soll die elektronische Patientenakte möglich machen. Damit etwa der Zweck erfüllt ist, dass diese Daten jedem behandelnden Arzt zur Verfügung stehen, sollen sie nicht auf der Karte, sondern auf Servern, also auf dezentral betriebenen aber miteinander vernetzten Computern abgelegt werden.

Diese Telematiksystemarchitektur muss man sich als informationstechnischer Laie in Anlehnung an das Internet als einen verteilten, dezentralen Serververbund vorstellen (Paland & Riepe 2005, S. 627). Auf verschiedenen, von einem privaten Firmenkonsortium eingerichteten und betriebenen Datenbanken werden die Informationen, in diesem Fall die elektronische Patientenakte, abgelegt. Neben den einzelnen Servern ist ebenfalls ein sogenanntes „Backendsystem" geplant, mit dem die Daten der Server gesichert werden (ebenda). Die Betreiber dieser Backendsysteme sind noch nicht ausgewiesen, dürften aber die Leistungsträger sein, bei denen sich dann die Informationen bündeln (Weichert 2004, S. 398).

Diese Datenbanken sollen in eine Architektur eingebunden sein, die es dem Arzt möglich macht, die relevanten Daten an dem Ort abzurufen, wo sie zur Behandlung zur Verfügung stehen müssen (DIMDI 2004). Weiterhin soll die Kommunikation zwischen den im Gesundheitssystem aktiven Heilberufen erleichtert werden: Diese Telematikarchitektur soll die bisherige papierbasierte Kommunikation vollständig ersetzen (Schmidt & Koch 2005). Um diese auf Servern abgelegten personenbezogenen Daten abrufen zu können, muss eine Lösung gefunden werden, die es gestattet, die dezentral arbeitenden zugriffsberechtigten Nutzer zu authentifizieren: An dieser Stelle kommt wiederum die Gesundheits- und die Heilberufskarte ins Spiel.

Die Fähigkeiten als Mikroprozessor und den Speicherplatz, für den verschiedene Nutzungen in der Literatur diskutiert werden, braucht die Gesundheitskarte vor allem, um eine zentrale Information aufzunehmen: Wichtiges Element der Gesundheitskarte ist die elektronische Signatur (Bales 2005; Goetz 2005) – und das hat sie mit der Heilberufskarte, der JobCard und dem digitalen Personalausweis gemeinsam. Die vom Bundeskabinett beschlossenen Eckpunkte sehen vor, dass die geplanten Kartenprojekte durch gleiche Standards für die elektronische Authentisierung (Identifizierung des Karteninhabers) aufweisen und die qualifizierte elektronische Signatur (Äquivalent zur manuellen Unterschrift) vereinheitlicht wird (Bundesregierung 2005).

Die Patientendaten werden als elektronische Patientenakte von den jeweiligen Heilberufsangehörigen in das Servernetz eingespielt: Wie beim Internet, soll bei der Telematikmedizin der Zugang über jede Arztpraxis, jedes Krankenhaus oder jede Apotheke möglich sein. Die Zugriffsberechtigung wird durch die Heilberufskarte in Verbindung mit der jeweiligen Gesundheitskarte des Patienten nachgewiesen. Der Patient soll den Zugriff des einzelnen Arztes auf die elektronische Patientenakte regulieren können, so dass etwa dem Zahnarzt die psychotherapeutische Dokumentation nicht zugänglich ist, wenn der Patient diesen Teil seiner Akte vorher sperrt (Bales 2005). Um eine Instrumentalisierung der Daten durch Arbeitgeber oder Versicherungen zu unterbinden, ist ein Verbot der Selbstauskunft geplant, d. h. dem Patienten ist es nicht gestattet, die Daten weiterzugeben (Weichert 2004). Trotz der geplanten Datenschutzregelungen im Verkehr zwischen Arzt und Patient, sowie im Kontakt von Patient und Dritten, wie etwa Arbeitergeber oder Versicherungen, wird deutlich, wie weitreichend die Verfügbarkeit der elektronischen Patientenakte mit der vorgesehenen Speicherung sowohl auf einer Serverarchitektur als auch auf einem Backendsystem ist.

Abschließend lässt sich festhalten, dass die elektronische Signatur auf der Gesundheitskarte und der Heilberufskarte das unabdingbare Schlüsselinstrument zur Umsetzung in einem vernetzten Gesundheitswesen sind. Und nicht nur das: Bei der Rekonstruktion des politischen Kontextes ist noch zweierlei deutlich geworden. Zum einen ist sichtbar geworden, dass die Gesundheitskarte Voraussetzung ist, um sensibelste personenbezogene Daten der zentral geführten elektronischen Datenverarbeitung, Speicherung und Weiterverarbeitung zugänglich zu machen. Zum anderen startet im Gesundheitswesen 2006 ein Großprojekt, mit dem die Umsetzung auch anderer Verwaltungsaufgaben durch eGovernment erprobt wird. Es wird deutlich, dass dieses Großprojekt im Gesundheitswesen einen Ausblick auf die staatliche Organisation verschiedener Lebensbereiche ermöglicht: Sollte sich die Authentifizierung im Gesundheitswesen technisch realisieren, der Informationsfluss zwischen den Servern gewährleistet sein und keine nennenswerten Akzeptanzprobleme beim Endnutzer auftreten, wird diese Architektur auch auf die Verwaltung anderer Lebensbereiche übertragen werden[1].

---

1 Der Einführung der Gesundheitskarte stehen in anderen Industrienationen vergleichbare Projekte gegenüber. Die Deutsche Gesundheitskarte ist Teilprojekt eines Europäischen Telematikprojekts (Paland & Riepe 2005). Auch hat im Jahre 2004 der frühere republikanische Fraktionsführer im Kongress Newt Gingrich das Motto ausgegeben: „Paper Kills" und die Einführung eines „Virtual public health service" in Aussicht gestellt. Im Lancet wird dieses Vorhaben als „Millenium Project" bezeichnet: Fernziel ist eine Globalisierung des Gesundheitssystems, mit der adminstrativ besserer Zugang zu forschungsrelevanten Daten (Juma & Yee-Cheong 2005) gewährleistet werden kann.

Gutes Regieren und Gouvernementalität

Bleiben wir im Folgenden bei der Gesundheitskarte und die sich aus ihrer Einführung ergebenden Konsequenzen. Diese sind sehr vielfältig. Für eine Übersicht der Anwendungsprobleme sei an dieser Stelle auf Haas (2005) verwiesen. Die von Haas erörterten Probleme reichen von den Schwierigkeiten bei der Zusammenfassung der Dokumentationssysteme unterschiedlicher Professionen, über das Arzt-Patienten-Verhältnis bis hin zur Stigmatisierung der Patienten durch auf Jahrzehnte festgeschriebene und durch die elektronische Präsentation scheinbar verobjektivierten Diagnosen. Die noch bestehenden Schwierigkeiten im Datenschutz hat Weichert beschrieben (2005).
Auf die Verfügbarkeit der Daten für polizeiliche oder geheimdienstliche Verfolgung möchte ich an dieser Stelle nicht eingehen, obwohl hier ebenfalls größte Aufmerksamkeit angezeigt ist. Die elektronische Datenverarbeitung macht es eben auch möglich, die große Mengen an personenbezogenen, auf einem Servernetz gespeicherte Daten, wie die elektronische Patientenakte, zu filtern und aufzubereiten. Dass hierbei der Datenschutz an die politischen Erfordernisse leicht anzupassen ist, hat zuletzt die bundesrepublikanische Rasterfahndung nach den Anschlägen von New York am 11. September gezeigt. In diese polizeiliche Maßnahme sind ohne viel Aufhebens die Immatrikulationsdaten der Universitäten genauso eingeflossen wie die Nutzerprofile im Internet. Es ist nicht sonderlich schwer, sich politische Situationen vorzustellen, in denen die dann zentral elektronisch erfassten Krankendaten ebenfalls mit in die Rasterfahndung einfließen. Dieses Überwachungspotential führt unmittelbar in den Kern der sich anschließenden Überlegungen. Aber wohlgemerkt bereits als Potential: Im Folgenden soll die Wirkung der Gesundheitskarte Thema sein, ohne dass sie als Instrument repressiver Herrschaftsausübung, etwa bei polizeilichen Ermittlungen, tatsächlich zum Einsatz kommt. Als Ausgangspunkt der folgenden Überlegungen soll die These dienen, dass die Gesundheitskarte mit der durch sie möglichen Dokumentation gleichzeitig ein Empowerment des Patienten bedeutet und die Verfeinerung seiner Überwachung – und damit seine Ohnmacht die Folge ist. Dies ist der Fluchtpunkt der anschließenden Überlegungen: Diese Individualisierung ist gleichzeitig eine Verfeinerung der Herrschaftstechniken.
Diese Verschränkung von Individualisierung und Herrschaft ist das Thema des französischen Philosophen Michel Foucault. Mit dem Begriff der „Gouvernementalität" bezeichnete er seine Untersuchung der geschichtlichen Entwicklung von Herrschaftstechniken, eine „Genealogie des Regierens". Dabei war für ihn von Interesse, wie sich Regierungstechniken und Subjektivierung verschränken. Dieses Erkenntnisinteresse kommt auch im Kunstwort „Gouvernementalität" (Übersetzung des französischen Begriffs „gouvernementalité") zum Ausdruck: Es setzt sich zusammen aus einer Verbindung der Begriffe „Regieren" („gou-

verner") und „Denkweise" („mentalité") (Foucault 1991)[2]. In diesem Begriff vereinte Foucault begrifflich, was seiner Analyse nach historisch als Ko-Formation verstanden werden muss: der moderne Staat bringt das moderne Subjekt, das er für sein Funktionieren braucht, durch Regierungstechniken hervor. Kennzeichen dieses historischen Prozesses ist eine zunehmende Verobjektivierung des Selbst. Ein historischer Prozess führt zu einer immer weitergehenden Verfeinerung der Techniken, mit denen das Subjekt sich selbst zum Objekt macht und in diesem Prozess der Verobjektivierung im Sinne der Herrschaft denkt, lebt, fühlt. Dieser Gedanke ist vertraut auch aus anderen Theorien: Die Exponenten der Kritischen Theorie beschäftigten sich in ihrer Kritik der Konstitutionsbedingungen von Subjektivität und der Analyse der historischen Hervorbringung von Subjektivität mit einer ähnlichen Fragestellung. Wie Adorno und Horkheimer begriff Foucault das Selbsterleben als Produkt eines historischen Prozesses, als Ergebnis sehr feiner Techniken der Fremd- und Selbstbeherrschung. Der besondere Wert der Foucaultschen Analyse an dieser Stelle ist seine Mikrophysik der Macht in unserer liberalen, bürgerlichen Gesellschaft, mit der die konkreten Techniken, die das Subjekt zum Objekt der Herrschaft macht, rekonstruiert werden können.

Für Foucault verschränkten sich die „Technologien der Macht, (...) die das Verhalten von Individuen prägen und sie bestimmten Zwecken oder einer Herrschaft unterwerfen" und die „Technologien des Selbst, (...) die es dem Einzelnen ermöglichen, aus eigener Kraft oder mit Hilfe anderer eine Reihe von Operationen an seinem Körper oder seiner Seele, seinem Denken, seinem Verhalten und seiner Existenz vorzunehmen, mit dem Ziel, sich so zu verändern, dass er einen gewissen Zustand des Glücks, der Reinheit, der Weisheit, der Vollkommenheit oder der Unsterblichkeit erlangt." (Foucault 1984, S. 26) zu jeweils historisch spezifischen Regierungs- oder Herrschaftstechniken.

Foucault schrieb eine Genealogie der Kontrolle, indem er als Historiker erfasste, wie in den Zeitläufen der Umgang mit Devianz, Krankheit, Kriminalität oder Irrsinn das Modell für die allgemeine Herrschaft abgegeben hat. Dabei unterschied Foucault eine geschichtliche Abfolge von drei Formen der Regierung: Vom Souverän über die Disziplinargesellschaft zum Gouvernement. Die untersuchten Techniken der Kontrolle und Disziplinierung geben das Exempel ab für die Technik, mit der Herrschaft zu diesem Zeitpunkt ausgeübt wird. Foucault betrachtete die Disziplinierungstechniken nicht nur als Kontrolle des Straftäters oder des Kranken, sondern sie kennzeichnen seiner Ansicht nach, pars pro toto,

2 Zur ausführlichen Begriffsgeschichte und der Entwicklung der Foucaultsche Theorie vgl. Lemke 1997. Die Foucaultsche Theorieentwicklung ist in Schritten erfolgt, die hier darzustellen den Rahmen sprengen würde. Die folgende Schilderung ist verkürzt und auf die vorliegende Fragestellung zugespitzt.

als Extrem die übergreifenden, alle Mitglieder einer Gesellschaft erfassenden Herrschaftstechniken.

In seinem Buch „Überwachen und Strafen“ analysierte er (Foucault 1975) die Veränderungen der Herrschaftstechniken zu Beginn der bürgerlich-liberalen Gesellschaft. Der Begriff des „Panoptismus“ überschreibt das dritte Kapitel. Es beginnt mit einer Schilderung des Pest-Reglements am Ende des 17.Jahrhunderts. Eindrücklich beschrieb Foucault den Versuch, der Pest durch Kontrolle und Einschluss der Körper, also eines jeden Körpers, ob krank oder gesund, Herr zu werden. In diesem System, die von der Pest heimgesuchte Stadt zu kontrollieren, erkannte Foucault den Keim der „Disziplinierungsanlage“, das „Modell der Disziplinierung“ (ebenda, S. 254): „Dieser geschlossene, parzellierte, lückenlos überwachte Raum, innerhalb dessen die Individuen in feste Plätze eingespannt sind, die geringste Bewegung kontrolliert und sämtliche Ereignisse registriert werden, eine ununterbrochene Schreibarbeit das Zentrum mit der Peripherie verbindet, die Gewalt ohne Teilung in einer bruchlosen Hierarchie ausgeübt wird, jedes Individuum ständig erfasst, geprüft und unter die Lebenden, die Kranken und die Toten aufgeteilt wird – dies ist das kompakte Modell der Disziplinierungsanlage.“ (Foucault 1975, S. 253). Im absolutistischen Staat zielte, vereinfacht ausgedrückt, die Macht des Souveräns auf die Kontrolle eines Territoriums mittels repressiver Herrschaftstechniken ab. Dabei funktionierte Kontrolle über Ausschluss bzw. Einschluss der Körper der Delinquenten. Kontrolliert wird der kranke oder delinquente Körper auf das Gröbste, indem er eingesperrt wurde und einer ständigen Überwachung durch Wärter unterworfen wurde: Wen dieses System erfasste, der war ausgeschlossen und im Dunkeln. Dagegen kontrolliert die nationalstaatliche „Disziplinargesellschaft“ (ebenda, S. 269), die sich nach Foucault im Verlaufe des 17. und 18. Jahrhundert entwickelt, vervielfältigt und verfeinert hat, ihre einzelnen Mitglieder durch systematische Sichtbarmachung. Das Prinzip des Kerkers - einsperren, verdunkeln und verbergen – verkehrt sich in das Gegenteil: Die Disziplinargesellschaft erfasst alles durch ständige Sichtbarkeit. Die Kontrolltechniken in der Seuchenzeit kennzeichnten für Foucault einen Übergang. Die Disziplinierung vollzieht sich in beiden Fällen unmittelbar am Körper, allerdings verschiebt sich der Ort der Kontrolle: War es in der Kontrollgesellschaft der Wärter, so verschiebt sich in der Disziplinargesellschaft die Dokumentation in ein Zentrum, an dem die Informationen zusammenlaufen. Die Individuen müssen für dieses Zentrum sichtbar sein, ohne es selbst sehen zu können. Nach Foucaults Einschätzung geht diese umfassende Kontrolle während der Pestzeit den heutigen Regierungstechniken voraus und enthält bereits wesentliche Elemente der modernen Gouvernementalität: Der absoluten Sichtbarkeit des Individuums. Diese Gouvernementalität zielt auf ein „Regieren aus der Distanz“ (Krasmann 1999, S. 109).

Die Gouvernementalität stellt nun die historisch jüngste Kontrolltechnik dar, in der das Individuum selbst seine Prüfung auf die herrschende Rationalität übernimmt und diese durchsetzt. Diese systematische Selbstkontrolle setzt die Repräsentanz der herrschenden Rationalität – in unserem Fall der liberalen Ökonomie - im Individuum voraus. Um zu illustrieren, wie diese Verschränkung der „Technik der Macht“ mit der „Technik des Selbst“ funktioniert, bediente sich Foucault des Gefängnismodells des englischen Ökonomen, Theoretikers des Utilitarismus und Philosophen Jeremy Bentham: Das Panoptikum.

Das Prinzip des Panoptikums besteht darin, dass von einem zentralen Punkt des Gefängnisses aus alle Gefängniszellen einsehbar und jederzeit kontrollierbar sind. Dieses Prinzip sollte durch bauliche Maßnahmen erreicht werden, bei der sämtliche Zellen ringförmig um einen Turm im Zentrum angeordnet gewesen sind. Die Anlage sollte nach Bentham so angelegt sein, dass alle Insassen jederzeit von einer Person beobachtet werden konnten, ohne selbst die beobachtende Person wahrnehmen zu können oder den Zeitpunkt der Beobachtung bestimmen zu können. Ein Motiv bei dieser Planung war für den liberalen Ökonomen Bentham die Effektivität des Überwachungssystems, da es mit relativ wenig Personalaufwand einen möglich großen Überwachungseffekt zeitigt. Bentham sah sein Modell ebenfalls als sehr geeignet an, um Schulen, Krankenhäuser und Fabriken zu bauen – sämtliche Einrichtungen, die eine Überwachung und Disziplinierung von Individuen zum Ziel haben, könnten nach diesem Organisationsprinzip gebaut werden. Obwohl dieses Bauprinzip zu Lebzeiten von Bentham nicht realisiert worden ist, können wir doch in modernen Gefängnissen wie in den Vereinigten Staaten und unseren Krankenhäuser Elemente dieses Prinzips realisiert sehen.

Für Foucault bestand der Wert der Benthamschen Planung in ihrer Beispielhaftigkeit für die Herrschaftstechnik der bürgerlich-liberalen Gesellschaft und ihrer doppelten Wirkung auf das Subjekt. Das Panoptikum war für Foucault die Metapher für die bürgerlich-liberale Herrschaft. Die Rationalität der liberalen Wirtschaftsordnung wird nicht wie die Rationalität des Feudalsystems in vergangenen Zeiten eingehalten, indem die Devianz ausgeschlossen und verdunkelt wird, sondern durch eine Partialisierung und beständige Sichtbarkeit des Individuums. Die Sichtbarkeit hat zur Folge, dass jeder zu jedem Zeitpunkt in seinem individuellen Handeln und seinen individuellen Motiven ausgemacht werden und seine Handlung auf Stimmigkeit mit der herrschenden Rationalität überprüft werden kann. Diese ständige Sichtbarkeit hat eine Wirkung auf das Subjekt: „Derjenige, welcher der Sichtbarkeit unterworfen ist und dies weiß, übernimmt die Zwangsmittel der Macht und spielt sie gegen sich selbst aus; er internalisiert das Machtverhältnis, in welchem er gleichzeitig beide Rollen spielt; er wird zum Prinzip seiner eigenen Unterwerfung.“ (ebenda, S. 260). Diese Sichtbarkeit hat einen eigentümlichen Subjektivierungsschub zur Folge: Die Machttechnik der Partialisierung betont die Isoliertheit des Individuums im Kontakt mit der herrschenden Ordnung. Damit führt die „Technik der Macht“ gleichzeitig auf Seiten des Individuums zu einer Selbst-Objektivierung, einer Prüfung der Handlung und Motive auf ihre Kompatibilität mit der gesellschaftlichen Rationalität. Aufgrund dieser Techniken des Selbst wird aber bei zunehmender panoptischer Re-

gierungstechnik die Sanktion und direkte repressive Machtausübung immer weniger nötig: „In jeder dieser [panoptischen, OD] Anwendungen ermöglicht es die Perfektionierung der Machtausübung: weil es die Möglichkeit schafft, dass von immer weniger Personen Macht über immer mehr ausgeübt wird; weil es Interventionen zu jedem Zeitpunkt erlaubt und weil der ständige Druck bereits vor der Begehung von Fehlern, Irrtümern, Verbrechern, wirkt; ja weil unter diesen Umständen seine Stärke gerade darin besteht, niemals eingreifen zu müssen, sich automatisch und geräuschlos durchzusetzen, einen Mechanismus von miteinander verketten Effekten zu bilden." (ebenda, S. 264/265).
Im Moment der Durchsetzung des Panoptismus wird die herrschende Logik zur Logik der Beherrschten. Sie übernehmen, geübt in tagtäglicher Selbstkontrolle, diese Rationalität.

Kontrolle und Medizin

Mit der Einführung der Gesundheitskarte scheint es, als würde die panoptische Phantasie Benthams zu sich selbst kommen. Die geplante Serverarchitektur gestattet es, sämtliche Ereignisse mit einem minimalen personellen Aufwand zu dokumentieren: Jeder Abruf der Karte und Daten wird registriert und gespeichert, jeder Arztbesuch dokumentiert, jede Krankheit festgeschrieben, jede Teilnahme an präventiven Maßnahmen dokumentiert. Die Kontrolle der solcherart Überwachten kann sich zu jedem Zeitpunkt vollziehen, ohne dass dies von den Betroffenen zu bemerken wäre. Sie wissen um ihre Überwachung und das Potential der Kontrolle und hierin besteht die Wirkung dieser Regierung. Diese Wirkung der panoptischen Überwachung macht nicht bei den Patienten halt. Die Angehörigen der Heilberufe sind nicht nur als Patienten betroffen, sondern auch hinsichtlich ihrer eigenen Intervention, Dokumentation und etwa in ihrer Weiterbildung zu jedem Zeitpunkt zu kontrollieren, ohne dass diese Kontrolle für sie bemerkbar wäre[3].

3 Inwiefern die von Foucault beschriebenen Folgen der individuellen Selbstkontrolle tatsächlich übernommen werden, ist eine noch empirisch offene Frage. Möchte man einen Eindruck davon erhalten, wie weitreichend die Rationalität der liberalen Ökonomie von den Menschen bereits übernommen worden ist, so muss man die gegenwärtige Entwicklung mit der Volkszählung von 1987 kontrastieren. Der damalige Volkszählungsboykott mobilisierte noch weite Teile der Bevölkerung, die einen Überwachungsstaat kommen sahen. Dabei hatte das Bundesverfassungsgericht sich in der Sache auch engagiert und hohe Auflagen zur Anonymisierung der Daten gemacht. Heute ist die technische Möglichkeit, Daten über die gesamte Bevölkerung zu sammeln, zu archivieren und nach willkürlichen Kriterien zu bearbeiten und Individuen zuzuordnen in einem Maße gegeben, wie es zu Anfang der achtziger Jahre vielleicht gerade mal einigen Informationstheoretikern denkbar erschien. Und eine kritische Öffentlichkeit, die sich mit dieser Möglichkeit auseinandersetzt, sie gar boykottiert ist nicht auszumachen. Die politischen Auseinandersetzungen

Es ist nicht der einzige Ort, an dem sich im Medizinalsystem die Gouvernementalität manifestiert. Der Stellenwert der Medizin bei der Kontrolle von Abweichung ist bereits deutlich geworden, wenn Foucault den Beginn der Disziplinargewalt mit Verwaltung der von der Pest befallenen Stadt beschreibt (Tierney 2004). Aber auch die Kontrolle der Krankheit hat sich verändert. Der Panoptismus als besondere Technik der Gouvernementalität setzt sich nicht erst mit der Gesundheitskarte durch und bedeutetet nicht nur, „Ich sehe Dich, Du siehst mich nicht". Allerdings kommt dieser umfassenden Dokumentation eine Schlüsselposition zu.

Im Medizinalsystem lässt sich vielleicht am besten beobachten, was Gouvernementalität bedeutet (Petersen & Bunton 1997) und welche Subjekteffekte die Regierungstechniken haben. In der Kritik des Medizinalsystems hat Foucaults Herrschaftsanalyse wahrscheinlich die deutlichsten Spuren hinterlassen, da Foucaults Rekonstruktion der Herrschaftsmechanismen an prominenter Stelle die Kontrolle der Körper stehen hat (Crary & Kwinter 1992). Die jüngeren Forschungsaktivitäten sollen hier nur noch abschließend und exemplarisch skizziert werden, um deutlich zu machen, inwieweit die Einführung der Gesundheitskarte in Zusammenhang mit einer neoliberalen Umstrukturierung des Sozialsystems steht und auf welchen unterschiedlichen Ebenen diese Strukturierung sich vollzieht. Denn die Gesundheitskarte wird zu einer Zeit eingeführt, zu der das solidarische Gesundheitssystem zur Disposition steht. Sie wird ein Instrument sein, um den Wechsel vom solidarischen Gesundheitssystem zum liberalen Gesundheitsmarkt abzusichern. Die als Effekt des Panoptismus eintretende Selbstprüfung des Einzelnen auf die ökonomische Rationalität seiner Handlung ist für ein solidarisches Gesundheitssystem bei weitem nicht so notwendig, wie sie eine notwendige Voraussetzung bei der Vermarktwirtschaftlichung eben der Gesundheit ist. Erst wenn das einzelne Subjekt seine Gesundheit als ein Projekt begreift, für dessen investive Pflege er verantwortlich ist, kann ein Marktgeschehen sich auch in Bezug auf den Körper realisieren.

Der Kern der gegenwärtigen Umstrukturierung im Gesundheitssystem ist ein weitestgehender Paradigmenwechsel, der weg von einer solidarischen „sorgenden Sozialpolitik" (Prisching 1993) hin zu einem „Gewährleistungsstaat" führt (Franzius 2003): Gesellschaftliche Gruppen werden in diesem Verständnis weniger als schutzbedürftig und mehr als gleichberechtigte Akteure, Produzenten und Investoren definiert. Der Betrag, der in die Gesundheit des einzelnen Mitglieds einer Gesellschaft investiert wird, bleibt eben jedem Einzelnen überlassen, der in seine Gesundheit investieren möchte – wie auch die Folgen seiner fehlerhaften Investitionsplanung sein unternehmerisches Risiko bleiben.

---

um die Einführung dieser Karte bleiben im Rahmen der Logik der wirtschaftlichen Liberalisierung und Ökonomisierung, die diese Form der Kontrolle notwendig braucht.

Lemke fasste die Gemeinsamkeiten der gesellschaftlichen Veränderungen mit dem Blick der Gouvernementalität zusammen: „Während am Ende des 19. Jahrhunderts die Sozialisierung des Risikos an die Erfindung neuer -sozialer- Formen der Regierung gebunden war, geht am Ende des 20. Jahrhunderts die Privatisierung von Risiken auf eine Neuauflage liberaler Regierungsmodi zurück. Diese neoliberale Regierungsformen führen jedoch nicht zu einer Verlagerung von Handlungskompetenzen von der staatlichen auf die gesellschaftliche Ebene, zu einem Abbau des Staates oder einer Beschränkung auf einen „Nachtwächterstaat"; im Gegenteil übernimmt der Staat innerhalb des Neoliberalismus über seine traditionellen Funktionen hinaus neue Aufgaben. Die neoliberale Regierungsformen zeichnen sich nicht durch direkte Interventionen durch autorisierte und spezialisierte Staatsapparate aus, sondern auch durch die Entwicklung indirekter Techniken, die Individuen führen und anleiten, ohne für sie verantwortlich zu sein." (Lemke 2000a, S37/38).

Für Psychotherapeuten und Psychosomatiker von einprägsamer Intensität ist Monica Greccos (1993) Analyse der Einbettung der Psychosomatik in die Gouvernementalität. Ihre Analyse der Entwicklung psychosomatischer Krankheitskonzepte macht sichtbar, welche Bedeutung Gesundheit und Krankheit mit der neoliberalen Rationalität angenommen haben. Grecco macht kenntlich, was der Wechsel vom biomedizinischen Krankheitsmodell, das Krankheit als Folge einer körperlichen Ursache behandelt, zum psychosomatischen Krankheitsmodell mit seinem biographischen Krankheitsverständnis für die Bewertung von Krankheit bedeutet. Der Fortschritt des biomedizinischen Krankheitsverständnisses gegenüber dem voraufgeklärten, christlich konnotierten Verständnis war die Ablösung der Krankheit von Schuld und Verfehlung, Sühne oder Prüfung. Die Krankheit wurde mit dem naturwissenschaftlichen Verständnis ein regelwidriger Zustand des Körpers und der Kranke war für diesen Zustand nicht verantwortlich. Mit dem vom Medizinsoziologen Talcott Parson formulierten Rollenverständnis des Patienten fand dieses Krankheitsmodell seinen sozialen Ausdruck: Der Patient war an seiner Krankheit unschuldig, bekam Rechte als Kranker und die Pflicht, an seiner Genesung mitzuwirken. Grecco weist nun darauf hin, dass sich im Zuge des psychosomatischen Krankheitsmodells ein Verständnis von Krankheit durchgesetzt hat, das unter der Hand die moralische Bewertung wieder einführt. Jeder Einzelne ist dafür verantwortlich, mögliche Noxen in seiner Lebensführung auszuschließen. Was für das Rauchen gilt, gilt nun auch für krankheitsversursachenden Stress: Beide sind mit einer rationalen Lebensführung nicht in Einklang zu bringen. Wie bei Erkrankungen in Folge eines Zigarettenkonsums, so zeigen psychosomatische Erkrankungen, dass das Individuum unfähig ist, ein freies und rational handelndes Subjekt zu sein. Wie auf das Rauchen zu verzichten ist, so hätte es auch frühzeitig die Stressentwicklung erkennen müssen und etwa mit therapeutisch begleiteter Entwicklung von Copingsstrategien dem Stress begegnen müssen. Krankheit und Gesundheit unterliegen insgesamt nicht mehr den Kategorien von Zufall oder Schicksal, sondern stehen im Kontext einer rationalen Lebensführung und verweisen damit auf die Eigenverantwortlichkeit des Individuums für seinen Zustand. Die Gesundheitskarte erlaubt die Dokumentation etwa der ausreichenden Teilnahme an präventiven Maßnahmen und Vorsorgeuntersuchungen, die zur Pflicht eines rational handelnden Subjekts gehören. Dass dabei „ausreichend" eine Kategorie ist, die sich erst mit der Erkrankung, bzw. mit ihrem ausbleiben evaluiert, hat hier keine Relevanz. Es verschärft eher noch die Individualisierung des Risikos zu erkranken, weil das Damoklesschwert jederzeit nieder gehen kann. So wird es zu einer Verstärkung der Rituale der Selbstkontrolle kommen, um sich und anderen das Engagement für die eigene Gesundheit zu dokumentieren. In der elektronischen Patientenakte lässt sich der verdienstvolle Lebenswandel niederschreiben. Dass die Teilnahme an präventiven Maßnahmen bereits jetzt ein präventiver Zwang geworden ist, lässt sich bei den Vorsorgeuntersuchungen bei Schwangerschaften ablesen (Weir 1996). Die Logik der Gouvernementalität durchzieht ebenfalls die Genetik, steht doch das Versprechen im Raum, dass das statistische Risiko einer Erkrankung sich bestimmen lässt. Ist das Risiko aber individuell und nicht mehr nur als epidemiologisches Morbiditäts- oder Mortalitätsrisiko zu bestimmen, so führt es zu einer Individualisierung des Risikos: „Die Einzelnen sollen sich zugleich durch eine explizite Risikobereitschaft auszeichnen und ein vorausschauendes Risikomanagement betreiben." (Lemke 2000b, S. 239).

Dass dieser liberale Zwang, die technisch-medizinischen Möglichkeiten der Früherkennung und Behandlung zu nutzen, in einem Kontext mit der Gesundheitskarte stehen, kann abschließend ein Blick auf die Zukunft des Krankenversicherungsmarktes deutlich machen. Schmidt-Semisch (2000) untersucht die Logik, die der „versicherungsmathematischen Gerechtigkeit" (ebenda, S. 169) zugrunde liegt. Bisherige Sozialversicherungen wie die Krankenkasse lag ein „sozialer" Gerechtigkeitsbegriff zugrunde: Risiken werden durch ein System getragen, in das alle unabhängig vom individuellen Risiko einzahlen. „Wir haben es also mit zwei Grammatiken von Solidarität und Gerechtigkeit zu tun: Die erste ist die über den Markt vermittelte, freiwillig erworbene Solidarität des Versicherungskollektives, die entsprechend der versicherungsmathematischen Gerechtigkeit hohe Risiken mit hohen und geringere Risiken mit geringen Tarifen belegt (...); die zweite ist die vom Staat erzwungene, de-kommodifizierte Solidarität des Sozialversicherungskollektives, die entsprechend einer sozialen Gerechtigkeit die Tarife an das Einkommen und Kompensationsleistungen an soziale Bedürftigkeit knüpft." (ebenda, S. 170/171).

Nachdem das solidarische Gesundheitssystem durch den Wandel der Arbeitsgesellschaft[4] unter Druck geraten ist, sehen die derzeit in der Diskuss ion befindli-

4 In Erinnerung zu behalten ist hierbei immer, dass das Solidarsystem nicht etwa an sich selbst oder der ausufernden Inanspruchnahme zugrunde gegangen ist: Die Kosten sind inflationsbereinigt seit den neunziger Jahren nicht gestiegen (Deppe 2002). Die Krise im

chen Finanzierungsmodelle in der Regel mindestens eine privatwirtschaftliche Zusatzversicherung zum Solidarmodell vor. Das bedeutet, dass neben einer bestimmten Sockelsicherung durch ein Solidarsystem mindestens zusätzliche medizinische Leistungen nur durch eine individuell abzuschließende private Krankenversicherung zu sichern sind – wenn diese nicht das ganze Solidarsystem ersetzen wird. „Der als Um- oder Abbau bezeichnete Rückzug des Sozialstaats kann dementsprechend als Durchsetzung der versicherungsmathematischen gegen die soziale Gerechtigkeit verstanden werden." (ebenda, S. 171). Diese versicherungsmathematische Gerechtigkeit macht aber eine Kontrolle notwendig: „Der Arbeitsunwillige", der Raucher, der Übergewichtige (und viele mehr), sie alle werden tendenziell zu Präventionsverweigerern, die ihre unnötigen, weil vermeidbaren Schäden selbst verursacht haben, und damit schließlich zu Versicherungsbetrügern. Die „Rede vom sozialen Netz als soziale Hängematte im Freizeitpark Deutschland (Freyberg 1997, S. 185) macht tendenziell alle „Netto-Empfänger" der Sozialversicherung verdächtig. Nur die propagierte versicherungsmathematische Rationalität – so die implizite Botschaft – kann dieser (betrügerischen) „Vollkasko-Mentalität" ein Ende setzen, weil sie alle Risikounterschiede der Personen berücksichtigt. Wenn diese Rationalität auf das Rechtswesen der Gesellschaft übergreift und damit auch soziale Kontrolle der Grammatik versicherungsmathematischer Gerechtigkeit unterstellt, wird der Verdacht gleichsam allgemein. In der „verdächtigen Gesellschaft" (Kreissl 1989) wird tendenziell jeder zu einem potenziellen „Täter", dessen Risikokombination es zu durchdringen gilt." (ebenda, S. 178).

Die neoliberale Rationalität des Marktes ist dann am besten durchzusetzen, wenn ihre Einhaltung von den Menschen übernommen wird: Das Selbst nimmt

---

Sozialsystem ist dem Umstand geschuldet, dass der Rückgang der sozialversichert Beschäftigen bei gleich bleibender Zahl der Leistungsbezieher nicht durch andere Modelle der Finanzierung abgefedert worden sind. Anfang der achtziger Jahre hat noch der Deutsche Gewerkschaftsbund Modelle der Finanzierung diskutiert, die dem rationalisierungbedingten Abbau an Arbeitsplätzen mit einem Einbezug der Maschinen in das Sozialsystem begegnen wollten. Das diese ja keinesfalls revolutionären Ideen nie eine Chance hatten, merkt man daran, wie utopisch sie heute erscheinen. Die von der CDU im Bundeststagswahlkampf 2005 präferierte Erhöhung der Mehrwertsteuer zur Senkung der Lohnnebenkosten bedeutet nur noch einmal den Abschied der Arbeitgeber aus dem staatlich vermittelten Solidarsystem und wird den hier beschriebenen Prozess durch Aushöhlung des Solidarsystems beschleunigen. Das perfide an diesem Vorschlag ist zweierlei: Zum einen werden durch die Erhöhung einer indirekten Steuer die Bezieher kleiner Einkommen stärker belastet, es handelt sich eben nicht um eine einkommensabhängige Beteiligung an den Kosten. Zum anderen sind Selbständige/Unternehmer steuerrechtlich in der Regel Mehrwertsteuerabzugsberechtigt, sprich die Unternehmer können anders als private Haushalte die Steuererhöhung tatsächlich an anderer Stelle vom Staat wieder zurückholen.

sich zum Objekt einer ständigen Prüfung, inwieweit es der herrschenden Rationalität entspricht und übernimmt damit den Job seines eigenen Wächters. Zwar ist die liberale Wirtschaftsordnung bereits jetzt von den meisten Mitgliedern der Gesellschaft introjiziert. Mit der Einführung der Gesundheitskarte wird die Kontrolltechnologie jedoch verfeinert werden, indem sie zusätzlich in das Subjekt verlagert werden. Die Gesundheitskarte ist das Panoptikum, durch welches die Einhaltung der Regeln durch das Subjekt durch dieses selbst kontrolliert wird, indem es zu seinem eigenen Überwachungsorgan wird. Dies führt gleichzeitig zu einer paradoxen Situation: Die Zunahme individueller Verfügungsmöglichkeiten (beispielsweise an Informationen) gehen einher mit dieser Verlagerung der Kontrolle an die Individuen selbst, so dass die Repression individuell als Freiheitsgewinn erfahren werden kann. Die Mitglieder der Gesellschaft werden in einer doppelten Logik gleichzeitig ermächtigt und ohnmächtig gegenüber den entindividualisierten Instanzen der Herrschaft.

Literatur

Bales, S. (2005). Die Einführung der elektronischen Gesundheitskarte in Deutschland. Bundesgesundheitsblatt, Gesundheitsforschung, Gesundheitsschutz 48, 727-731.

Böckling, U., Krasmann, S. & Lemke, Th. (2000) (Hrsg.). Gouvernementalität der Gegenwart. Frankfurt/M.: Suhrkamp.

Bundesregierung (1999). Moderner Staat – Moderne Verwaltung. http://www.staat-modern.de/-,10010/E-Government.htm [10.08.2005]

Bundesregierung (2005). Bundeskabinett beschließt gemeinsame eCard Strategie. http://www.staat-modern.de/dokumente/sm_artikel_staat_modern/,-799625/dok.htm [10.08.2005]

Crary, J. & Kwinter, S. (1992). Incorporations. New York: Zone.

Decker, O. & Brähler, E. Vermessene Psychotherapie - Überlegungen zu ökonomischen und zivilisatorischen Aspekten der Qualitätssicherung. VPP - Verhaltenstherapie und psychosoziale Praxis 34, 875-887.

Deppe, H.-U. (2002). Zur sozialen Anatomie des Gesundheitssystems. Neoliberalismus und Gesundheitspolitik in Deutschland. Frankfurt: VAS.

DIMDI. Deutsches Institut für Medizinische Dokumentation und Information (2004). Die Telematikrahmenarchitekture als Bebauungsplan des Medizinnetzes. http://www.dimdi.de/static/de/ehealth/karte/technik/rahmenarchitektur/index.htm [10.08.2005].

Engemann, Chr. (2002). Das Internet und die neue Gestalt bürgerlicher Herrschaft: Electronic Government. Utopie kreativ, Heft 135, 45-54.

Foucault, M. (1975). Überwachen und Strafen. Die Geburt des Gefängnisses. Frankfurt/M.: Suhrkamp (1977).

Foucault, M. (1984). Technologien des Selbst. In: Martin, L. H., Gutmann, H. & Hutton, P. (Hrsg.) (1993). Technologien des Selbst. S. 24-62. Frankfurt/M.: Fischer.

Foucault, M. (1991). Governementality. In: Burchall, G., Gordon, C. & Miller, P. (Hrsg.). The Foucault Effect. Studies in Governementality. S. 87-104. Hemel Hempstead.

Franzius, C. (2003). "Der Gewährleistungsstaat" – Ein neues Leitbild für den sich wandelnden Staat. Der Staat 42, 493-517.

Goetz, C.F.-J. (2005). Elektronische Heilberufsausweise als unverzichtbare Elemente der kommenden Telematikinfrastruktur im Gesundheitswesen. Bundesgesundheitsblatt, Gesundheitsforschung, Gesundheitsschutz 48, 747-754.

Grätzel von Grätz, P. (2004). Vernetzte Medizin. Patientenempowerment und Netzinfrastrukturen in der Medizin des 21. Jahrhunderts. Hannover: Heise.

Grecco, M. (1993). Psychosomatic Subjects and the „Duty to be well": Personal Agency Within Medical Rationality. Economy & Society 22, 357-372.

Haas, P. (2005). Kritische Thesen zu patientenbezogenen Anwendungen der Gesundheitstelematik. Bundesgesundheitsblatt, Gesundheitsforschung, Gesundheitsschutz 48, 771-777.

Juma, C. & Yee-Cheong, L. (2005). Reinventing global health: the role of science, technology, and innovation. Lancet 365, 1105-1107.

Krasmann, S. (1999). Regieren über Freiheit. Zur Analyse der Kontrollgesellschaft in foucaultscher Perspektive. Kriminologisches Journal 31, 107-121.

Lemke, Th. (1997). Eine Kritik der politischen Vernunft. Foucaults Analyse der modernen Gouvernementalität. Berlin: Argument.

Lemke, Th. (2000a). Neoliberalismus, Staat und Selbsttechnologie. Ein kritischer Überblick über die governmentality studies. Politische Vierteljahresschrift 41, 31-47.

Lemke, Th. (2000b). Die Regierung der Risiken. Von der Eugenik zur genetischen Gouvernementalität. In: Bröckling, U., Krasmann, S. & Lemke, Th. (Hrsg.). Gouvernementalität der Gegenwart. Studien zur Ökonomisierung des Sozialen. S. 227-264. Frankfurt/M.: Suhrkamp.

Lyon, D. (1994). From Big Brother to Electronic Panopticon. In: ders. The Electronic Eye: The Rise of Surveillance Society, S. 57-80. Minneapolis: University of Minnesota Press.

Oh, H., Rizo, C., Enkin, M. & Jadad, A. (2005). What is eHealth?: a systematic review of published definitions. World Hospital Health Service 41, 32-40.

Paland, N. & Riepe, C. (2005). Politische Aspekte und Ziele der Gesundheitstelematik. Bundesgesundheitsblatt, Gesundheitsforschung, Gesundheitsschutz 46, 623-628.

Petersen, A. & Bunton, R. (Hrsg.). Foucault, Health and Medicine. London/New York.

Prisching, M. (2001). Der sorgende Staat: Das kontinentale Modell der Sozialstaatsentstehung. In: Engelbert, Th. (Hrsg.). Der Sozialstaat an der Jahrtausendwende: Analysen und Perspektiven. S. 1-29. Heidelberg: Physica.

Schmidt, S. & Koch, U. (2005). Akzeptanz der Gesundheitstelematik bei ihren Anwendern. Bundesgesundheitsblatt, Gesundheitsforschung, Gesundheitsschutz 48, 778-788.

Schmidt-Semisch, H. (2000). Selber schuld – Skizzen versicherungsmathematischer Gerechtigkeit. In: Bröckling, U., Lemke, T. & Krasmann, S. (Hrsg.). Gouvernementalität der Gegenwart, S. 168-193. Frankfurt/M.: Suhrkamp.

Schug, S. H. & Redders, M. (2005). Gesundheitstelematik-Projekte in Deutschland aus Ländersicht. Bundesgesundheitsblatt, Gesundheitsforschung, Gesundheitsschutz 46, 649-656.

Warda, F. & Noelle, G. (2002). Telemedizin und eHealth in Deutschland: Materialien und Empfehlungen für eine nationale Telematikplattform. Köln: DIMDI.

Weichert, Th. (2004). Die elektronische Gesundheitskarte. Datenschutz und Datensicherheit 28, 391-403.

Weichert, Th. (2005). Vertraulichkeitsschutz durch IT-Sicherheit bei der elektronischen Gesundheitskarte. http://www.datenschutzzentrum.de/vortraege/050510_weichert_bsi.htm [04.08.05]

Weir, L. (1996). Research Developments in the Government of pregnancy. Economy & Society 25, 372-392.

Leon Hempel

„Regulierte Mobilität"[1] Verkehrsraumüberwachung in London und ihre sozialen Implikationen

Mobilität und Überwachung

Allenthalben ist heute von den *flows*, den zahlreichen Strömen menschlicher und nicht-menschlicher Akteure die Rede, durch die sich die Welt fortschreitend zu einer globalisierten Gesellschaft vernetze. Glaubt man den (medialen) Strategen aus den unterschiedlichen gesellschaftsrelevanten Feldern wie Politik, Ökonomie, Kultur oder gar Religion, aber auch den sozialwissenschaftlichen Reflexionen hierüber, so erweist sich In-Bewegung-sein mehr denn je als eine, wenn nicht gar *die* entscheidende Forderung der Zeit, mehr noch, die Forderung scheint sogleich Zeichen der Zeit zu sein. Nur wer tatsächlich in Bewegung ist, sprich die Flexibilität besitzt, zu jeder Zeit an jedem Ort dieser Welt zu sein, dürfe auch die größte Hoffnung auf soziale Mobilität im Sinne kultureller wie ökonomischer Teilhabe und sozialer Anschlussfähigkeit hegen.

John Urry hat dieser Tendenz zur Jahrtausendwende durch den Titel seines Buches „Mobility beyond Society. Mobilities for the twenty-first century" – wie für soziologische Buchtitel keineswegs unüblich – auf prägnante Weise Ausdruck verliehen (Urry 2000). Urry zielt darauf ab, der soziologischen Disziplin die seiner Meinung nach für das einundzwanzigste Jahrhundert zentrale Frage- und Gegenstandsperspektive zu vermitteln. Er räumt mit der gängigen, aber immer schon diffus bleibenden und vor allem statischen Kategorie von „Gesellschaft" angesichts einer immer augenfälliger werdenden permanenten Bewegung alles Sozialen auf und postuliert stattdessen Mobilität als die neue Zentralkategorie der soziologischen Betrachtung: „In particular I elaborate some of the material transformations that are remaking the 'social', especially those diverse mobilities that, through multiple senses, imaginative travel, movements of images and information, virtually and physical movement, are materially reconstructing the 'social as society' into the 'social as mobility'" (ebd.: 2)

Die Bewegungsströme von Aktanten – also von Menschen, Gütern, Informationen, Kapital etc. – stellt nach Urry nicht zuletzt auch soziale Regulation und

---

1 Wie stets bin ich meinen Mitarbeitern Christian Alisch und Ansgar Düben für Anregungen und Korrekturvorschläge dankbar. Ferner habe ich Transport for London, und speziell dem Transport Policing and Enforcement Directorate für die Erlaubnis, einige Details aus begleitenden Untersuchungen zur Londoner Verkehrsraumüberwachung in die folgende Argumentationen einbeziehen zu können, zu danken.

Kontrolle vor veränderte Anforderungen. So beziehe sich staatliches Handeln längst nicht mehr allein auf jene in den Grenzen ihrer Nationalstaatlichkeit umrissenen Gesellschaften, für deren ökonomische und soziale Sicherung Sorge getragen wird. Vielmehr stehe – während sich die Steuerung klassischer Strukturprobleme als unlösbar erweist – zunehmend im Vordergrund, wie auf die gesteigerte Mobilität einer globalisierten Welt von politisch administrativer Seite reagiert werden kann. Staaten werden nach Urrys Auffassung zu „legal, economic and social regulators", zu „gamekeeper(s)", die durch bestimmte Regeln und Verteilungsstandards versuchen, Handlungen und Bewegungen zu kontrollieren. *Wer* bestimmt *auf welche Weise* über die Mobilität, die zugleich das Postulat der Gegenwart ist? Als ein Grundbedürfnis soll Mobilität allen zugänglich sein, unterliegt zugleich aber der Kontrolle und Beschränkung. Welche Techniken werden hierfür genutzt und welche Rolle spielt in diesem Spiel noch der einzelne?

Als klassisches Beispiel für die unmittelbare Einflussnahme staatlicherseits dürfte die US-amerikanische Einreisegesetzgebung in Folge der Ereignisse des 11. Septembers gelten, als jüngstes Beispiel vielleicht der Vorschlag der Bush-Regierung, sämtliche Zuchttierbestände mit so genannten RFID Chips (Radio Frequency Identification Device) zu versehen, um die Gefahr der Einfuhr von Krankheitserregern in die USA zu bändigen (The Guardian, 26. April 2006, US privacy campaigners fear mark of the beast). Die gesteigerte Mobilität erweist sich als ein erheblicher Sicherheits- und Risikofaktor in Form aller nur denkbaren mobilen Entitäten, die im globalen Raum unterwegs sind oder sein müssen. Dabei produziert sie zugleich die Brennpunkte ihrer Regulation. Diese Orte können als Arenen regulierter Mobilität im Sinne Urrys oder auch als jene Nicht-Orte bezeichnet werden, von denen Marc Augé als Zeichen einer Super-Moderne gesprochen hat (Augé 1995). Es sind Orte, an denen die unterschiedlichsten „mobile bodies" (Lyon 2003) durch zahlreiche Verknüpfungen zusammenkommen und zugleich in ihren komplexen Bewegungsabläufen durch bestimmte architektonische Strukturen wie Zu- und Abgänge kontrolliert sowie durch unterschiedlichste Überwachungstechnologien nach Identität und abweichendem Verhalten gescannt und sortiert werden. Paradigmatisch stehen für diese Knotenpunkte mobiler Regulierung Orte des Verkehrs, öffentliche Nahverkehrssysteme, Bahnhöfe oder auch Flughäfen. Lyon stellt fest: „Mobility creates a world of nomads and unsettled social arrangements, so it is not surprising that in transit areas, such as airports, surveillance practices are intense" (Lyon 2001: 19).

Mit dem folgenden Beitrag möchte ich auf einen Brennpunkt regulierter Mobilität aufmerksam machen, der trotz seiner unzweifelhaften Omnipräsenz im Alltag im Überwachungsdiskurs doch eher wenig eingehende Beachtung findet. Es handelt sich dabei um den Bereich der Verkehrsraumüberwachung, um ein Anwendungsfeld also, das traditionell schon einem hohen Grad der Regulierung unterworfen ist und das dem Durchschnittsbürger ja seit Jahr und Tag etwa durch Verkehrsleitsysteme oder Geschwindigkeitskontrollen vertraut ist. Es lassen sich auch auf diesem Feld aber seit den letzten eineinhalb Dekaden Veränderungen konstatieren, die nahe legen, über Verkehrsregulierung ebenso unter dem Blickwinkel aktueller Überwachungsformen nachzudenken, wie etwa bei der Kriminalitätsbekämpfung. Vor allem der Einsatz von Videoüberwachung in Verbindung mit automatisierter Nummernschilderkennung und –speicherung wird mittlerweile weltweit von staatlichen Behörden wie Polizei, Staatsanwaltschaft und Zoll aber auch von Verkehrsbetreibern und der Automobilindustrie generell als eine Option für die Überwachung des Verkehrsraums angepriesen, gehandelt und genutzt. Der Verkehrsteilnehmer wird aus seiner Anonymität gezwungen. Die Fahrzeugnummererkennung mit Automatic Number Plate Recognition Kameras (ANPR) ermöglicht, Autokennzeichen zu scannen, so dass die Daten dann in die jeweiligen Leitzentralen übertragen und mit entsprechenden Datenbanken abgeglichen werden können. Seit einigen Jahren wird auch in Deutschland verstärkt über die Einführung von ANPR gestützten Systeme nachgedacht, etwa für Innenstadtmauts, Tunnelüberwachung, Verfolgung von Straftätern und gestohlenen Fahrzeugen. Bildet das Lkw-Maut-System TollCollect sicher eines der bekanntesten Beispiele für eine Realisierung, bei der auch Kameras integriert sind, so hat jedoch so mancher deutsche Innenminister damit immer noch zu ringen, dass die massenhafte Kennzeichenüberwachung von Pkw hierzulande noch nicht im Einklang mit Gesetzen steht.

In einem ersten Schritt möchte ich die Intensivierung der Verkehrsüberwachung im groben Zügen nachgehen und dabei vor allem das Potential der Systeme anhand ihrer Dimensionen beispielhaft verdeutlichen. Videogestützte Verkehrsüberwachungssysteme gehören ohne Zweifel zu den größeren Anlagen dieser Art. Ich werde mich dabei in erster Linie auf Erkenntnisse und Entwicklungen in Großbritannien konzentrieren müssen. Wie auf anderen Einsatzfeldern von Überwachung empfiehlt sich die Britische Insel auf dem Gebiet der Verkehrsraumüberwachung als Vorreiter. In einem zweiten Schritt werde ich den Einsatz vor dem Hintergrund der tatsächlichen Verkehrssituation Londons an einzelnen Einsatzfeldern noch einmal konkretisieren. Nicht nur lassen sich angesichts des drohenden Verkehrskollaps in London für die aktuelle Formen technisierter Verkehrsraumüberwachung gute Gründe angeben. Der Einsatz von Videokameras erweist sich teilweise auch als ein durchaus wirkungsvolles Mittel, um Verkehr zu regulieren und dem drohenden Chaos entgegenzusteuern. Mehr noch, es lassen sich Effekte nachweisen, die einen allgemeinen sozialen Nutzen implizieren. Einzelne Verkehrsmittel erhalten entweder bevorzugt oder exklusiv Zugang zu den Kanälen, andere allerdings werden von der verkehrlichen Infrastrukturen durch die Restriktionen mittels Kameraüberwachung ausgeschlossen. Es fällt auf, dass sich im Bereich der Verkehrsraumüberwachung ganz unterschiedliche Zwecke und Funktionen von Überwachung verbinden, also etwa die Verfolgung von regelwidrigem Fahrverhalten wie auch von Straftätern. Haben die unterschiedlichen Ziele ihre Voraussetzung stets in der massenhaften Dauererfassung von Kennzeichen und Fahrzeughaltern, dürfte dies aus gesellschaftspolitischer Sicht sicher den kritischsten Punkt darstellen. Mehr noch, es kommt zur sozialen Sortierung durch den Einsatz. Deshalb möchte ich in einem dritten und letzten Schritt danach fragen, wo die Grenzen des Nutzens der intensivierten Überwachung im verkehrlichen Bereich liegen. Bedenkt man das enorme Überwachungspotential aufgrund der Größe der Systeme, werden die neue Qualität und Dimension aktueller Überwachungsformen am Beispiel der Verkehrsüberwachung besonders manifest. Die Rede von der Überwachungsgesellschaft macht nur dann Sinn, wenn auch Alltagshandlungen in die Betrachtung mit einbezogen werden. Verkehrsraumüberwachung erweist sich hier als ein exemplarischer Bereich. Denn hier sind es nicht nur die jeweils anderen, die zum Schutz der Vielen kontrolliert werden, sondern die Vielen selbst in ihren alltäglichen Routinen.

Intensivierung der Verkehrsraumüberwachung

Verkehrsüberwachungsmaßnahmen gibt es seit langem. Kaum dürfte es Autofahrer geben, denen etwa die Bedeutung und potentielle Folgen von Geschwindigkeitskameras gänzlich unbekannt sind. Ebenso gehen erste kameragestützte Anwendungen zur Verkehrslenkung bereits auf die fünfziger Jahre des 20. Jahrhunderts zurück. Selbst die umstrittene automatisierte Nummernschilderkennung ist eine seit 20 Jahren bekannte Technik (Rötzer 2005). Allem in allem ist, was das öffentliche Bild von Verkehrskameras betrifft, von einem Gewöhnungseffekt auszugehen, der sich vermutlich auch in dem Umstand widerspiegelt, dass bislang die Verkehrsraumüberwachung kaum Beachtung in akademischen Studien und Analysen findet.
Die technische Entwicklung hat aber auch hier die Standards mit der Folge einer erheblichen Erweiterung des Anwendungsspektrums verschoben. Die Detektion von Massepunkten, die im wesentlichen frühe Formen der Verkehrsraumüberwachung bestimmte, ist mittlerweile durch Verfahren ersetzt worden, die nicht nur die konkrete Identifikation von Fahrzeugen und damit -haltern in Echtzeit ermöglicht, sondern auch den Abgleich und die dauerhafte Speicherung der Daten. In auffälliger Übereinstimmung mit der Entwicklung im kriminalpräventiven Sicherheitsbereich werden vor allem in Großbritannien und speziell in London seit Mitte der neunziger Jahre Videokameras auch verstärkt für weit reichende Zwecke im Verkehrsbereich eingesetzt. Neben den Bezirksverwaltungen ist der mit Abstand wichtigste Akteur in diesem Zusammenhang der zentrale Londoner Verkehrsbetreiber „Transport for London" (TfL). Das staatliche Unternehmen wurde im Jahre 2000 gegründet und ist maßgeblich für den Verkehr in London verantwortlich. Dies umfasst den Betrieb sämtlicher öffentlichen Nahverkehrsmittel wie U-Bahn, Busse, die Docklands Light Railway, Trams etc., wobei die Busse in London auf vertraglicher Grundlage von privaten Unternehmen gefahren werden. Ebenso fällt aber auch die Lizenzierung von Taxibetreibern und die Innenstadtmaut in den Verantwortungsbereich von TfL. Zu-

sätzlich werden neben sämtlichen 4.800 Ampeln Londons auch 5% des gesamten Straßennetzes der Metropole Greater London durch das an die 17.000 Mitarbeiter umfassende Unternehmen verwaltet. Dies sind vornehmlich die Haupt- und größeren bzw. stark befahrenen Nebenstraßen der Innenstadt bzw. der Ausfallstraßen, welche die City mit den Außenbezirken verbinden. Ingesamt handelt es sich um rund 580 Straßenkilometer, auf denen mittlerweile die Einhaltung einer ganzen Reihe von Verkehrsregeln durch den Einsatz von Videokameras kontrolliert werden.
Die rechtliche Grundlage dieser Überwachungsaktivitäten bilden mehrere Dekriminalisierungsakte von Verkehrsdelikten, die das privatwirtschaftlich agierende Unternehmen autorisieren, Strafmandate mit Zugriff auf private Daten wie Adresse auszustellen und den personellen und materiellen Aufwand hierdurch gegenzufinanzieren. Erste Versuche zur Erprobung der einzusetzenden Technik gab es bereits 1996, noch vor der Etablierung des Unternehmens. Eine entsprechende Pilotstudie im Folgejahr bildete die Grundlage des seit 1998 einsetzenden systematischen Ausbaus des Überwachungsnetzes. Installiert wurden zunächst Kameras am Straßenrand (Roadside Cameras), um Ordnungswidrigkeiten im Bereich von Busspuren zu verfolgen, gefolgt von mobilen Kameras an den Bussen selbst sowie ab 2001 von wesentlich leistungsstärkeren, zoom- und schwenkbaren CCTV-Kameras, die im Unterschied zu den beiden ersten lediglich aufzeichnenden Kameratypen auch die Überwachung des Verkehrs in Echtzeit ermöglichen. Im April 2003 begann TfL das international Aufsehen erregende Projekt, die Innenstadt mit einem eigenständigen System zu überwachen, mit dem Ziel die Innenstadtbereich vom Verkehr zu entlasten. Durch das gerne einmal als „Traffic-Revolution" bezeichnete System werden all jene zur Kasse gebeten, die das Gebiet der Congestion Charge zwischen sieben und 18.30 Uhr durchqueren, ausgenommen Taxis und Busse, motorisierte Zweiräder, Polizei-, Kranken- und Feuerwehrwagen im Einsatz, Behindertenfahrzeuge und ministerielle Limousinen. Mit Hilfe der integrierter Nummernschilderkennung werden den Fahrzeughaltern pro Durchquerung inzwischen acht Pfund in Rechnung stellt, die sie binnen einer 24h Frist entrichten müssen.
Seit Juni 2004 werden neben Busspuren Übertretungen von Beschränkungen der Fahrtrichtung und des Abbiegeverhaltens überwacht und durch TfL zur Anzeige gebracht. Dies beinhaltet konkret verbotene Wendemanöver, regelwidriges Befahren von Einbahnstraßen sowie unrechtmäßiges Verhalten beim Abbiegen in gekennzeichneten Kreuzungsbereichen. Insgesamt zeichnet sich eine Tendenz ab, immer weitere Felder von Fahrverhalten in das Funktionsspektrum zu integrieren. Einerseits versucht man, Regelverstöße durch die Androhung von Sanktionen zu verhindern, andererseits den Verkehr durch gebührenpflichtige Bereiche zu beeinflussen und zu steuern. Seit Februar 2005 werden Parkdelikte durch TfL großräumig überwacht, wobei die Polizeistreifen der Metropolitan Police, die bis zu diesem Zeitpunkt ausschließlich für die Ahndung von Parkdelikten

zuständig waren, zunehmend in Konkurrenz zur technischen Überwachungsmaßnahme geraten.

Schließlich erfüllt neben der Ermittlung von Verkehrsdelikten und den Einnahmen durch entsprechende Gebührenzahlungen das Überwachungssystem auch eine wichtige Funktion als umfangreiche Informationsgrundlage hinsichtlich des Systems insgesamt. Einerseits erlauben die Kameras den Betrieb des Systems zu überblicken, beispielsweise die betriebenen Buslinien problemorientiert zu beobachten und zu bewerten. Indem auf jeder Linie Start und Endpunkt jeder Busfahrt gemessen werden, können z.B. hinsichtlich durchschnittlicher Fahrtzeiten und Pünktlichkeit, unplanmäßiger Routenänderungen und plötzlicher Ausfälle dokumentiert werden. Die erhobenen Informationen dienen auch der ständigen Evaluation der privaten Busbetreiber Londons, was immerhin einer indirekten Überwachung von Mitarbeitern gleichkommt. Kontrolliert wird unter anderem, ob Busfahrer die vertraglichen Vereinbarungen zwischen TfL und den Busbetreibern einhalten. Andererseits ermöglicht das Monitoring es auch, Verhalten von Verkehrsteilnehmern gegenüber Verkehrsrichtlinien bzw. der Akzeptanz dieser einzuschätzen.

Die graphische Darstellung zeigt sämtliche Standorte der von Transport for London betriebenen Verkehrskameras nach unterschiedlichen Typen und Funktionen für das Jahr 2005[2]. So sind mittlerweile fast sämtliche Busse mit mobilen

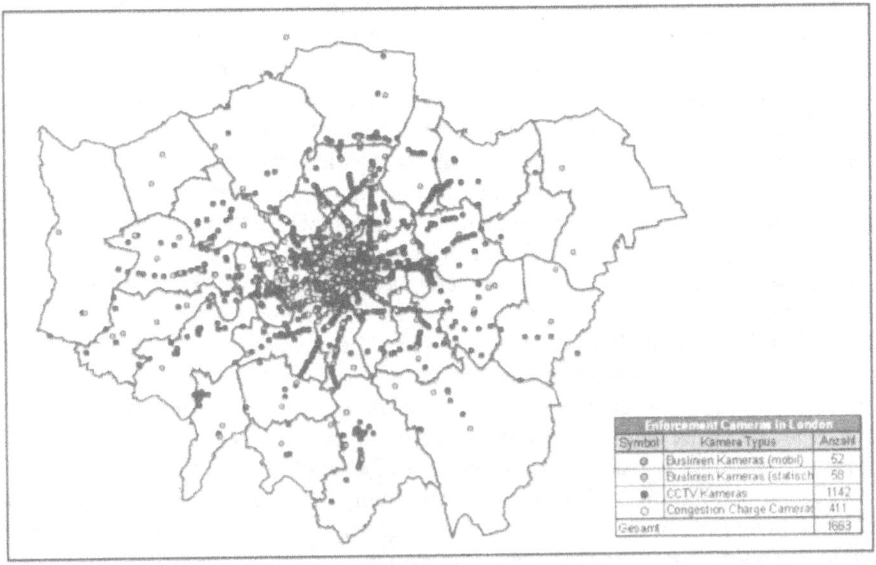

2 Quelle: Transport for London 2005

Kameras ausgestattet. Die Anzahl 52 bezieht sich dabei ausschließlich auf die Busbahnhöfe der privaten Busbetreiber. Ist im Grunde jeder der ca. 700 Londoner Busse mit Kameras ausgestattet, lässt sich diese Zahl leicht nach oben korrigieren. Ergänzt werden die mobilen Buskameras durch 58 statischen Roadside Kameras sowie 1142 CCTV Kameras, die im Betrieb durchschnittlich 100 m Straßenfläche 24 Stunden am Tag kontrollieren können. Einschließlich der 411 Kameras für die Innenstadtmaut, deren Standorte deutlich den traditionnellen Londoner Sicherheitsgürtel, den so genannten „Ring of Steel", und die Westerweiterung der Congestion Charge erkennen lassen, umfasst TfLs System zur Verkehrsraumüberwachung weit über 1600 Kameras. Dies entspricht bei 580 Straßenkilometern unter Verantwortung von TfL einer Dichte von 2,9 Kameras pro Kilometer, wobei die Zahl natürlich dadurch als relativ zu bezeichnen ist, als durch die mobilen Kameras an Bussen das System gewissermaßen omnipräsent ist. Jeder Bus in einer Busspur erscheint zwischen 7.00 und 19.00 für die Verkehrsteilnehmer gewissermaßen als eine Kamera.
Unerheblich ist dabei, ob sie nun tatsächlich läuft und aufzeichnet oder nicht. Die symbolische Präsenz dürfte nicht unwesentlich über die Wirkung dieses Kameratyps entscheiden.

Die Intensivierung der Verkehrsüberwachung lässt sich aber über die Kameradichte hinaus auch an der Anzahl ausgestellter Tickets aufzeigen. Für den Zeitraum von Januar bis Dezember 2005 wurden auf dem zentralen, durch TfL verwalteten Straßennetz nicht weniger als rund 340.000 regelwidrige Ereignisse durch den Einsatz von Kameras registriert. Rund 90 % dieser Verstöße führten zu einem Ticket, das den Fahrzeughaltern über die Erfassung des Nummernschildes und damit automatisch der privaten Anschrift per Post zugestellt wurde. Diese Zahl sagt allerdings noch wenig über den Grad der Intensivierung von Verkehrsüberwachung aus. Das Ausmaß lässt sich erst durch den zeitlichen Vergleich ermitteln. Folgende Grafik zeigt für die Durchsetzung von Park- und Halteverboten den Anstieg der ausgestellten Tickets seit der Inbetriebnahme im Februar 2005:

Aufgetragen sind die Anzahl der ausgestellten Tickets durch Personal auf der Straße (blaue Linie), die Anzahl der ausgestellten Tickets durch CCTV (orange Linie) sowie die Superposition aus beiden Maßnahmen (grüne Linie). Das Verhältnis der Kurven zeigt, dass beide Personal auf der Straße und Kameras weitestgehend unabhängig voneinander agieren. Die Einführung von Kameras hat sich bislang noch nicht als die Ersetzung vom Streifendienst erwiesen, sich bislang aber auch nicht auf das Parkverhalten positiv ausgewirkt. Vielmehr kann festgestellt werden, dass die Kameraüberwachung vor allem das Sanktionspotential erhöht hat. Der Anstieg der Superposition geht wesentlich auf den Anstieg der Kameraereignisse zurück. Umso intensiver und genauer die Überwachung des Verkehrsraums ist, desto höher ist auch die Wahrscheinlichkeit, dass

Regelverstöße beobachtet werden und geahndet werden können. Von Dezember 2004 bis zum März 2006 ergibt sich ein Anstieg auf 315% mit nach wie vor steigender Tendenz[3].

Schließlich zeigt sich auch an der öffentlichen Wahrnehmung der Verkehrsteilnehmer die zunehmende Präsenz von Videoüberwachung im Verkehrsbereich. Dabei lässt sich feststellen, dass die einzelnen Bereiche von Verkehrsüberwachung unterschiedlich bewertet werden. Während die Überwachung von Busspuren in der Öffentlichkeit eher Akzeptanz finden, bestehen gegenüber der Parkraumüberwachung und vor allem gegenüber Geschwindigkeitskontrollen

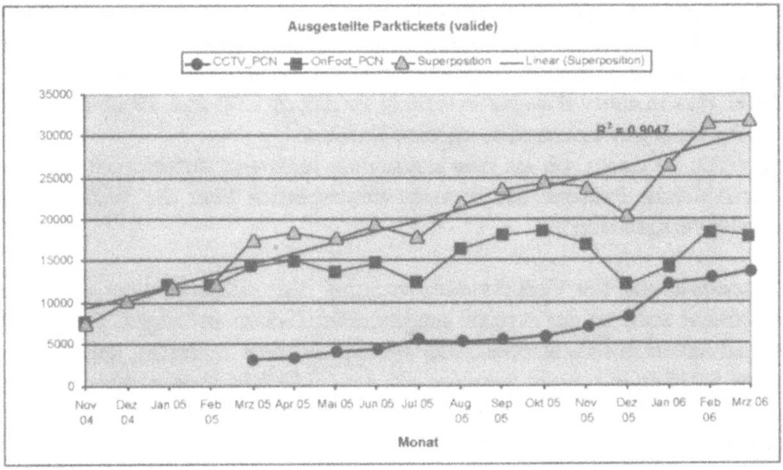

Vorbehalte. Die Konkurrenz zwischen öffentlichen und privaten Verkehrsmitteln scheint dabei eine Rolle zu spielen. Es kommt immer darauf an, inwieweit ein öffentlicher Nutzen erkennbar wird und inwiefern der Individualverkehr von der Überwachung selbst betroffen ist. Beispielhaft lassen sich im Bereich von Geschwindigkeitskontrollen interessante Beobachtungen hinsichtlich der öffentlichen Wahrnehmung von kameragestützter Verkehrsraumüberwachung ablesen. Im Rahmen des durch die EU-Kommission finanzierten Verbundprojekts Urbaneye[4], das die Tendenzen der Ausbreitung von Videoüberwachung in den Hauptstädten von sieben Europäischen Ländern vergleichend zwischen 2001 und 2003 untersuchte, wurden unter anderem die Akzeptanz und Wahrnehmung von Videoüberwachung in den jeweiligen Bevölkerungen auf Grundlage einer Zeitungsanalyse ermittelt (McCahil und Norris 2002). Stand bei dieser Analyse die Frage nach möglichen kritischen Bewertungen der zunehmenden Video-

3 Die ausgestellten Tickets für November 2004 wurden nicht eingerechnet, da das Datenmaterial hier nicht ganz vollständig ist. Quelle: Transport for London 2006.

4 Sämtliche Ergebnisse der Studie unter www.urbaneye.net

überwachung im Vordergrund, so ergab sich bei der Londoner Untersuchung, dass es trotz der massiven Ausbreitung von Sicherheitskameras so gut wie keine kritische Diskussion gegeben hatte. Der Einsatz von Videoüberwachung zur Kriminalitätsbekämpfung wird insgesamt befürwortet. Dabei wird vor allem von einem tatsächlichen Effekt auf das Kriminalitätsverhalten ausgegangen. Demgegenüber ließ sich aber eine erhöhte Sensibilität in der Öffentlichkeit hinsichtlich der Intensivierung von Verkehrskameras feststellen. Hier ließ sich zum Zeitpunkt der Untersuchung eine kritische Auseinadersetzung nachweisen. In ihr verstand sich der Bürger auf seine Freiheitsrechte zu bestehen. Sämtliche Argumente, die hinsichtlich des Einsatzes von Videoüberwachung im kriminalpräventiven Bereich die Befürwortung unterstützten, wurden als Gegenargument erneut ins Feld geführt. Dabei wurde nicht nur jeglicher Effekt von Verkehrsüberwachung und auch das Funktionieren der Technik insgesamt in Frage gestellt, sondern auch der Eingriff in die Privatsphäre durch die Überwachung als ein Argument gegen den Einsatz veranschlagt. Während der Einsatz von Kameras gegenüber Kriminellen akzeptiert wird, fühlt sich der Bürger durch die Verkehrsüberwachung betroffen. Was für kriminelles Verhalten als zumutbar und effektiv erscheint, empfindet er für sich als lästig. Dabei scheint er die eigentlichen Potentiale der Videoüberwachung einerseits zu überschätzen, wenn es um die Bekämpfung von Kriminalität geht, andererseits aber zu unterschätzen, wenn es um die Überwachung von Verkehrsverhalten handelt. Denn sein Ärger scheint sich lediglich auf die Einschränkung zu begrenzen, nach freiem Willen fahren zu können. Darüber hinaus entzieht sich seinem Blick aber die weiteren Potentiale der Verkehrsüberwachung wie die Erstellung von bestimmten Profilen über die dauerhafte Speicherung und den Abgleich von persönlichen Daten.

Gründe, Ziele und Effekte der Verkehrsraumüberwachung

Für die Durchsetzung von Verkehrsregeln durch Kameraüberwachung lassen sich in London gute Gründe finden. Schon immer litt die Metropole unter einem immer noch wachsenden Verkehrschaos. Und wer heute auf einem der Flughäfen anreist, wird sogleich mit dem Problem in Form konkurrierender Verkehrsmittel konfrontiert. Wer mit dem Auto oder Bus in die Innenstadt zu fahren gedenke, habe mit nicht weniger als 158 Ampeln zu rechnen, entnimmt man den Werbeplakaten der einschlägigen Airport Express Linien. Die durchschnittliche Geschwindigkeit liege in der Innenstadt bei unter 10 mph. und in der Tat sind viele der Hauptverkehrsachsen den Anforderungen des Verkehrs nicht angemessen. Es gibt Ausfallsstraßen, deren Breite nicht mehr als zwei sich aneinander vorbei schiebende Busse zulässt. Konnten an einem durchschnittlichen Tag im Jahre 2004 nicht weniger als über 27 Mio. Fahrten registriert werden, so beinhaltet dies einen Anstieg des Verkehrsaufkommens für die letzten zehn Jahre um knapp 20%.

Diese Zunahme kann unter anderem auf einen Bevölkerungszuwachs Londons zurückgeführt werden, der nach einer lang anhaltenden Phase der Schrumpfung etwa Mitte der achtziger Jahre einsetzte und zwischen 1993 und 2004 einen Anstieg der Wohnbevölkerung von 8,75% bedingte. Vor allem der innerstädtische (Central London) und innenstadtnahe Bereich (Inner London) partizipierte an diesem Wachstum (13%), während die Stadtteile in Randlage (Outer London) nur unterdurchschnittlich profitieren konnten (6,2%). Doch nicht nur das Anwachsen der Wohn-, sondern besonders der Arbeitsbevölkerung (19%) führte zu einem gesteigerten Mobilitätsbedarf, welcher insbesondere im citynahen Bereich aufgrund der dortigen hohen Arbeitsplatzdichte das Verkehrsnetz seither belastet.

Die zunehmende Anzahl der Verkehrsteilnehmer sowie der gestiegene Mobilitätsbedarf äußern sich einerseits in einer deutlichen Verlangsamung des Verkehrsflusses sowie andererseits in Ausweichreaktionen der Verkehrsteilnehmer auf den öffentlichen Nahverkehr und alternative Wegstrecken (Transport for London 2005, S. 30). Der Verkehr wird zwar durch die Nutzung des privaten Pkws nach wie vor dominiert. Gleichzeitig lässt sich aber eine gewisse Veränderung in der Verkehrsmittelwahl inzwischen feststellen. Seit Beginn der achtziger Jahre wird dem drohenden Verkehrskollaps in London durch den Ausbau des U-Bahnliniennetzes und seit den frühen neunziger Jahren der Bus- und Regionalbahnstrecken entgegengewirkt. Infolgedessen hat sich während der vergangenen Dekade die Streckenlänge von Buslinien insgesamt mehr als verdreifacht und sich auch die zurückgelegten Kilometer von Bussen, Regional- und U-Bahnen um mehr als 40% erhöht (Road Network Performance and Research 2005). Zwar nahm die Anzahl der zugelassenen privaten Pkw in der Londoner Metropole seit 1993 um ca. 22% zu, sank jedoch relativ hierzu deren tatsächliche Nutzung im Hinblick auf die Anzahl der unternommenen Fahrten (die zeitgleich nur um ca. 4,8% wuchsen). Der Anteil der öffentlichen Verkehrsmittel am Verkehrsaufkommen stieg dagegen von 29% auf 36%.

Die (vor allem in der City) stagnierende Nutzung des Pkw kann als Indiz dafür gesehen werden, dass das Straßennetz über weite Gebiete und insbesondere auf den stark befahrenen Hauptstraßen an die Grenzen seiner Tragfähigkeit geraten ist. Als Reaktion auf die Überlastung weichen viele Verkehrsteilnehmer auf das U-Bahn- und vor allem das ständig wachsende Busliniennetz aus, eine Tendenz, die sich bereits vor der Einführung der Videoüberwachung abgezeichnet hat. Gemäß der öffentlich erklärten Zielstellung von TfL soll der Einsatz von Kameras diesen Trend unterstützen. Bei einer Bewertung sind allerdings die skizzierten verkehrsregulierenden Aktivitäten wie der fortgesetzte Unterhalt einschließlich der baulich strukturellen Anpassung des Straßennetzes an den Verkehrsbedarf mit zu bedenken.

Ausgangspunkt von TfL Überwachungsaktivität ist, dass durch die verschärfte Kontrolle und Verfolgung von Überschreitungen letztlich die Befolgung von Verkehrsregulationen erhöht wird. Erhofft wird, dass sich hierdurch Busfahrzeiten wie auch die Verkehrsgeschwindigkeiten insgesamt verbessern und so auch mehr Zuverlässigkeit garantiert werden kann. Ferner wird mit weiteren Effekten wie weniger Verkehrsstau und der gleichzeitig vermehrten Nutzung von öffentlichen Verkehrsmitteln gerechnet. Dabei kommt den Bussen eine besondere Bedeutung deshalb zu, weil das U-Bahnnetz einerseits in erster Linie den Norden Londons abdeckt, zum anderen aber auch nur begrenzt ausgebaut werden kann. Darüber hinaus möchte man vor allem durch die Freihaltung der Busspuren auch die Nutzung von Verkehrsmitteln wie Fahrräder fördern, durch die Kontrolle des Parkraums neben einer Verbesserung des Verkehrsflusses aber auch Unfälle verhindern. Insgesamt zielt TfL durch den Einsatz von Kameras die prekäre Verkehrssituation zu entschärfen, indem man sich erhofft, auf den Verkehr durch die Kameras mehr oder weniger direkt einzuwirken.

Die Frage zu klären, inwieweit durch die Verkehrsraumüberwachung auch tatsächlich ein Einfluss auf den Verkehr ausgeübt wird, ist, wie angedeutet, nicht zuletzt auch das Ziel der hauseigenen Untersuchungen von TfL. Parallel zur Erfassung von Übertretungen von Verkehrsregeln und der Initiierung von Verfolgung werden die internen Prozesse des Systems ständig observiert und ausgewertet. Es gilt den erheblichen personellen wie konkret materiellen Einsatz im Unternehmen zu rechtfertigen. Im Vordergrund steht dabei die kamerabasierte Buslinienüberwachung, die erste Maßnahme zur Durchsetzung von Verkehrsregeln durch das Unternehmen.

Festgestellt wird zunächst eine verstärkte Registrierung von Verkehrsdelikten durch den Einsatz von Kameras. Über einen längeren Zeitraum betrachtet, lässt sich am Beispiel einer einzelnen Roadside-Kamera aufzeigen, dass die Anzahl der Delikte zurückgeht. Dies kann als ein höherer Grad an Befolgung der Regulation interpretiert werden. Die intensivierte Überwachung führt anfänglich zu mehr ausgestellten Tickets, fällt dann aber nicht unerheblich. In Abhängigkeit zum Verkehrsaufkommen zeigt sich, dass einzelne Busspuren mittlerweile wesentlich freier von unautorisierten Verkehren sind als noch vor zehn Jahren. Ferner kann TfL nachweisen, dass durch die Kameraüberwachung Busgeschwindigkeiten zugenommen haben, also mit einer erhöhten Zuverlässigkeit des öffentlichen Busverkehrs gerechnet werden darf. Als weiterer Effekt stellt sich heraus, dass Busspuren von auf ihnen zugelassenen Verkehrsmitteln wie Fahrrädern nunmehr häufiger genutzt werden. Das Exklusivrecht wird also in Anspruch genommen, woraus sich ableiten lässt, dass der Kameraeinsatz in der Tat einen Einfluss auf den Verkehr ausübt. Schließlich wird nach diesen Untersuchungen auch erkennbar, dass mit dem Aussetzen der Maßnahme, Regelverstöße erneut zunehmen. TfL zieht hieraus den Schluss, dass es in jedem Fall notwendig ist, die Überwachungsmaßnahme fortzusetzen und die Observation kontinuierlich zu betreiben.

Neben eigenen Untersuchungen beauftragt TfL auch Beratungsfirmen und andere Institutionen mit der Evaluation des Systems, um Wahrnehmung und Akzeptanz sowie Wirkweisen des Systems zu analysieren. Im Rahmen eines von der

Technischen Universität Berlin durchgeführten Projekts können Effekte hinsichtlich der Buslinienüberwachung durch hauseigene Berechnungen von TfL teilweise bestätigt werden[5]. Bei der Untersuchung einer gesamten zentralen Bu sroute, die Central mit Outer London verbindet und zahlreiche Buslinien umfasst, lässt sich zwar eine Rückwirkung auf die Busgeschwindigkeit feststellen, insgesamt aber kein signifikanter Abwärtstrend an ausgestellten Strafmandaten ablesen, der auf zunehmende Befolgung von Verkehrsregeln deutet. Inwieweit die Rückwirkung af das Verkehrssystem tatsächlich vom Einsatz der Kameras abhängig ist, erweist sich als wesentlich schwieriger zu bestimmen als man im ersten Moment annehmen möchte.

Geht man davon aus, dass eine Kamera eben nicht nur eine einzige, erfolgsabhängige Wirkung zeitigt, zeigt sich, dass eine Befolgung des Fahrverbots auf Busspuren weder bei CCTV Kameras noch bei den mobilen Buskameras einem einheitlichen Trend folgt. Vielmehr schwankt der Effekt bei beiden Kameratypen. Einzelne proaktive und reaktive Mechanismen wie Abschreckung durch die Sichtbarkeit des Systems (Visibility of System), durch sanktionsbedingtes Lernen (Learning by Doing) und durch die Sanktion in Form der über die verschiedenen Kameratypen initiierten Verfolgungen (Caught in the act, You've been framed) haben bei beiden Kameratypen einen unterschiedlich starken Anteil am Gesamteffekt, durch Kameraüberwachung Fahrverbote auf Busspuren durchzusetzen. So lässt sich beispielsweise durch die sichtbare Präsenz der Busse von einer unmittelbaren Abschreckungswirkung ausgehen, die eine CCTV Kamera kaum zu erreichen vermag. Gleichzeitig ist aber die reaktiv erfolgende Sanktionierung durch die erhöhte Sicht dieser zoom- und schwenkbaren Kameras ungleich höher.

Im Rahmen einer weiteren, noch laufenden Studie zur Kameraüberwachung von Parkregulationen stellt sich im Gegensatz zum relativen Erfolg der Buslinienüberwachung ein vergleichbarer Effekt des Kamerasystems, auf den Verkehr Einfluss zu nehmen, dann auch gar nicht erst ein[6]. Man scheint als motorisierter Verkehrsteilnehmer eher bereit zu sein, längere Fahrtzeiten in Kauf zu nehmen und einzuplanen als auf einen strategisch günstigen Parkplatz zu verzichten. Parkregulationen werden seit Februar 2005 ausschließlich mit CCTV Kameras überwacht. Der ausbleibende Effekt könnte darauf zurückgeführt werden, dass sich weder Kenntnisse noch Lerneffekte bislang abzeichnen, wobei zu bedenken

---

5 ICUC – Increasing Compliance through Using Cameras, 2005. Die Untersuchung erfolgte im Auftrag von TfL und wurde vom Autor zusammen mit Christian Alisch, Dr. Heather Cameron und Ola Svenonius am Zentrum Technik und Gesellschaft der Technischen Universität Berlin durchgeführt.

6 ICPE - Increasing Compliance through Parking Enforcement 2005/2006. Die Studie erfolgt im Auftrag von TfL und wird vom Autor zusammen mit Christian Alisch, Dr. Heather Cameron, Ansgar Düben und Ola Svenonius am Zentrum Technik und Gesellschaft der Technischen Universität Berlin durchgeführt.

ist, dass es weit weniger Marketingkampagnen zu dieser Erweiterung des Anwendungsspektrums durch TfL gegeben hat als hinsichtlich der Überwachung von Buslinien. Offen bleibt also, ob sich ein Einfluss der Kameras erst nach einer bestimmten Zeit einstellen wird, während der die motorisierten Straßennutzer die Maßnahme zunächst realisieren und dann nach und nach in ihr Verhalten und Handeln integrieren. Der Vergleich von Buslinien und Parkraumüberwachung auf Grundlage der registrierten Ereignisse spricht dagegen. Stellte sich der Abwärtstrend von Überschreitungen im Fall der Buslinien bereits nach wenigen Wochen und Monaten ein, ist mit einem annähernd übereinstimmenden Trend im Fall der Parkregulationen nicht mehr zu rechnen. Die oben anhand der Grafik aufgezeigte Verdreifachung der registrierten Überschreitung von Parkregulationen innerhalb des vergangenen Jahres deutet darauf hin, dass speziell der Beitrag der CCTV-Kameras lediglich darin besteht, die Dunkelziffer von Parksündern aufzuhellen. Es scheint mit andern Worten also höchst fraglich zu sein, inwiefern dieser Kameratypus einen direkten Einfluss auf das Parkverhalten überhaupt nimmt. Verspricht die Durchsetzung von Buslinien mit Hilfe von Kameras einen relativen Erfolg, bleibt dieser im Hinblick auf die Einhaltung von Parkregulationen aus.

Umso wichtiger ist es, noch einmal darauf hinzuweisen, dass andere Maßnahmen sozialer Regulationen wie Personal auf der Straße im Zuge des Einsatzes von Kameras unter Druck geraten. Das Sanktionspotential von CCTV-Kameras wird mehr und mehr zum Maßstab, die Potentiale anderer Maßnahmen zu beurteilen. Bestärkt diese Form technologischer Domination das eh schon negative Erscheinungsbild von strafzettelschreibenden Polizisten in der Öffentlichkeit, so bedeutet diese am Ende doch Äpfel mit Birnen zu vergleichen. Bedenkt man die wesentlichen unterschiedliche von menschlicher und technisierter Kontrolle, so hinkt der Vergleich, bei dem die Effizienz der jeweiligen Maßnahme lediglich an der Anzahl geschriebener Strafzettel, also letztlich nur am konkreten finanziellen Rückfluss gemessen wird. So legitim dies auch aus unternehmerischer Sicht scheint, so sehr stellt dieser Blick letztlich die Zielvorgaben der Kameraüberwachung in Frage. Möchte man durch die Kameras tatsächlich auf den Verkehr positiv einwirken oder sucht man nach kostengünstigen Einnahmen, um das System zu refinanzieren und letztlich auszubauen?

Ein Vergleich zwischen technisierter und menschlicher Kontrolle ist aber dennoch durchaus sinnvoll und erhellend. Doch worauf es bei einer Bewertung ankommt, ist Kamera und Personaleinsatz jeweils nach ihrer Spezifik zu bestimmen, sprich im Rahmen ihrer Möglichkeiten zu bewerten, um beide Maßnahmen dann zu vergleichen. Unter dieser Perspektive zeigt sich dann, dass der Vorteil der Kamera aufgrund ihrer relativen Raum- und Zeitabhängigkeit, sich nicht nur auf das Sanktionspotential beschränkt, sondern zugleich auch im Vergleich zu strafzettelschreibenden Straßenpersonal ihr Nachteil ist, wenn es um die tatsächlichen Qualitäten ihres unmittelbaren Einfluss auf den Verkehr geht. Bereits im Gegensatz zu einem auf einer speziell markierten Linien fahrenden stets sichtbaren Bus und erst recht zu einem ebenfalls aufgrund seiner körperlichen Präsenz gut sichtbaren uniformierten Verkehrswächter auf der Straße, bleibt die CCTV-Kamera relativ diskret und anonym. Kaum ein Passant wird heute eine Sicherheitskamera von einer Verkehrskamera unterscheiden könnnen, obwohl es eindeutige Merkmale wie die höheren Aufhängungen für eine maximale Sicht bei letzteren gibt. Zumal vor dem Hintergrund der unendlichen Vielzahl von Kameras, bleibt die einzelnen angesichts ihrer Funktion im Diffusen, wie folgendes Zitat aus einem Interview mit einem Traffic Warden (Verkehrswächter) belegen mag:

> *That is what cameras do. You don't know where they are, they are picking on you ... you stop you get a ticket in the post. It's the fear factor. That is what cameras do. [...] They do the absolute opposite to making you feel safe, they make you feel unsafe if you are a motorist. However, London needs to work!*[7]

Gegenüber jeglichem Kameratyp hat der Polizist auf der Straße immer den Vorteil der Kommunikation. Was gegenüber der Kamera sein Nachteil aufgrund seiner relativen räumlichen und zeitlichen und zeitlichen Beschränkung ist, erscheint wiederum als sein Vorteil. Liegt auf der Hand, dass menschliche Straßenkontrollen insgesamt weniger Strafmandaten erteilen können als ihre technischen Gegenspieler sozialer Kontrolle, so üben diese aber doch aufgrund der sichtbaren Uniformierung einen starken Abschreckungseffekt auf potentielle Verkehrssünder aus und bewirken hierdurch eine unmittelbare Befolgung von Parkregulationen. Auch erreicht das Personal auf der Straße keine geringere Fehlerquote als die Kameras. Aus ihrer Vor-ort-Präsenz können sie unmittelbar handeln, etwa wenn ein Nummernschild aufgrund von Verschmutzung nichtlesbar ist, wenn fehlerhafte Beschilderungen bestehen. Steht die öffentliche Unbeliebtheit von Verkehrswächtern sich für ein bürgerliches Missbehagen an staatlicher Macht, die sich hier in häufig recht wirschem Ton verkörpert, so weist sie darüber hinaus doch noch immer auf die Komponente, jeden Regelverstoss noch einmal in der konkreten Situation verhandeln zu können und auf die Gunst der Staatsgewalt zu hoffen.

Galt dieser Abschreckungseffekt von Personal auf der Straße quantitativ bislang als nicht messbar, da abgeschreckte Verkehrssünder nun einmal keine Daten hinterlassen, so war es jedoch im Zuge der genannten zweiten Studie diesen Abschreckungseffekt experimentell empirisch in Zahlen nachzuweisen[8]. Die Pr ä-

---

7 Zitiert nach einem im März 2005 geführten Interview mit einem Traffic Warden (Vekehrswächter) in London.

8 Methodisch wurde sich das bestehende Kameraüberwachungssystem gewissermaßen im Sinne eines ethnographischen Instruments zu Nutze gemacht. Verglichen wurden die Ereigniszahlen auf einer bestimmten Strecke Straße innerhalb eines Zeitintervals von einer-

senz eines Verkehrspolizisten in London, wie die Berechnungen ergaben, vermag gemessen am Parkbedarf auf 100 m Straße durchschnittlich die Anzahl an Überschreitungen auf durchschnittlich 4 Parksünder in der Stunde zu drücken. Dies stellt den Einsatz von Kameras für die Überwachung des Parkraums noch einmal erheblich in Frage. Ist das Sanktionspotential zwar ungleich höher, so beschränkt sich ihr Einfluss auf das Parkverhalten auf mögliche Lerneffekte. Die Kamera erwirtschaftet lediglich Einnahmen in einem wesentlichen Umfang, die für weitere Investitionen genutzt werden können und auch werden. Den eigentlichen Effekt auf den Verkehr bleibt aber im Wesentlichen dem personalen Einsatz von Verkehrswächtern auf der Straße vorbehalten.

Grenzen der technisierten Verkehrsraumüberwachung

Damit sind die Grenzen des Einsatzes von Kameras zur Verkehrsraumüberwachung bereits angedeutet. Natürlich zeigen sich diese in einer Stadt wie London besonders deutlich. Über kurz oder lang wird auch der schmale Erfolg des Einsatzes von Videoüberwachung sich relativieren, indem die Verkehrskapazitäten erneut an ihre Belastungsgrenze gelangen. Keineswegs ist sichergestellt, dass sich der Verkehrsfluss durch den Kameraeinsatz beeinflussen lässt. Im Gegenteil, die Durchsetzung von Buslinien legt nahe, dass Fließgeschwindigkeiten zurückgehen und während der Regulierung Stau erzeugen. Dies lässt sich anhand einzelnen Stichproben bereits erkennen. Auch die Einführung der Innenstadtmaut in London, welcher eine Reduktion des Verkehrs von bis zu 30 % bescheinigt wird, hat Nebeneffekte wie das Ausweichen auf Nebenstraßen zur Folge, wo sich das Verkehrsaufkommen entsprechend erhöht. Zugespitzt formuliert, verlangt die Infrastruktur Londons entweder nach noch restriktiveren Formen der Durchsetzung von Verkehrsregeln mit der Folge, dass der motorisierte Verkehr erheblich eingeschränkt wird oder nach einer Art Hausmannisierung der Metropole. Da letzteres als unwahrscheinlich gelten darf, ist anzunehmen, dass Kamerasysteme weiter expandieren und das Funktionsspektum des Einsatzes ebenso erweitert wird. Was Clive Norris und Gary Armstrong als „expandable mutability“ oder einfach „function creep“ von Überwachungstechnologien wie der Videoüberwachung bezeichnen, lässt sich an folgendem Beispiel unschwer nachvollziehen: Mittlerweile wird verhandelt, auch den Missbrauch von Mobiltelefonen sowie fehlendes Anschnallen durch Kameras überwachen und mittels automatischer Nummernschilderkennung verfolgen zu lassen.(Guardian, 07.

Stunde mit und ohne Präsens von Personal vor Ort. Da beide Systeme unabhängig von einander agieren, wurde, wie zunächst nur theoretisch angenommen, empirisch nachgewiesen, dass in allen ausgewählten Streckenabschnitten während der Präsenz von Streifen die durch die CCTV Kamera gemessenen Ereignisse signifikant sinken.

März 2006) Auch werden andere Technologien die visuelle Nummernschilderkennung ergänzen, wie zum Beispiel die Integrierung von RFID-Chips in Fahrzeuge. Testversuche mit elektronischen Nummernschildern hat es im Auftrag der britischen hierzu bereits im letzten Jahr gegeben. (Wired News, 09. August 2005)

Es reicht aber nicht aus, Grenzen der Überwachung bloß mehr oder minder aus technischer Sicht aufzuzeigen. Wird im Zuge der erheblichen Erweiterungen der Überwachungsinfrastruktur weitere Verkehrsregulationen in den Katalog der Verkehrsraumüberwachung aufgenommen, betrifft dies jeden Verkehrsteilnehmer in seinem individuellen Fahrverhalten. Dabei ist zunächst festzustellen, dass Mobilität per se ein Bereich hochgradiger Regulation ist, der stets mit sozialen Implikationen einhergeht. Die heute vielfach kursierende Rede von der „Mobilität für alle" ist als ein Euphemismus, der verhüllt, dass schon die Bereitstellung und Ermöglichung von Mobilität ihre Kehrseite in der Beschränkung von Mobilität impliziert, sei es über technische Artefakte wie die verkehrliche Infrastruktur, die zur Verfügung stehenden Verkehrsmittel und die damit verbundenen Optionen bei der Verkehrsmittelwahl. Bedenkt man die heute allseits hörbare Forderung, mobil sein zu müssen, die implizit soziale Aufstiegschancen an die Bereitschaft zur räumlichen Mobilität koppelt, enthüllt die Formel gar ihren ideologisch-moralischen Hinterhalt. Der Einsatz von Kameras fördert im Grunde diese Ambivalenz erst zu Tage. Sie lässt den Bereich des Verkehrs als einen der sozialen Regulation sichtbar werden und verweist vor dem Hintergrund der gesellschaftlichen Transformation auf soziale Segregationsprozesse, die sich an der Kameradichte wie beim Ring of Steel auch räumlich ablesen lassen. Offensichtlichster Faktor hierfür ist natürlich die Ausstattung des Geldbeutels. Wer es sich heute leisten kann, fährt durch die Londoner Innenstadt wie eh und je und kann sogar mit weniger motorisierten Verkehrsaufkommen rechnen als noch vor Einführung der Congestion Charge. Ebenso kann, wer die nicht weniger als 100£ zur Verfügung einen Parkplatz oder auch eine Buslinie zur freien Fahrt mieten. Es lässt sich nachweisen, dass es eine konstante Anzahl von nicht lernwilligen Wiederholungstätern auf den Straßen Londons gibt, die also trotz mehrerer dutzend Strafmandate weiterhin bereit sind, Regulationen zu missachten. Dass dabei Zwänge beispielsweise im Zusammenhang von Anlieferungen etc. eine nicht unerhebliche Rolle spielen, liegt auf der Hand. Entscheidend bleibt, ob die finanziellen Mittel für den exklusiven Zugang zu den regulierten Kanälen gedeckt sind. Dass Verkehrsraumüberwachung immer auch etwas mit sozialer Sortierung zu tun hat, zeigt sich auch daran, dass ein Teil der steten Parksünder, das Überwachungssystem umgehen. Die Zahl der Autos, die ohne Versicherung auf den Straßen Londons fährt und parkt, stellt ein bedeutenden Faktor dar. Immer erobert sich ein Teil der Exkludierten den reglementierten Straßenraum zurück, durch den Transport for London in Einnahmen einbüßt und deshalb nach weiteren Möglichkeiten der Habhaftwerdung Ausschau hält.

Entscheidend bleibt aber vor dem Hintergrund der aktuellen Tendenzen die Möglichkeit der Speicherung und Auswertung von Datenmaterial auf Grundlage der Kombinierung von verschiedenen Datenbanken. Eine Videokamera, die den öffentlich zugänglichen Raum überwacht, symbolisiert auch im Zusammenhang der Verkehrsraumüberwachung ein sich veränderndes Verhältnis von Staat und Bürger. Zugleich bildet sie aber nur die Spitze des Eisberges einer neuen Überwachungsinfrastruktur, die sich auf der Grundlage von Informationstechnologien aufbaut. Die Neuartigkeit dieser Infrastruktur besteht darin, wie Gary Marx hervorgehoben hat, dass die neue Überwachung sich trotz einzelner sichtbarer Elemente wie der Kamera vor allem im Bereich des Unsichtbaren etabliert (Marx 2000). Die immer umfassender werdenden Datenbanken agieren im Verborgenen, gleichsam hinter den vergleichsweise starren Kameraaugen, speichern und werten die unendlichen Informationen über die Bewegungsströme von Populationen, Organisationen und Unternehmen aus (Ernst 2005). Dabei basiert das ins Unermessliche Anwachsen der Kontrollarchive auf der ständigen Einsatzbereitschaft der staatlichen Kontrollinstanzen zu neuen Abfragen. Zugleich aber zeigen sich auch die Informationsträger immer mehr damit einverstanden, sich über ihre Bewegungsformen abfragen zu lassen. Das Auditing erscheint als Bestandteil einer veränderten sozialen Kontrollkonstellation, was Michael Power von der „Audit Society" hat sprechen lassen (Power 1997).

Der direkte Zugriff auf private Daten scheint im Bereich des Verkehrs auf den ersten Blick fast unbedenklich. Vor dem Hintergrund einer dauerhaften Speicherung der Daten, besteht die Möglichkeit bestimmte Muster von Verkehrsverhalten zu rekonstruieren. Ist es bereits Usus Wiederholungstäter zu identifizieren, ließen diese sich gesondert beispielsweise nach Orten und Zeiten der Überschreitung sowie nach Fahrzeugtyp betrachten. Ferner besteht ein Graubereich zwischen Institutionen wie Verkehrsanbietern und Polizei. So findet zwischen Transport for London und der Metropolitan Police in vielerlei Hinsicht bereits ein Datenaustausch statt, wenn es um Delikte im und auch um den Verkehr geht. Die installierten Systeme werden vielseitig genutzt und zwar nicht erst bei Terroranschlägen, sondern zum Beispiel auch bei der Beobachtung des Kriminalitätsaufkommens. Dass die Ausweitung, ob im Kleinen wie im Großen. noch an keine Grenze gestoßen ist, zeigt auch ein Blick auf die Zukunft der Videoüberwachung im Verkehrsbereich. So hat die britische Verkehrspolizei mit der Errichtung eines Systems zur umfassenden Kameraüberwachung aller am Straßenverkehr teilnehmenden Fahrzeuge begonnen. An sämtlichen Verkehrsknotenpunkten, Supermärkten, Tankstellen, Stadtzentren und Autobahnen Überwachungskameras werden landesweit Kameras installiert und zugleich auch alle bisherigen und für diesen Zweck geeigneten Anlagen integriert werden. Dieses Verkehrsüberwachungssystem, das von einem bis Ende 2006 bei London errichteten Kontrollzentrum koordiniert werden soll, wird zunächst der Überführung von Verkehrssündern, dienen, bevor es mit den erzielten Bußgeldeinnahmen dann weiter ausgebaut wird. Durch den Abgleich aller elektronisch erfassten Nummernschilder mit bestehenden nationalen Datenbanken, sollen dann nicht nur nicht ordnungsgemäß versteuerte, versicherte oder gemeldete Fahrzeuge und Mautpreller belangt, sondern auch Kriminelle aus dem Verkehr gezogen werden, da man einen Zusammenhang zwischen kriminellen Verhalten und einem unrechtmäßigem Fahrzeuggebrauch vermutet. Außerdem sei die Vorratsdatenspeicherung aller anfallenden Bewegungsdaten für mindestens zwei Jahre vorgesehen, also auch solcher Fahrzeuge, deren Halter sich keiner Ordnungswidrigkeit schuldig gemacht haben. Die Überwachungsgesellschaft findet in der massenhaften Observierung des Verkehrs durch den Einsatz von Kameras deshalb einen exemplarischen Ausdruck.

Literatur

Augé, Marc (1995), Non-Places, Introduction to an Anthropology of Supermodernity. London

Lyon, David (2001), Surveillance society. Monitoring everyday life, Buckingham/Philadelphia 2001.

Lyon, David (Hg.) (2003), Surveillance as Social Sorting. Privacy, Risk and Digital Discrimination, London.

Marx, Gary T. (2002), "What's New About the ‚New Surveillance'"? Classifying for Change and Continuity, in: Surveillance & Society, 1, H. 1, 2002, S. 9-29.

McCahill, Michael/Norris, Clive (2002), "CCTV in Britain", Urbaneye Working Paper No. 3, 2002, online: http://www.urbaneye.net/results/ue_wp3.pdf.

Norris, Clive/Armstrong, Gary (1999), The Maximum Surveillance Society. The Rise of CCTV, Oxford/New York.

Power. Michael (1997): The Audit Society: Rituals of Verification. Oxford: Oxford University Press.

Road Network Performance and Research (2005), internes Dokument.

Transport for London (2005) London Travel Report 2005, online : http://www.tfl.gov.uk/tfl/pdfdocs/ltr/london-travel-report-2005.pdf

Urry, John (2000): Mobility beyond Society. Mobilities for the twentyfirst century. London.

Sven Bergmann

„Anti-Nomadische Mobilität" - Das hessische Projekt Elektronische Fußfessel als Überwachung und Inszenierung von „Normalität"

Ein Besuch in der Projektstelle Elektronische Fußfessel

Seit Mai 2000 ist in einem Seiteneingang des Gerichtsgebäudes in Frankfurt am Main die „Projektstelle Elektronische Fußfessel" untergebracht. Dort klingele ich an einem Frühlingstag 2004, denn ich bin gegen zwölf Uhr mit der für das Projekt zuständigen Technikerin verabredet. Mir wird von einer Mitarbeiterin geöffnet, die mich fragt, ob ich denn der Herr Dingeldei bin.[1] Ich verneine und werde daraufhin gebeten, noch mal Platz zu nehmen. Seit dem Beginn meiner Feldforschung zum ersten Pilotprojekt mit Electronic Monitoring in Deutschland bin ich schon öfter in diesen Räumen gewesen. Gleich hinter der Eingangstür empfängt die Besuchenden ein kopiertes Bild der Fußfessel, also des an einem anonymem Unterschenkel befestigten Transmitters, wie um die Anwesenden in diesem Ambiente doch irgendwie daran zu erinnern, um was es in diesen Räumen gehen soll. Beim Warten nehme ich mir von einem kleinen Zeitschriftenstapel eine Ausgabe des Focus, die mit so passenden Themen wie biometrischer Überwachung und einem Artikel über „psychologische Selbstmotivation" aufwartet. Währenddessen kommt Herr Dingeldei. Seine Fußfessel hatte eine „Tx-Band-Fehlermeldung" und musste aus diesem Grund gewartet werden, erklärt mir die Technikerin später bei unserem Gespräche. Sie öffnet einen ihrer grauen Koffer mit der Aufschrift „ElmoTech", der vom hessischen Projekt ausgewählten Anbieterfirma und schaltet das dort befindliche Notebook ein. Das Programm startet mit einer bunten Oberfläche, auf der eine Variation von Fußfesseln in netten Pastellfarben zu sehen ist. Da ich bisher nur schwarze Artefakte gesehen habe, frage ich neugierig, ob es das Produkt denn wirklich in blau oder orange gäbe. Sie verneint und bemerkt, dass die Anbieterfirmen im Designbereich eher „trocken" wären. Sie hatte sich auch schon mal überlegt, warum das Produkt nicht in rosa-hautfarben angeboten wird. Ein Mitarbeiter einer Anbieterfirma hatte ihr daraufhin entgegnet, dass die Fußfessel schließlich am meisten von Schwarzen getragen würde. Nach dieser kleinen Anekdote, die wie so vieles ethnographische Material von den Rändern einiges über den globalen Maßstab eines internationalen Produktes aussagt, rationalisiert sie die Farbenfrage: „Na ja, das wäre auch ein wenig kompliziert, für jeden die Lieblingsfarbe dabei zu haben."

---

1 Name anonymisiert

Zurück zur Programmierung: Wird beim Begriff „Elektronische Fußfessel" der Blick sofort auf den am Unterschenkel des Überwachten befestigten Sender gerichtet, so verweist der englische Begriff „Electronic Monitoring" implizit auf die Tätigkeit der Überwachenden: Vor dem Monitor sitzen und elektronisch ausgelöste Meldungen abgleichen – so sieht eigentlich der Alltag in großen US-amerikanischen Probation Offices aus (vgl. Lindenberg 1997: 107ff.). Bei lediglich 36 angeschafften Fußfesseln, von denen während meines Forschungszeitraums selten über 25 im Einsatz waren, ist es noch nicht nötig, dass ein Mitarbeiter permanent vorm Computer sitzt. Lediglich ein Mobiltelefon für den wechselnden Bereitschaftsdienst wird benötigt. Bei einer Fehlermeldung, das heißt einer Nicht-Übereinstimmung der elektronischen Signale mit dem vorher eingegebenen Zeitplan, erhält die Mitarbeiterin der Projektstelle, die den Bereitschaftsdienst übernimmt, eine SMS-Nachricht vom Rechner. Die Überwachten, im Projekt wie generell in der Bewährungshilfe als „Probanden" bezeichnet, werden aus Datenschutzgründen im Rechner mit der Nummer ihrer Fußfessel angezeigt.[2] Mit dieser Signatur, ihrem „data double" (Haggerty/Ericson 2000: 618f.) erscheinen sie auch als SMS auf dem Handy des Bereitschaftsdienstes. Ausgehend von der Programmierung des Rechners als zentralem „Akteur" in diesem Überwachungssystem lässt sich das informatische System relativ simpel erklären. Der Computer, mit der Software der Firma ElmoTech gespeist, kennt nur zwei Zeit-Formen, deren „Richtigkeit" er über die in der Wohnung der Überwachten installierten Datenboxen abfragt. Eine „IN-Zeit", in der die Überwachten unbedingt in der Wohnung bleiben müssen: hier verlangt die Datenbox des Empfängers das Signal des Senders am Bein. Demgegenüber ist die „OUT-Zeit" unterteilt in markierte verbindliche Abwesenheiten, in der sich die überwachte Person außerhalb der Wohnung aufhalten muss: Hat die Person eine feste Arbeit, wird diese in den Wochenplan eingegeben, hat sie keine, muss sie „mindestens 25 Stunden wöchentlich zu festgelegten Zeiten einer sinnvollen Tätigkeit nachgehen" (Projekt EFF 2002: 5). Schließlich existiert noch eine

---

2 Die Bewährungshilfe bezeichnet ihre AdressatInnen generell als Probanden, *„vom Lateinischen probare, sich versuchen"*, wie es mir ein Interviewpartner erklärte. Durch den Modellcharakter und in den Schriften der Begleitforschung verstärkt sich bei der Benutzung dieses Begriffes aber noch mehr der Charakter eines Versuchsteilnehmers, was sehr merkwürdig erscheint, denn die Betroffenen haben ja ein anderes Anliegen. Insofern werde ich diesen objektivierenden Begriff, außer in Literatur- und Interview-Zitaten durch „(elektronisch) Überwachte" austauschen und schließe mich der Kritik von Christoph Maeder an: „Wer Sprache und Zuschreibung ernstnimmt als Sozialwissenschaftler, kann sich diesen potentiell abwertenden und entwürdigenden Etikettierungsstereotypen problemlos entziehen. [...] Je länger man insbesondere sogenannt kriminologische Literatur liest, desto stärker wird einem bewusst, wie wenig überlegt und wenig distanziert sich viele Soziologinnen und Soziologen der Sprachmacht der Psychiatrie unterordnen, indem sie immer wieder dieses unsägliche Spracharsenal von Vpn, Probanden usw. verwenden" (Maeder 1995, 215).

dritte Zeitform, in der Software als unmarkierte OUT-Zeit verbucht, welche das informatische System aber eigentlich nicht interessiert: das sind die knapp bemessenen Freizeiten, in der sich die Überwachten in oder außerhalb der Wohnung aufhalten dürfen. Diese Kombination von elektronischer Überwachung mit einem regulierten Wochenplan und der verpflichtenden Teilnahme an gemeinnütziger Arbeit oder anderen Aktivitäten wurde vom niederländischen Projekt „Elektronisch Toezicht" übernommen. Die niederländische Behörde kennzeichnet Electronic Monitoring dadurch, dass die Überwachten auf der „Oberfläche ein normales Leben führen" (National Agency of Correctional Institutions DJI 2000: 7). Damit wurden auch Vorannahmen von Kritikern entschärft, die vor der Einführung in Hessen mutmaßten, elektronischer überwachter Hausarrest würde einen permanenten Aufenthalt in der Wohnung bedeuten. Demgegenüber handelt es sich aber um die Einhaltung von strikten vorgegeben Terminplänen, von denen Abweichungen nicht erlaubt sind: diese werden sofort erkannt und als Fehlermeldungen bezeichnet.

Gängige Annahmen über Electronic Monitoring

Das informatische System erkennt und kontrolliert also nur An- und Abwesenheiten in der Wohnung. Meist wird aber in der Rezeption von Electronic Monitoring geradezu automatisch davon ausgegangen, dass hiermit Personen punktgenau in einem offenen Territorium überwacht werden. Eine solche passförmige Zonierung und Unterteilung des Raumes in erlaubte und verbotene Bereiche wird beispielsweise in dem B-Movie „Wedlock" (1991) imaginiert, das einen „Knast der Zukunft" ausmalt. Dort gibt es keine Gefängnismauern mehr, sondern die Insassen tragen ein elektronisches Halsband, das bei einem Überschreiten der Eingrenzungen explodiert. Im Knast-Film „Fortress" (1993) wird dasselbe Regime mit Hilfe in die Gefängnisinsassen implantierter Chips durchgespielt. Auch Gilles Deleuze benutzt diese drastischen Metaphern in einem seiner letzten kurzen Texte, dem „Postskriptum über die Kontrollgesellschaften". Wie in einem Nachwort zu Foucaults „Überwachen und Strafen" entwirft Deleuze hier die Aktualität von Disziplinierungsprozessen, die flüssiger und weniger an Institutionen gebunden sind, als dystopische Version der Zonierung des Raumes durch elektronische Halsbänder und Chipkarten (vgl. Deleuze 1993). Von Deleuze war sicher nicht dieser alleinige Blick auf die Artefakte und Maschinen intendiert, doch scheint es gerade diese Ambivalenz von Ablehnung, aber auch Faszination und Spektakel zu sein, die manchmal zu einer Überaffirmation von Überwachungs- und Kontrolltechnologien führt oder auch zu einer Überschätzung deren Potentiale. Wenn zum Beispiel mittlerweile schon der bayrische und der niedersächsische Innenminister gefordert haben, mit der Fußfessel sollten „gewaltbereite Islamisten" überwacht werden und sie dabei auf das hessische Projekt verweisen. Dabei wäre dies mit der dort eingesetzten Technik überhaupt nicht möglich. Dazu müssten GPS- oder Galileo-gestützte Ortungs-

Systeme eingesetzt werden (vgl. Borchers 2005). Die meisten Anbieterfirmen könnten dieses Equipment auch anbieten. Unabhängig davon, dass dies aber noch sehr hohe Kosten verursachen würde, wird es von Justiz- und Polizeibehörden für die Bewährungsarbeit aber kaum nachgefragt. Weltweit sind meist die Geräte der ersten Generation im Einsatz, die lediglich An- und Abwesenheit an einem Ort, meist der Wohnung, kontrollieren.

Feldforschung zum Projekt Elektronische Fußfessel

Was waren also die Gründe, die Maßnahme in Hessen zu implementieren? Als Kulturanthropologe habe ich mich zunächst dafür interessiert, was in der Maßnahme eigentlich passiert: Welche Formen und Praktiken sind im Entstehen begriffen und welche politischen und moralischen Verhandlungen finden statt? Dazu habe ich Interviews mit Überwachten, der Projektleitung, der allgemeinen Bewährungshilfe, mit Richterinnen und Staatsanwälten, einem Vertreter der niederländischen Bewährungshilfe „de Reclassering" sowie der offiziellen Begleitforschung des Max-Planck-Institutes (MPI) für internationales und ausländisches Strafrecht in Freiburg geführt. Da das MPI die offizielle Begleitforschung und Evaluation des Projektes bereits ausführte, war die Möglichkeit einer ethnografischen teilnehmenden Beobachtung des Projektes nicht gegeben bzw. nicht erwünscht. Um mit der Projektstelle ein Interview führen zu können, musste ich auch erst eine Genehmigung des hessischen Justizministeriums einholen, was ansonsten keiner der übrigen Interviewten verlangte. Insofern besteht mein Forschungsmaterial hauptsächlich aus 14 von mir durchgeführten und transkribierten qualitativen ein- bis zweistündigen Interviews (vgl. Bergmann 2004, Kap. V).[3]

---

3 Die meisten Interviewten hatten kein Problem mit einer Tonbandaufzeichnung. Ansonsten habe ich versucht, das Interview so genau wie möglich zu skizzieren. Anfangs hatte ich einen allgemeinen Frageleitfaden konzipiert, bei dem ich die Themen in Abschnitten ordnete und für einige komplexe Fragestellungen versuchte, Übersetzungen in Alltagssprache zu finden. Je nach Interviewpartner oder -partnerin habe ich den Frageleitfaden leicht verändert, das Experteninterview mit dem Forscher des MPI war darüber hinaus noch um zahlreiche Detailfragen zu den bis dahin veröffentlichten Zwischenberichten ergänzt. Der Frageleitfaden war in vier Themenblöcke gegliedert, die in eher offene Fragestellungen übersetzt wurden:
Ablauf der Maßnahme im Alltag (Überwachte) oder in der Arbeitspraxis (Gericht und Bewährungshilfe)
Intention und (Aus-)Wirkung der Maßnahme (Überwachungssituation, Rolle der Technik, pädagogisches Konzept, intendierte Ziele des Projekts)
Zum Modellversuch bzw. Pilotprojekt (Öffentlichkeitsarbeit, Umgang mit Kritik, Erfüllung der Erwartungen)
Meta-Ebene: Sichtweisen, Einstellungen, Perspektiven zum bestehenden Strafsystem und zur Frage, Definition und Perspektive von Resozialisierung

In meiner Forschung habe ich das Gefüge und die Implementierung der Technik des Electronic Monitoring, ihre umstrittene Anwendung sowie die beteiligten Akteure mit dem Konzept der „Assemblage" bezeichnet. Für Konzeptionen ethnographischer Forschung, die mit der theoretischen Werkzeugkiste Foucaults arbeiten, schlägt Paul Rabinow den Begriff der „Assemblage" vor, als einer Art Maschine oder Gefüge, die auch das noch nicht Abgeschlossene bezeichnen und das Vorübergehende, „die Bewegung erkennen" (Rabinow 2004a: 58ff.) kann. Assemblages sind demnach „sekundäre Matrizen, aus denen sich heraus Dispositive zu entwickeln vermögen" (Rabinow 2004b: 72).[4] Die Assemblage Elek t-ronische Fußfessel konzipiere ich so nicht einfach als eine Schnittstelle oder einfache Addition von Bewährungshilfe plus dem Einsatz von Technik, sondern als ein durch das technische Produkt sowie durch Praxis und Montage generiertes heterogenes Gebilde von neuen Machtbeziehungen: als Fallbetrachtung eines speziellen Überwachungsereignis.[5] Nachdem ich anfangs auf die eher „harten" Seiten des Objektpotentials von Electronic Monitoring und seiner Funktionsweise eingegangen bin, interessiert mich im Folgenden vor allem die konkrete Seite der Anwendung und Nutzung: die Praxis der Überwachung. Zu dieser Praxis zähle ich ebenso die sprachlich-diskursive Verhandlung des Projekts von Seiten der beteiligten Akteure, denn „Umgang mit Technik erfordert deshalb nicht nur Kompetenz, Fähigkeit und Fertigkeiten in der Nutzung der materiellen Bestandteile technischer Artefakte, sondern auch ein komplexes Wissen um deren – oft umstrittene – Bedeutungsdimension" (Beck 1997: 354f.). Dieses Wissen müssen die Mitarbeiter des Projekts Elektronische Fußfessel in ihrer Öffentlich-

4 „Assemblage", die englische Übersetzung des französischen Begriffes „agencement" aus den „Mille Plateaux" von Deleuze und Guattari lässt sich auf deutsch mit Montage, Anordnung oder Gefüge übersetzen und korrespondiert bei ihnen auch mit dem Begriff Maschine oder Apparat: „*Les machines sont toujours des clefs singulières qui ouvrent ou qui referment un agencement, un territoire*" (Deleuze & Guattari 1980: 412, kursiv i. O.). Von der bei Deleuze und Guattari doch sehr abstrakten Begrifflichkeit ausgehend, komponiert Rabinow Assemblage als „ein Gefüge, das die Dinge in einer anderen Weise geschehen lässt" (Rabinow 2004a: 115).

5 Damit grenze ich Assemblage auch von dem von Kevin Haggerty und Richard Ericson kreierten Begriff der „surveillance assemblage" ab, der zwar das Objekt und die Zeichenebenen begreifbar macht, aber die Akteure zugunsten der Struktur ausblendet: „The resultant ‚surveillant assemblage' operates by abstracting human bodies from their territorial settings, and separating them into a series of discrete flows. These flows are then reassembled in different locations as discrete and virtual ‚data doubles'" (Haggerty/Ericson 605). Schlüssig ist dieser Begriff, da im Gegensatz zu einer totalen Institution wie dem Gefängnis, eine andere Form von Überwachung organisiert wird. Allerdings sollte man nicht vergessen, dass im Falle von Electronic Monitoring trotz einer Expansion des „corrections-commercial-complex" (Mainprize 1996) immer noch eine staatliche Hoheit existiert und die Überwachung doch eine panoptische (top-down) statt einer synoptischen (bottom-up) Form annimmt (vgl. Hier 2003, 401). Eine synoptische Überwachung schließt auch extrem diskrete Formen von sozialer Kontrolle ein, daher ist es konzeptionell sinnvoller, diese explizit von staatlichen Sanktionspraktiken zu unterscheiden.

keitsarbeit, aber auch im Rahmen der Diskussion der Bewährungshilfe, die der neuen Praxis eher skeptisch gegenübersteht (vgl. LAG Position 2002), einsetzen, um die neue Praxis und die Nutzung der Technik zu vertreten.

„Zeitnahe Reaktion" – Was und wie wird eigentlich überwacht?

Statt einer punktgenauen Ortung im Raum kontrolliert Electronic Monitoring vor allem die Einhaltung von verbindlichen festen Wochen- und Arbeitsplänen und wirkt auf die Erzeugung oder Simulation einer methodischen Lebensführung ein. Die Öffentlichkeitsarbeit der Projektstelle, die Befunde der Begleitforschung sowie die Statements des Hessischen Justizministeriums scheinen sich im „Marketing" der Fußfesselvorteile gegenseitig zu befruchten: Electronic Monitoring stehe so für eine „engmaschige Überwachung", sei eine „zeitnahe" und „konsequente" Reaktion „Fehlverhalten werde sofort erkannt" die Überwachenden hätten eine „sofortige Interventionsmöglichkeit bei Verstößen". Die Gestaltung dieser Eingriffe und Interventionen in der Überwachungspraxis schildert ein Projektbeauftragter an einem Beispiel aus seiner Arbeit:

> *„Also wenn ich zum Beispiel mit jemanden als gemeinnützige Arbeit ausmache: Also morgen gehst du zum Tierheim Frankfurt und checkst ab, ob du da deine Stunden machen kannst – dann kontrolliere ich das durch die Elektronische Fußfessel, dass er morgens um acht Uhr das Haus verlässt, weil er um neun Uhr im Tierheim sein soll. Also wenn er um fünf nach acht nicht aus dem Haus raus ist – weil er denkt: ‚Ach der Bewährungshelfer wird es schon nicht mitkriegen, außerdem penne ich lieber noch ein bisschen, so ziemlich kalt da draußen.' - da kriege ich um fünf nach acht ne Nachricht im Bereitschaftsdienst bzw. der Bereitschaftsdienst bekommt ne Nachricht. Und der Bereitschaftsdienst wird sofort reagieren. Der weiß, der Herr Sowieso ist zu Hause. Das weiß er ja – er hat ja einen Alarm gekriegt - und ruft dann bei ihm an. Und der Proband selber hat ja auch gar nicht die Möglichkeit zu sagen: ‚Ich bin nicht zu Hause, ich versteck' mich ein bisschen', weil der auch weiß: der Bereitschaftsdienst weiß, ich bin zu Hause, wenn die Fußfessel das meldet. Und dann schmeißt der Bereitschaftsdienst ihn aus dem Bett raus. Es erfolgt sofort eine Reaktion, das ist der große Vorteil. [...] Und hier ist es ganz klar: Wir machen was aus und er muss es einhalten, absolut zuverlässig. Und wenn nicht, kriegt er gleich eine Reaktion. Sofort und nicht in sechs Wochen."*

Im diesen Schilderungen, die Stanley Cohen als „Social Control Talk" (Cohen 1983) kennzeichnet, schiebt sich aus der Sicht der Überwachenden Electronic Monitoring als ein objektives Konstrukt zwischen Überwacher und Überwachte. Allerdings geben ein Teil der von mir Interviewten der Technik trotzdem lediglich den Stellenwert einer Überprüfungsinstanz, so wie ein Strafrichter, der normativ beharrt: „*Diese Rolle hat die Technik und keine andere.*“ Oder eine Bewährungshelferin, wenn sie die unterscheidet: „*Wir trennen Technik und Pädagogik, haben mit der Anlegung selbst auch nichts zu tun. [...] Wir erleben das nur dann auf dem SMS-Handy, wenn die Fehlermeldung ankommt.*“ Das Electronic Monitoring aber ein komplexeres Gefüge ist, möchte ich deutlich machen. Denn über die Maßnahme wird nicht nur ein temporärer Klotz am Bein, sondern ein sozio-technisches System verhandelt, dass allen Beteiligten bestimmte soziale Rollen zuschreibt. Ein ehemaliger Überwachter stellt mir im Interview so zunächst die für ihn positiven Aspekte der Überwachungszeit heraus:

> „*Ei ja, man lässt sich nicht so hängen, zum Beispiel. Man hängt nicht den ganzen Tag so rum und macht halt nichts oder guckt schon vier Stunden morgens in den Fernseher rein. Da steht man halt auf, da geht man halt raus und macht seinen Job. Wie es auch halt normal ist, normalerweise im Leben.*“ Dann räumt er aber ein: „*Nur bei mir ist es halt nicht so*“.

Damit nimmt er wieder seine soziale Position im Netz von Bewährung und Resozialisierung ein, die Christoph Maeder in seiner Forschung über den Offenen Vollzug in der Schweiz als die „Aufrechthaltung sozialer Desintegration“ in ein „Inventar des Scheiterns als Normalzustand“ bezeichnet (Maeder 1995: 234).

„When people lie, we could control it“

„*Technik alleine bringt gar nichts*“, bemerkt der Projektbeauftragte, denn dann „*wüsste keiner, warum die Verstöße sind*“ und bezieht sich damit auf die Überprüfung der Fehlermeldungen durch „richtige“ Menschen und nicht durch die Maschine. Auf diese Weise rekurriert er auf die Verhandlung der Bewährungshilfe, die weiter auf ein sozialarbeiterischen Verständnis zielt, das die von Menschen ausgeführte Tätigkeit in den Mittelpunkt stellt. Ob dies nun als Kritik an der Maßnahme stattfindet oder als Antwort oder Selbstvergewisserung des Projekts darauf – es bewegt sich in demselben Diskursstrang der Ambivalenz sozialarbeiterischer Intervention zwischen Kontrolle und Hilfe. Der Projektbeauftragte ist jedenfalls begeistert vom Mehrwert des Technikeinsatzes für die Bewährungshilfe: „*Ja, der* [Proband] *muss sich selbst überlegen, was er jetzt tut und das er für sein Verhalten verantwortlich ist. Das ist, glaube ich, die Sache, also das Zaubermittel bei der ganzen Angelegenheit. Nicht die Technik an sich, sondern die Technik, die ihn dazu zwingt, sich mit seinem Verhalten auseinanderzusetzen.*“
Widersprüche von Seiten der Bewährungshilfe drehen sich genau um dieses Zaubermittel, auch „Interaktion“ genannt. Sprechen so die Kritiker davon, dass Electronic Monitoring ihnen den Zugang und die Interaktion mit ihren „Probanden“ kaputt mache, entgegnen die Befürworter darauf, dass erst die Fußfessel ihnen bei bestimmten „Probanden“ überhaupt einen Zugang und eine Interaktion

ermögliche. Was genau dieser Zugang und diese Interaktion sein sollen, bleibt dabei relativ schwammig: Argumentiert wird im Rahmen des Common Sense. Clifford Geertz stellt Common Sense als kulturelles System dar: die Fähigkeit „mit Alltagsproblemen in einer alltäglichen Weise einigermaßen effizient umzugehen" (Geertz 1987: 264), als einen steten Rekurs auf Tat-Sachen und nicht auf Spitzfindigkeiten. In der Kulturanthropologie bietet dieses Schlüsselkonzept des „Common Sense" eine Möglichkeit solche unhinterfragten Bedeutungskonstruktionen für Alltagspraxen zu beschreiben. Common Sense ist dabei nicht identisch mit der Norm. Aber durch den Common Sense werden (einfache) Erklärungsmuster, warum die Dinge und die Regeln so sind, wie sie sind, bereitgestellt. Ulf Hannerz beschreibt Common Sense als ein operationales System, welches ein semantisches Angebot macht: Ein Set des unreflektierten Gebrauchs von Bedeutungen, die eben meist „schnell zur Hand" sind, aber zweckmäßig genug erscheinen, um sich mit anderen Menschen und der materiellen Welt auseinanderzusetzen (Hannerz 1992: 127).

Was Electronic Monitoring wirklich Neues auszulösen vermag, wird von der Begleitforschung als Generierung von Wissen über „triviale Informationen" und dessen Überprüfbarkeit dargestellt. Effekt davon sei, dass „die Probanden ihre in oft jahrelangen Umgang mit der Justiz eingeübte Fassadennormalität nicht mehr in der gewohnten Weise aufrechterhalten können" (Mayer 2002: 16). Ein Amsterdamer Bewährungshelfer bringt es auf den Punkt: „*When people lie, we could control it*". In der allgemeinen Bewährungshilfe sollen Auflagen zwar ebenfalls kontrolliert werden, aber dort beklagt sich die Projektbeauftragte: „*habe ich so ein großes Druckmittel gar nicht*". Auch für die eher helfende Tätigkeit sieht sie an den häufigen Hausbesuchen, dass „*der Zugang zum Probanden sehr viel einfacher*" ist, sie kennzeichnet dies als „*höhere Kontaktdichte*" im Vergleich zur regulären Bewährungshilfe und fügt ironisch hinzu: „*Wir sind näher dran. Wir sagen auch oft: Wir sitzen am anderen Ende der Fessel oder manche sagen auch: Wir sitzen denen ja fast auf der Bettkante, weil wir alles mitbekommen.*"
Für die Überwachten stellt sich dieses Verhältnis als eine Vertrags-Situation ein, ein Spiel, auf dessen Regeln man sich temporär einlässt oder als eine Art Beziehungs-Situation, wie mir ein ehemaliger Überwachter erklärt: „*Also ich hab die Frau jetzt ne Weile am Hals, warum soll ich mich die ganze Zeit mit ihr rumärgern...*" Allerdings räumt er ein, dass eine Inhaftierung für ihn ein klareres Verhältnis charakterisiere und fährt fort: „*Und hier tu ich zwar keinem in den Arsch kriechen, aber du bist trotzdem eingesperrt. Du hast zwar keine Mauern um dich, aber irgendwo bist du doch eingesperrt*". Dieses Verhältnis kennzeichne ich als die Privatisierung von Kontrolle, insofern, dass es nun von dem Überwachten als Unternehmer seiner eigenen Therapie selbst abhängt, ob diese Erfolg hat oder nicht, denn als Konsequenz steht letztlich der Widerruf der Bewährung.

Foucaults Analytik der Macht

Disziplinartechniken sind von Foucault und anderen meist in ihrer Produktion in und durch Institutionen untersucht worden. Electronic Monitoring, wenngleich an die Institution Justiz und Bewährungshilfe gekoppelt, findet aber nicht mehr im geschlossenen Ort einer totalen Institution statt, sondern weist auf flüssigere Aggregatzustände von Disziplinen oder Kontrollen. Im Gegensatz zur Einschließung im Gefängnis-Regime kontrolliert und steuert hier die Institution aus der Distanz. Solange dieser ausgehandelte Rahmen von den Überwachten eingehalten wird, tritt die Bewährungshilfe nicht öfter als in den vorgeschriebenen Kontakten auf. Wird die Disziplin aber nicht eingehalten oder verweigert, wird der Fehler im System sofort identifiziert. Die technisch-informatische Seite der Assemblage Electronic Monitoring fungiert dabei als Moment oder Schlüssel zu mehr Wissen und Macht, indem es eine neue Möglichkeit zum Kontrollmix herbeisteuert (vgl. Mainprize 1996). In Foucaults Konzeption von Macht hat Macht keine stofflichen Qualitäten, sondern existiert nur in Handlungen (Foucault 1987: 253). Stellt der Staat dabei eine zentrale politische Macht dar, so bezeichnet Foucault die individualisierende Macht mit „Pastorat", (Foucault 1994: 67ff). Ein Effekt der Beziehung zwischen dem Hirten und seinen Schafen besteht in der „individualisierenden Kenntnis", welches der Hirte über seine einzelnen Herdentiere erlangt. Für die Gelenkten bedeutet dies ein Verhältnis zum Hirten zwischen Gehorsam, Selbsterkenntnis und Beichte. Die den Schafen auferlegte Selbstprüfung bedeutet da nicht mehr (und hier ist ein gradueller Unterschied zur in sich gekehrten klösterlichen Askese oder ihrem Strafmodell in der Einzelhaft), „sich in sich selbst zu verschließen, sondern es in den Stand zu setzen, sich seinem Lenker völlig zu öffnen" (Foucault 1994: 77). Dieses Modell der Beichte verweist auf eine spezielle Interaktion zwischen Lenkern und Gelenkten, die vom christlichen Pastorat ausgehend, sich in neue politische Formen integrierend, einen bestimmten Rationalitätstyp von Macht und Regieren begründet, geprägt durch „eine so verwickelte Kombination von Individualisierungstechniken und Totalisierungsverfahren innerhalb ein und derselben politischen Struktur" (Foucault 1987: 247). „Wie werden solche Machtbeziehungen rationalisiert?", fragt Foucault (1994: 92) und erweitert mit dem Konzept des Regierens und der Gouvernementalität (vgl. Foucault 2004) eine Perspektive von Macht über die Analytik der „alten" Disziplinar- und Einschließungs-Institutionen hinaus. Diese Machtbeziehungen setzen Verhältnisse ins Spiel: Macht kann in diesen Interaktionen als ein „Verhältnis zwischen Partnern", weniger ein Spielsystem, sondern ein „Ensemble von Handlungen" hervorrufen (Foucault 1987: 251), sie ist weniger von Konfrontation zweier Gegner als „der Verpflichtung des einen gegenüber dem anderen" geprägt (ebd. 254). Dieses „Handeln auf ein Handeln" ordnet Ulrich Bröckling als Kontrollstrategie ein, die nicht in erster Linie als Überwachen, sondern als Verhaltensteuerung einzuordnen ist (vgl. Bröckling 2003: 81). Foucaults Analytik der Macht lässt sich mit der Ideologiekritik von Louis Althusser verbinden: Den Individuen werden bestimmte Praktiken und Rituale auferlegt, durch die sie sich selbst zu unterworfenen Subjekten machen (vgl. Althusser 1973: 154). Sie sind damit „Gefangene einer Machtsituation die sie selber stützen" (Foucault 1977: 258). Die Analyse moderner Gouvernementalität zwischen Selbst- und Fremdkontrollen hat als Untersuchungsinteresse die systematischen Verbindungen zwischen Rationalitätsformen und Führungstechnologien, eine Aufmerksamkeit auf Mikro-Praktiken (vgl. Lemke 2000: 44), sie sieht ein unreduzierbares Zwangsverhältnis in der liberalen Beziehung. Daraus folgt die Ambivalenz der Gouvernementalität: die Parallelität von Techniken der Selbsttechnologie und den Zwangsmitteln für die „Zurückgebliebenen" (ebd.: 42). Nikolas Rose charakterisiert diese marginalisierten Personengruppen nicht als einheitliche Bevölkerungsgruppe, sondern als zunehmend „fragmentiert und voneinander getrennt" (Rose 2000: 102) lebend. Regiert wird diese Marginalität von einer „Vielzahl von Mikrosektoren" (ebd.: 103), mit Spezialisten, von denen jeder „ein Experte für ein bestimmtes Problem ist" (ebd.: 102). Für kriminologische Forschung sieht Susanne Krasmann die Stärke des Gouvernementalitäts-Ansatzes darin, die Beteiligung der Kriminologie an dem Diskurs über Kriminalität zu erkennen, „den Experten aus Wissenschaft und der so genannten Praxis formieren" und damit „Subjektivierungsformen konstituiert werden" (Krasmann 1999: 116). Die Individuen sollen wieder fit gemacht und mobilisiert werden (vgl. ebd.: 118). Übertragen auf die Praxis der Bewährungshilfe heißt das, der Erfolg von „Besserung" wird davon abhängig gemacht, inwieweit der Verurteilte Engagement einbringt und so zum „eigenverantwortlichen Unternehmer seiner Therapie" wird (Krasmann 2000: 201f.). Krasmann beschreibt dies im Vergleich zur klassischen, auf die Biografie des Täters eingehender Maßnahme, als Techniken, welche die Oberfläche trainieren, also bestimmte Verhaltenskomponenten verändern oder modulieren sollen.

„Dieses Ding da unten löst was aus"

In diesen Machthandlungen ist Kommunikation eine produktive Form von Macht, die aber ebenso gebunden ist an die Förderung, Aneignung, Verteilung und Einbehaltung des Wissens. (vgl. Lemke 1997: 95). Hier scheint die kleine Überwachungsmaschine Elektronische Fußfessel besonders geeignet, die Kommunikation anzuregen. Der Forscher des Max-Planck-Institutes wendet sich gegen die Kritik aus der Bewährungshilfe, wenn er beschreibt, dass erst *„durch die elektronische Überwachung ein bestimmtes Interaktionsmuster entsteht [...] Und interessanterweise so Dinge entstehen, dass die Probanden eigentlich nicht mehr hinterfragen, wenn ich eine Frage stelle, dass sie jetzt zum Beispiel dem Projektmitarbeiter gegenüber rechenschaftspflichtig sind und zwar gegenüber Dingen, die eigentlich nicht bewährungsrelevant sind.*" Damit will der MPI-Mitarbeiter den häufig erhobenen Vorwand gegen Electronic Monitoring wi-

derlegen, man könne dieselbe Wirkung auch mit einer erhöhten Betreuungsdichte in einer regulären Bewährungsarbeit ohne den Einsatz der Überwachungstechnik erzielen. Den Effekt, den er dabei im obigen Zitat darstellt, bezeichne ich als eine Art „Schwimmen" im Netz der Kontrolle, einen Verlust der Selbstbestimmung von Information. Auch wenn die Überwachten die raffiniertesten Listen der Camouflage oder Mimikry aufböten, um diesen Verfahren Widerstand zu leisten: sie wären verurteilt zum Sprechen, zur Kommunikation. Über die strikte Einhaltung des Wochenplanes soll eine methodische Lebensführung antrainiert werden. Die Projektbeauftragte sagt dazu: *„Und diese An- und Abwesenheit, das ist ein Training. Und je intensiver es trainiert wird, desto erfolgreicher ist ja dann auch der Tagesverlauf.*" Und sie fügt an: *„Ja, dieses Ding da unten löst was aus."*
In der Bewährungshilfe nimmt die Bedeutung von multiplen Funktionsrollen zu: Überwacherin, Therapeut, Trainerin und Impulsgeber im Fitness-Prozess, Mediatorin der Norm, Berufs- und Lebensberater. Sie wird zur Expertin für eine Technologie der Therapie, welche interdisziplinär die Grenzen von Psychiatrie, Sozialarbeit und Management de-zentriert. Dieses Training tritt gegenüber den Geführten als ein Angebot auf: Am Ende entscheidet das Individuum selbst, was es daraus macht. Die Eventualität eines Scheiterns wird darin zum eigenunternehmerischen Schicksal. Eine andere Mitarbeiterin des Max-Planck-Institutes charakterisiert dies als ein *„Training des bürgerlichen Normalzustandes*". Der Clou: Erst wird den Überwachten der Boden für eine Simulation von so genannter „Fassadennormalität" weggezogen, um danach ins verwundete System die Matrix der Normalitäts-Rituale einzuspeisen.

Etablierung eines flexiblen Produkts

Auch wenn *„sich die Erwartungen nicht erfüllt haben*", wie es die Projektbeauftragte enttäuscht formuliert, so wird sich Electronic Monitoring wahrscheinlich zwischen Haftstrafe und Bewährung etablieren. Das gekaufte Equipment von ElmoTech wird wohl kaum verschrottet werden, auch wenn vielleicht gerade kein Geld da ist, mehr als 36 Fesseln anzuschaffen. Trotz „kritischer" Arbeiten und Vorbehalte wurde so ein Modellprojekt gestartet, das zumindest keine durchweg negative Medienpräsenz erfährt und sich über die kostenlose Begleitforschung des Freiburger Max-Planck-Institutes abzusichern versteht. Die neue Straftechnik ist ein Supplement: sie unterteilt den Bereich zwischen Bewährung und Haftstrafe. Michael Lindenberg kennzeichnete dies in seiner Feldforschung in den USA und Schweden: Electronic Monitoring-Programme legen sich mehr schützend als abschaffend vor die Einsperrungszone des Gefängnisses: *„Die den Gefängnisbetrieb regulierende, für alle Eingeschlossenen immer gleiche Routine ist mit EM auf eine auf jeden Unterworfenen unmittelbar zugeschnittene Kontrolle erweitert worden"* (Lindenberg 1997: 170). Electronic Monitoring stützt sich dabei auf von der Bewährungshilfe bereits entworfene

Muster und Inventare einer Verheißung von Besserung, droht aber denen, die in ihr als „*allerletzter Chance*" und Prüfung auch noch scheitern, wieder mit der Hölle des Strafvollzuges. Die Maßnahme bildet so ein Amalgam aus moderner protestantischer Ethik als Aushandlung zwischen Fremd- und Selbstdisziplinierungs-Zwängen (vgl. Weber 1947) und der spätmittelalterlichen Vorstellung eines „Fegefeuers" (vgl. LeGoff 1990) als Ort bzw. Zustandes genau dieser Prüfung, in diesem Fall allerdings nicht im Jenseits, sondern mitten im Diesseits des öden Disziplinierungs-Feldes. Electronic Monitoring besitzt flexible Produktqualitäten, je nach Konjunktur kann es politisch anders benutzt werden. Alle lassen sich irgendwie bedienen – gerade wenn der Konflikt nur auf der Ebene von Technologie-Kritik ausgetragen wird. Affirmative oder populistische Kriminologie bedient dabei den Mythos von Electronic Monitoring als Heilmittel für überfüllte Gefängnisse und als Rehabilitation des Resozialisierungs-Begriffes durch eine Mischung aus post-disziplinärer Effizienz und disziplinärem Arbeits- und Normen-Ethos (vgl. Cremer-Schäfer/Steinert 1998). Die Bewährungshilfe beschränkt sich in ihrer Kritik meist auf den Einsatz von Technik, letztendlich bedient sie dieselbe Argumentation: Ausweitung des Betreuungs-Kontroll-Netzes – nur mit Menschen statt Maschinen. Derselbe Ansatz, eine andere Methode? Oder passt sich die „effizientere Methode" besser in die gegenwärtige Kriminalpolitik ein?

Neue Straftechniken, gekoppelt an Versprechen von Effektivität und Effizienz, verweisen auf heterogene Regierungstechniken. Elektronische Überwachung ermöglicht eine neue Art der Intervention einer Macht „in actu", die im Gegensatz zur Einsperrung in totalen Institutionen über elastische Module operiert: Nicht mehr eine mit Nato-Draht umgebene Mauer setzt Grenzen, sondern ein Kontrakt-Regime aus strikten Zeit/Raum-Einheiten generiert das, was ich im Titel mit dem Oxymoron „anti-nomadische Mobilität" bezeichnet habe. Diese rhetorische Figur ironisiert dabei den Widerspruch zwischen flexiblen Kontrollen, den Zumutungen und Anforderungen aktueller (neoliberaler) Programme und Subjektivierungsprozesse beim gleichzeitigen Festhalten am Immer-Noch-Disziplinieren. Foucault beschreibt die Disziplin als eine anti-nomadische Technik (vgl. Vitores/Domènech 2003: 5). Mit Electronic Monitoring wird Individuen zwar im Vergleich zum Gefängnis-Regime eine gewisse Mobilität eingeräumt, sie werden sogar dazu angehalten – nur hat dies nicht im Entferntesten etwas mit Nomadisch-Sein zu tun. Die Figur des Nomadischen findet sich eher im berauschten Zustand des Umherschweifens der Situationisten oder als Taktik der Schwachen im Aufspüren von Lücken in der Überwachung, des Sich-Entziehens von Kontrollen durch die List (vgl. de Certeau 1988: 89). Was Michel de Certeau als Widerstandstaktiken beschreibt, nämlich aus Orten durch eigene Praktiken Räume zu machen, um damit andere Lesbarkeiten urbaner Geographien zu schaffen (vgl. ebd.: 23ff.), wird dem Subjekt bei Electronic Monitoring verleidet: Hier ist es plötzlich gezwungen, in eigentlich flexible Räume virtuelle Grenzen einzuziehen: Findet die Kontrolle im Alltag statt oder findet sie erst durch den Alltag statt? Diese neuen Kontrollen, von denen Electronic Monitoring nur ein Ausschnitt ist, die sich deutlicher vielleicht in neuen Arbeitsformen zeigen und zeigen werden, dabei meist »sanft und unmerklich« (Krasmann 2003: 99) sind, vergleicht Deleuze im Kontrast des „Maulwurfsbau" der Disziplinen mit den komplizierten „Windungen einer Schlange" (Deleuze 1993: 261): Es müssen erst noch adäquate Waffen gegen sie gefunden werden.

Literatur

Althusser, Louis (1973): Marxismus und Ideologie. Berlin: VSA.

Beck, Stefan (1997): Umgang mit Technik. Kulturelle Praxen und kulturwissenschaftliche Forschungskonzepte. Berlin: Akademie.

Bergmann, Sven (2004): „Training des bürgerlichen Normalzustandes" – Ethnographie zum Projekt Elektronische Fußfessel. Magisterarbeit am Institut für Kulturanthropologie und Europäische Ethnologie der J.W.G.-Universität, Frankfurt am Main. Verfügbar unter: <http://www.copyriot.com/electronic-monitoring> (01.04.2006).

Borchers, Detlef (2005): CDU-Politiker fordert elektronische Fußfessel für Islamisten. In: heise online, 29.12.2005, verfügbar unter: <http://www.heise.de/newsticker/meldung/67817> (10.01.2006).

Bröckling, Ulrich (2003): Das demokratisierte Panopticon. Subjektivierung und Kontrolle im 360°-Feedback. In: Honneth & Saar 2003, 77-93.

Bröckling, Ulrich, Susanne Krasmann & Thomas Lemke, Hg. (2000): Gouvernementalität der Gegenwart. Studien zur Ökonomisierung des Sozialen. Frankfurt am Main: Suhrkamp.

Certeau, Michel de (1988): Die Kunst des Handelns. Berlin: Merve.

Cohen, Stanley (1983): Social-Control Talk: Telling Stories about Correctional Change. In: Garland, David, Peter Young, Hg.: The Power to Punish. Contemporary Penalty and Social Analysis. London: Heinemann, 101-129.

Cremer-Schäfer, Helga, Heinz Steinert (1998): Straflust und Repression. Zur Kritik der populistischen Kriminologie. Münster: Westfälisches Dampfboot.

Deleuze, Gilles (1993): Postskriptum über die Kontrollgesellschaften. In: Deleuze, Gilles: Unterhandlungen. 1972-1990. Frankfurt am Main: Suhrkamp, 254-262.

Deleuze, Gilles, Felix Guattari (1980): Mille Plateaux. Capitalisme et Schizophrénie 2. Paris: Les Éditions de Minuit.

Foucault, Michel (1977): Überwachen und Strafen. Die Geburt des Gefängnisses. Frankfurt am Main: Suhrkamp.

Foucault, Michel (1987): Das Subjekt und die Macht. In: Dreiyfus, Hubert L., Paul Rabinow: Michel Foucault. Jenseits von Strukturalismus und Hermeutik. Frankfurt am Main: Athenäum, 242-261.

Foucault, Michel (1994): Omnis et singulatum. Zu einer Kritik der politischen Vernunft. In: Vogl, Joseph, Hg.: Gemeinschaften. Positionen zu einer Philosophie des Politischen. Frankfurt am Main: Suhrkamp, 65-93.

Foucault, Michel (2004): Geschichte der Gouvernementalität. Band 1: Sicherheit, Territorium, Bevölkerung. Vorlesung am Collège de France 1977-1978, hg. von Michel Sennelart. Frankfurt am Main: Suhrkamp.

Geertz, Clifford (1987): Dichte Beschreibung. Beiträge zum Verstehen kultureller Systeme. Frankfurt am Main: Suhrkamp.

Haggerty, Kevin D., Richard V Ericson (2000): The surveillant assemblage. In: *British Journal of Sociology*, Vol. 51, No. 51, 605-622.

Hannerz, Ulf (1992): Cultural Complexity. Studies in the Social Organization of Meaning. New York: Columbia University Press.

Hier, Sean P. (2003): Probing the Surveillant Assemblage: on the dialectics of surveillance practices as processes of social control. In: Surveillance & Society I (3), 399-411, Verfügbar unter: <http://www.surveillance-and-society.org> (21.05.2004).

Honneth, Axel, Martin Saar, Hg. (2003): Michel Foucault. Zwischenbilanz einer Rezeption. Frankfurter Foucault-Konferenz 2001. Frankfurt am Main: Suhrkamp.

Krasmann, Susanne (1999): Regieren über Freiheit. Zur Analyse der Kontrollgesellschaft in Foucaultscher Perspektive. In: *Kriminologisches Journal*, Heft 2, 1999, 107-121.

Krasmann, Susanne (2000): Gouvernementalität der Oberfläche. Aggressivität (ab-)trainieren beispielsweise. In: Bröckling, Krasmann & Lemke 2000, 194-226.

Krasmann, Susanne (2003): Kriminelle Elemente regieren – und produzieren. In: Honneth & Saar 2003, 94-114.

LAG Position (2002): Die Landesarbeitsgemeinschaft Hessen lehnt den elektronisch überwachten Hausarrest (Fußfessel) ab. Arbeitsgemeinschaft Deutscher BewährungshelferInnen e. V. – Landesarbeitsgemeinschaft Hessen, Juni 2002. Verfügbar unter: <http://www.bewaehrungshilfe-hessen.de/Fussfessel.htm> (26.07.2004).

LeGoff, Jacques (1990): Die Geburt des Fegefeuers. Vom Wandel des Weltbildes im Mittelalter. München: dtv/Stuttgart: Klett.

Lemke, Thomas (1997): Eine Kritik der politischen Vernunft. Foucaults Analyse der modernen Gouvernementalität. Hamburg: Argument.

Lemke, Thomas (2000): Neoliberalismus, Staat und Selbsttechnologien. Ein kritischer Überblick über die governmentality studies. In: *Politische Vierteljahresschrift*, 41. Jg., Heft 1, 31-47.

Lindenberg, Michael (1997): Ware Strafe. Elektronische Überwachung und die Kommerzialisierung strafrechtlicher Kontrolle. München: AG SPAK.

Maeder, Christoph (1995): In totaler Gesellschaft – Eine ethnographische Untersuchung zum offenen Strafvollzug. Bamberg: Difo-Druck.

Mainprize, Steve (1996): Elective Affinities in the Engineering of Social Control: The Evolution of Electronic Monitoring. In: *Electronic Journal of Sociology,* Vol. 2, No. 2/Nov. 1996. Verfügbar unter: <http://www.sociology.org/content/vol002.002/mainprize.html> (15.07.2004).

Mayer, Markus (2002): Modellprojekt Elektronische Fußfessel. Befunde der Begleitforschung. Zwischenbericht Mai 2002. Freiburg im Breisgau: Ed. iuscrim, Max-Planck-Institut für ausländisches und internationales Strafrecht (Forschung aktuell Nr. 13). Verfügbar unter: <http://www.iuscrim.mpg.de/verlag/Forschaktuell/Forschakt.html> (18.09.2003).

National Agency of Correctional Institutions (2000): Electronic Monitoring. A new alternative for detention. Den Haag: Dienst Justitiële Inrichtingen, Unit Communication Postbus 30132.

Projekt EFF (2002): Broschüre zum Projekt »Elektronische Fußfessel«, hg. vom Hessischen Ministerium der Justiz, Luisenstraße 13, 65185 Wiesbaden. Verfügbar unter:: <htttp//www.hmdj.justiz.hessen.de/internet/hmdj.nsf. Frame/N24XTGW2889RLIGDE> (19.02.2004).

Rabinow, Paul (2004a): Anthropologie der Vernunft. Studien zu Wissenschaft und Lebensführung. Frankfurt am Main: Suhrkamp.

Rabinow, Paul (2004b): Was ist Anthropologie? Frankfurt am Main: Suhrkamp.

Rose, Nikolas (2000): Tod des Sozialen? Eine Neubestimmung der Grenzen des Regierens. In: Bröckling, Krasmann & Lemke 2000, 72-109.

Vitores, Anna, Miquel Domènech (2003): From Inhabiting to Haunting. New Ways of Social Control. In: Hård, Mikael, Andreas Lösch, Dirk Verdicchio, Hg.: Transforming Spaces. The Topological Turn in Technology Studies. Verfügbar unter: <http://www.ifs.tu-darmstadt.de/gradkoll/ Publikationen/transformingspaces.html> (31.03.2004).

Weber, Max (1947): Die protestantische Ethik und der Geist des Kapitalismus. In: ders.: Gesammelte Aufsätze zur Religionssoziologie, Bd. I. Tübingen: Mohr, 17-206.

IV.
Diskurse von Sicherheit und Kontrolle

Peer Stolle und Tobias Singelnstein

Mechanismen und Techniken einer neuen Sozialkontrolle

In den vergangenen Jahren und Jahrzehnten haben tief greifende gesellschaftliche Transformationsprozesse stattgefunden. Diese manifestieren sich zum einem in einem Wandel der ökonomischen Akkumulationsprozesse, der – ausgehend von der Regulationsschule – als Übergang vom Fordismus zum Postfordismus bezeichnet wird (Hirsch/Roth 1986). Zum anderen gehen damit grundlegende Veränderungen des sozialen und kulturellen Lebens – vor allem in den Industriestaaten – einher, die zu einer sich verändernden Sozialstruktur führen. Dieser Wandel wirkt sich auch auf die Bedingungen aus, unter denen soziale Kontrolle ausgeübt wird, sowie auf die damit verfolgten Ziele (vgl. Singelnstein/Stolle 2006: 25 ff.). Im Folgenden soll nachgezeichnet werden, inwieweit sich vor diesem Hintergrund neue Mechanismen und Techniken sozialer Kontrolle herausbilden, wie diese klassifiziert werden können und wie sich diese Veränderungen in der Praxis darstellen.

Gesellschaftliche Transformationsprozesse

Die Krise der wohlfahrtsstaatlichen Regulation sozialer Problemfelder, der partielle Wegfall des sozialstaatlichen Inklusionsversprechens, die Ökonomisierung, Pluralisierung und Diversifizierung der gesellschaftlichen Lebenswelten und eine veränderte Sicherheitspolitik haben zu einem radikalen Strukturwandel im Bereich sozialer Kontrolle geführt. Die angesprochenen gesellschaftlichen Veränderungen bedeuten zusammengenommen einen Rückzug der Strukturen, auf die sich Integration und Disziplinierung bislang gestützt hatten (vgl. Rehbinder 2003: 116). Davon waren und sind sowohl die Institutionen der Fabrik, der Schule und der Anstalt betroffen, als auch der Arbeitsmarkt an sich und integrierende formelle und informelle soziale Strukturen. Soziale Kontrolle kann infolgedessen zunehmend weniger auf eine wohlfahrtsstaatliche Integration mittels Disziplinierung, Behandlung und Resozialisierung setzen. Sozialintegrative Strukturen im sozialen Nahraum und in staatlicher Verwaltung büßen dadurch an Bedeutung ein und werden ergänzt und bzw. ersetzt durch strukturelle Mechanismen und professionelle Akteure. Insbesondere führt der Umbau des Sozial- und Wohlfahrtsstaates zu einem Ausschluss eines Teils der Bevölkerung aus der Erwerbsarbeit und der sozialen Absicherung (Garland 2001; Singelnstein/Stolle 2006: 17 ff.). Gegenwärtige Sozialkontrolle muss diesen Schub sozialer Desintegration und Ausdifferenzierung auffangen und Sicherheitsstrategien zur Verfügung stellen, die gewährleisten, dass die von sozialer Teilhabe Exkludierten nicht zu einem unbeherrschbaren Risiko werden (Hansen 1999: 232 f.; Nogala 2000: 77 f.).

Zugleich wirken sich die beschriebenen soziokulturellen Veränderungen auch auf die Grundlagen und das Verhältnis von Sozial- und Systemintegration aus (Albrecht 2005: 139 f.; Böhnisch 2001; Schimank 2000: 462 f.).[1] Insbesondere die Pluralisierung der sozialen und kulturellen Lebensstile und die Individualisierung der Lebensweise führen dazu, dass sich die Individuen nicht mehr durchgängig an einem zentralen und alle gesellschaftlichen Bereiche umfassenden Normengefüge orientieren (vgl. Hassemer 2005: 315 f.). Eine präzise Unterscheidung zwischen normal und anormal ist infolgedessen nur noch bedingt möglich (Frehsee 2003: 254 ff., 341 ff.), da über fundamentale moralische Grundsätze, die Grundlage eines jeden Normensystems sind, kein gesellschaftlicher Konsens mehr besteht. Gleichzeitig bieten technologische Entwicklungen neue Möglichkeiten der Überwachung und Kontrolle. Vor diesem Hintergrund führt eine sich etablierende Rationalität der Sicherheit zu einem grundlegend veränderten Bild vom Gegenstand, den Zielen und Zwecken sozialer Kontrolle (Singelnstein/Stolle 2006: 33 ff.). Diese setzt zunehmend weniger auf die Verantwortlichkeit und Disziplinierung von Individuen, sondern geht von einer Normalität von Abweichung aus. Infolgedessen rückt die Regulation von Risikopopulationen Hand in Hand mit einem repressiven Moralismus fundamentalistischer Prägung in den Vordergrund. Dabei gewinnen die Ideologie des Neoliberalismus und ein religiös-fundamentalistischer Konservatismus an Einfluss und prägen die sich herausbildende neue Formation sozialer Kontrolle (vgl. Groenemeyer 2003: 209 f., 226; Singelnstein/Stolle 2006: 43 ff.).

Dieser Wandel sozialer Kontrolle wird am Beispiel der Shopping Mall virulent. Dort gilt trotz des Anscheins eines öffentlichen Raumes das private Hausrecht. Die ihn ihnen geltenden Hausregeln und der Grad und Umfang ihrer Durchsetzung variieren je nach Betreiberinteresse. Das Individuum steht daher vor der Aufgabe, sein Verhalten an wechselnde Anforderungen auszurichten. Neben einem Rumpfgerüst aus zentralen sozialen Normen, deren Beachtung durch vorwiegend staatliche Institutionen weitgehend durchgesetzt wird, treten situations- und kontextabhängige Wertprioritäten, die keinen umfassenden Gültigkeitsanspruch erheben. Der Maßstab dieser Verhaltensanforderungen besteht fast ausschließlich in der Absicherung der ökonomischen Interessen des Shopping Mall-Betreibers. Für deren Sicherheitskonzepte spielen sowohl moralisch-rigide Vorstellungen über Zusammenhänge zwischen sozialer Gruppenzugehörigkeit oder äußerlicher Darstellung und der Bereitschaft zur Abweichung und Störung eine Rolle, als auch Ansätze eines reinen Risikomanagements.

---

1 Unter Sozialintegration verstehen wir dabei die Integration des Einzelnen in die Gesellschaft; Systemintegration ist demgegenüber der Zusammenhalt und das Funktionieren der Gesellschaft insgesamt und ihrer Teilsysteme inklusive der beteiligten Individuen.

Anpassung der Mechanismen und Techniken sozialer Kontrolle

Infolge der so gewandelten gesellschaftlichen Bedingungen, Grundlagen und Ziele sozialer Kontrolle unterliegen auch deren Mechanismen und Techniken einer Veränderung. Dies zeigt sich bereits im Aufkommen immer neuer Techniken der Überwachung und Registrierung, lässt sich aber auch bei weniger sichtbaren Mechanismen sozialer Kontrolle beobachten. So kommt es zur Herausbildung von Mechanismen, die das Individuum selbst „befähigen" sollen, sich gemäß den Anforderungen einer flexiblen und mobilen Lebenswelt konform zu verhalten. Diese werden ergänzt durch instrumentelle Kontrolltechniken, die unabhängig vom konkreten Individuum für die Sicherung einer sozialen Ordnung sorgen und sich nicht auf die Detektion und Kontrolle von abweichendem Verhalten beschränken. Darüber hinaus erfahren Ausschlusstechniken als Mechanismen sozialer Kontrolle eine Renaissance, die als Entsprechung zu sich ausbreitenden Formen sozialer Ausschließung angesehen werden können. Die auf Resozialisierung und Behandlung des Delinquenten ausgerichtete Disziplinierung, wie sie für die wohlfahrtsstaatliche Sozialkontrolle paradigmatisch war, bleibt daneben teilweise erhalten.

Techniken und Prozesse der Selbstführung

Der mit der Individualisierung und Flexibilisierung der Lebenswelten einhergehende Bedeutungsrückgang bürgerlich-gesamtgesellschaftlicher Normen- und Wertsysteme, der mit dem Rückzug sozialer Strukturen verbundene Verlust an Kontrolle im sozialen Nahraum und die zunehmende Ökonomisierung des Sozialen im Rahmen einer kapitalistischen Globalisierung bedingen die Herausbildung von Selbstführungstechniken, durch die das Individuum ohne sichtbaren äußeren Zwang dazu angehalten wird, sich normkonform zu verhalten. Die konkrete Funktion von Selbstführungstechniken besteht dabei „lediglich" in der *Anleitung* zur Selbstmodulation[2] des eigenen Lebens und der eher subtilen und informellen *Vermittlung* der anzunehmenden Verhaltensstandards und ihrer Notwendigkeit. Sie können daher als Form der unsichtbaren Menschenführung, als Fremdführung durch Selbstführung und damit als Regierungstechnik im Sinne der Gouvernementalität beschrieben werden (vgl. Lemke/ Krasmann/ Bröckling 2000). Diese Techniken zielen nicht auf das disziplinierende „Formen der Guten" ab. Ihr Zweck besteht in dem „Lenken der Freien" (Ziegler 2001). Die von jedem selbst vollzogene Einsicht in die von strukturellen Rahmenbedingungen hergestellte Notwendigkeit macht einen konkreten Zwang und eine obrigkeitsstaatliche Ordnungsproduktion entbehrlich (Lemke 1997: 186 f.). Das

2 Vgl. zum Begriff der Modulation Deleuze 1992: 182; 1993: 250 f.; Lindenberg/Schmidt-Semisch 1995: 4 mit weiteren Nachweisen.

eigene Verhalten wird an antizipierte Standards angepasst, ohne dass es einer expliziten oder aktualisierten Drohkulisse bedarf.
Eine deutliche Ausprägung von Selbstführungstechniken besteht im steigenden Zwang zur individuellen Abarbeitung komplizierter werdender Handlungsanforderungen zur Sicherung des eigenen Überlebens. Dem Einzelnen stehen zwar mehr Freiräume offen; gleichzeitig wird ihm aber ein hohes Maß an Flexibilität zugunsten wirtschaftlicher Verwertbarkeit abverlangt. Er muss zwischen verschiedenen Identitäten wechseln und sich auf wandelnde Situationen und Kontexte einstellen. Wer diesen Anforderungen an Mobilität und Flexibilität nicht gerecht wird, ist von Ausgrenzung und Scheitern in wirtschaftlichen und gesellschaftlichen Prozessen bedroht. In Verbindung mit Autonomie, Entsolidarisierung und Responsibilisierung schreibt sich die marktwirtschaftliche Risikologik unmittelbar in das Handeln und Denken der Individuen ein (Schmidt-Semisch 2004: 223 f.). Wichtiges Mittel zur Führung und Kontrolle ist dabei der interne Wettbewerb, der zu einem ständigen Zwang zur Modulation des eigenen Lebens und einem Streben nach Optimierung der eigenen Verwertungschancen führt. Gerade im flexiblen Unternehmen, wo die Notwendigkeit der Leistungs- und Produktivitätssteigerung verinnerlicht ist, nutzt der Zwang zur Flexibilität einerseits die Angst vor dem sozialen Abstieg aus, wie er andererseits auch selbst neue Verunsicherung hervorruft (Buckel/Kannankulam 2002: 39 ff.; Lindenberg/Schmidt-Semisch 2000). Selbstführungstechniken werden aber auch sichtbar in dem Zwang zum lebenslangen Lernen, dem ständigen Streben nach Optimierung der eigenen Verwertungschancen und in der Aneignung von Zusatzqualifikationen. Techniken der Selbstführung werden aber vor allem auf der Ebene des Alltags wirksam, wenn es darum geht, Verhaltens-, Konsum- und Kleidungskodices zu antizipieren, die besondere Anforderungen an den Einzelnen stellen, da sie nicht mehr universell aufgestellt werden, sondern je nach Subkontext enorm voneinander differieren können.

Techniken instrumenteller Kontrolle

Ergänzt werden die Selbstführungstechniken durch Mechanismen instrumenteller Kontrolle (Singelnstein/Stolle 2006: 58 ff.). Dazu können zunächst die klassischen Strategien der Überwachung gezählt werden, die sich durch eine asymmetrische Beziehung zwischen Überwachenden und Überwacher auszeichnen und damit einen hierarchischen Charakter aufweisen (Nogala 2001: 141 f.). Ihr Zweck besteht vor allem in der Detektion von Abweichung und der Überführung des Delinquenten. Darüber hinaus haben sich neue Kontrolltechniken herausgebildet, deren Wirkung unmittelbarer erfolgt und die direkt auf die Schaffung von Sicherheit im Sinne der (Wieder-)Herstellung von sozialer Ordnung abzielen (Legnaro 1997: 272). Ihr Hauptzweck besteht demnach nicht mehr in der Überwachung der Einhaltung von Normen und der Bereitstellung von Informationen für eine Intervention bei Normverstoß. Die neuen Kontrolltechniken sollen stattdessen die Normübertretung, die Abweichung schon im Vorfeld verhindern.

Paradigmatisch hierfür stehen situative Kontrolltechniken (Clarke 1995). Sie verändern das räumlich-zeitliche Setting einer Handlung – die Situation – in der Form, dass die Wahrscheinlichkeit, dass ein unerwünschtes Ereignis stattfindet, minimiert wird. Sie zielen demnach nicht mehr auf die Verinnerlichung von Normen und Werte ab, sondern auf die Gewährleistung einer Anpassung an variierende Verhaltensstandards (Krasmann 2003). Die Manipulation des Verhaltens erfolgt dabei in Unabhängigkeit von der konkreten Person. Dazu gehören Techniken wie die Videoüberwachung (Roggan 2001; Stolle/Hefendehl 2002), bestimmte Einsatzformen von RFID-Chips (Eisenberg/Puschke/Singelnstein 2005) und des Global Positioning Systems (GPS), verdachtsunabhängige Personen- und Zutrittskontrollen, automatisierte Gesichtserkennung, algorithmengestützte Alarmierung bei Szenen abweichenden Verhaltens, elektronische Fußfesseln, Einzäunungen und die Einschreibung von Sicherheitsanforderungen in Gebäude und Räume. Sie können, wie beispielsweise die Videoüberwachung und die Zutrittskontrollen, auch zur Detektion von Abweichung und damit zur Überwachung eingesetzt werden (Stolle/Hefendehl 2002: 258 ff.). Ihr Hauptzweck ist aber proaktiv: Sie sollen die Umwelt nach sicherheitstechnischen Parametern verändern und die damit verbundene *Beherrschung* von Räumen und Personen sicherstellen.

Voraussetzung für ihre Anwendung ist der Einsatz moderner Formen der Datenverarbeitung, mit denen Risikoträger und risikoträchtige Parameter identifiziert werden können und die selbst der Verhaltenskontrolle dienen, indem sie durch die Generierung von Risikowissen in Form von personenbezogenen Daten dem Betroffenen ein Gefühl der umfassenden Kontrolle vermitteln und damit die Bereitschaft zur Normkonformität erhöhen. Grundlage ihrer Konzeption ist die Annahme einer Allgegenwart von Risiko und Delinquenz, deren Ursachen nicht in einer individuellen Pathologie zu verorten sind, sondern sich als Ausdruck eines rationalen Nutzen-Kosten-Kalküls im Sinne der ökonomischen Verhaltenstheorie darstellen.

Disziplinierende Intervention

Die Disziplinierung, die als zentrale Technik sozialer Kontrolle des 19. und frühen 20. Jahrhunderts angesehen werden kann, wird von den Mechanismen der Selbstführung und den Techniken instrumenteller Kontrolle nicht verdrängt, sondern bleibt als Ergänzung bestehen, verliert aber an Bedeutung. Zentrale Voraussetzung für den Einsatz von Disziplinierungstechniken ist die Überwachung des Einzelnen und die Abgleichung seines Verhaltens an einer allgemeingültigen Werteskala. Wird eine Normverletzung festgestellt, so führt dies zu einer Sanktionierung, die auf eine Verinnerlichung der Normen abzielt; ein Prozess, der auch als Normierung bezeichnet wird (Foucault 1976). Durch die

Sanktionierung abweichenden Verhaltens konstituiert die Disziplin eine feste Ordnung. Dabei führt nicht schon die Festlegung von Verhaltensregeln durch den Staat zu einer Disziplinierung, sondern erst die Verbindung repressiver Disziplinarmaßnahmen mit der Vermittlung normativer Sittengesetze durch weltliche Obrigkeiten (Hillebrandt 1997: 104, 119). Paradigmatisch für eine solche disziplinierende Überwachung steht das von *Bentham* entworfene Panoptikum.[3] Gewalt, Zwang und ein festes Normensystem sind damit Grundlage der Disziplinierung. Als Disziplinierungstechniken können vor allem die formellen strafrechtlichen Sanktionen, Tadel und Verweise im Schulsystem und die Abmahnung oder Entlassung im Bereich der Lohnarbeit klassifiziert werden.

Ausschlussstrategien

Neben den Selbstführungs-, Kontroll- und Disziplinierungstechniken kommen zunehmend Techniken des sicherheitspolitischen Ausschlusses zum Einsatz, die mit Formen der sozialen Ausschließung und Ausgrenzung korrespondieren.[4] Sie zielen vorwiegend darauf ab, den Betroffenen gesellschaftliche Partizipationsmöglichkeiten vorzuenthalten oder Personen(-gruppen) aufgrund ihrer Klassifizierung als unerwünscht oder potenziell „gefährlich" von bestimmten Orten und Räumen fernzuhalten. Der Ausschluss kann permanent erfolgen, beispielsweise durch lebenslanges Wegschließen oder das Einsperren in Lager. Er kann aber auch zeitlich und örtlich begrenzt werden, indem beispielsweise für bestimmte Räume Betretungsverbote verhängt werden.
Mit dem Ausschluss sollen – ebenso wie mit den Kontrolltechniken – keine Einstellungs- oder Verhaltensänderungen hervorgerufen werden. Er dient vorwiegend der Risikoabwehr, der Vorbeugung und der Vergeltung. Damit sollen die gravierenden Folgen der ökonomischen Transformationsprozesse, die vor allem in einer neuen Unterklasse, verarmten Migranten und gefährlichen Jugendlichen personifiziert werden, ferngehalten werden. Darüber hinaus sind sie Ausdruck moralisch-fundamentalistischer Gesellschaftsvorstellungen und dienen insofern einerseits zur Umsetzung repressiver Sicherheitskonzepte und andererseits der Absicherung der Funktionsfähigkeit von Kontroll- und Selbstführungsmechanismen (Singelnstein/Stolle 2006: 64 ff.).
Am deutlichsten zeigt sich der Ausschluss im Umgang mit Migranten an den EU-Außengrenzen und an der Südgrenze der USA sowie in den Konzepten der Incapacitation („Unschädlichmachung", vgl. Kunz 2001: 353 f.; Legnaro 2000: 210 f.) und der Sicherungsverwahrung. Incapacitation ist Folge eines Funkti-

3 In dem nie gebauten Panoptikum von Bentham ist es aufgrund der Bauweise zur Überwachung ausreichend, in der Mitte einen Turm aufzustellen, in dem sich ein Aufseher befindet, der selbst den gesamten Zellentrakt einsehen, von den Gefangenen selbst aber nicht gesehen werden kann, vgl. dazu Foucault 1976: 256 ff.

4 Siehe zum Begriff bereits Steinert 1995 und die Beiträge bei Pilgram/Steinert 2000.

onswandels der Freiheitsstrafe, die vor allem in den USA nicht mehr auf eine Resozialisierung und Besserung setzt, sondern sich in dem reinen Wegsperren der „Gefährlichen" erschöpft. Diese Tendenz ist auch in Deutschland zu beobachten, wie sich an den gestiegenen Gefangenenzahlen und einer neuen Strafhärte ablesen lässt (vgl. Suhling/Schott 2001: 51 ff.), wenngleich sie in Qualität und Quantität nicht mit der US-amerikanischen Entwicklung gleichgesetzt werden kann. Auch die Sicherungsverwahrung als schärfste Sanktion und quasi institutionalisierter Ausschluss wurde in Deutschland im vergangenen Jahrzehnt in der praktischen Anwendung[5] und der gesetzl ichen Ausgestaltung deutlich au sgeweitet (vgl. Eisenberg 2005: 449 ff.) – parallel zur Wiederentdeckung der „Karrierekriminellen" und „gefährlichen Triebtäter" durch die Kriminologie.
Räumlich spezifiziert und zeitlich begrenzt erfolgt ein sicherheitspolitischer Ausschluss beispielsweise über Gefahrenabwehrverordnungen, die soziale Randgruppen ausgrenzen, indem sie bestimmte Verhaltensweisen wie Nächtigen, Alkoholkonsum, Betteln und teilweise auch die Ausübung von Sportarten (Skaten) kriminalisieren. In diese Kategorie gehören ebenso Ausgangssperren, Betretungs- und Aufenthaltsverbote. Die Privatisierung von öffentlichen Räumen und der Einsatz von privaten Sicherheitsdiensten forcieren dabei Ausgrenzungstendenzen (Meister 2005).

Funktion und Zusammenspiel

Obwohl sich diese alten und neuen Techniken sozialer Kontrolle in ihrer Konzeption und Wirkungsweise deutlich unterscheiden, wirken sie doch funktional zusammen und gehen ineinander über. Sie lassen sich so als Mechanismen einer neuen Formation sozialer Kontrolle begreifen, die mit dem beschriebenen gesellschaftlichen Wandel korrespondieren.
Aus dieser Perspektive können Selbstführungs- und instrumentelle Kontrolltechniken als Ausdruck eines ökonomischen Menschenbildes betrachtet werden, das Individuen als reine Nutzenmaximierer betrachtet, deren Verhalten Ausdruck rationaler Kosten-Nutzen-Abwägung ist und durch Veränderungen situativer Parameter beeinflusst werden kann. Dies schlägt sich beispielsweise im steigenden Einfluss der *Rational Choice-Theorie* in Kriminologie und Kriminalpolitik nieder, die Parallelen zur einflussreichen neoliberalen Ideologie aufweist (Clarke 1995: 98 ff.; Kunz 2001: 197 ff.). Während mit dieser *Theorie der Rationalen Wahl* eher grundsätzlich amoralische Kontrolltechniken begründet werden, die jeden Einzelnen als potentielle Gefahr und als Delinquenten ansehen und daher auch potentiell alle erfassen wollen, basieren Ausschlussstrategien vornehmlich auf religiös-moralischen Gesellschaftsvorstellungen eines neuen

5 Die Zahl der Sicherungsverwahrten stieg von 184 im Jahr 1993 auf 324 im Jahre 2004, vgl. Strafvollzugsstatistik (Statistisches Bundesamt [Hrsg.]: Fachserie 10, Rechtspflege, Reihe 4, Strafvollzug), Tab. 5, Stichtag 31.3.

Konservatismus und Fundamentalismus. Diese machen vor allem die soziokulturellen Veränderungen seit den 1960er Jahren für steigende Kriminalitätsraten und einen allgemeinen Werteverfall verantwortlich und propagieren eine Renaissance von Werten und Institutionen wie Religiosität, Familie, Ehre und Vaterland zur Bearbeitung gesellschaftlicher Konflikte. Ein derart moralisch-religiöser Konservatismus verlangt damit einerseits die Ausgrenzung der „gefährlichen Überflüssigen", die sich nicht an den propagierten Wertekodex halten, um damit andererseits zugleich den (noch) Inkludierten ihre Zugehörigkeit zur Mehrheitsgesellschaft zu versichern (Singelnstein/Stolle 2006: 69 ff.). Obgleich sich die vorgebliche Amoralität und Wertneutralität neoliberaler Inhalte und ein religiös fundierter Konservatismus zu widersprechen scheinen, ergänzen sich ihre Konzepte im Bereich sozialer Kontrolle. Die auf sie fußenden sozialen Kontrollstrategien stellen in vielen Fällen eine Komplementarität dar, da die einzelnen Maßnahmen auf jeweils andere Situationen und Personengruppen ausgerichtet sind.

Selbstführungstechniken als eine erste Stufe sozialer Kontrolle richten sich vor allem an diejenigen, die sich als sozial inkludierter Teil der Gesellschaft begreifen oder sich zumindest noch eine Chance auf Integration ausrechnen. Techniken instrumenteller Kontrolle setzen demgegenüber zwar auch grundsätzlich die Fähigkeit bzw. den Willen des Individuums voraus, sich konform zu verhalten; sie funktionieren aber eher als Fremdführung, indem sie durch Kontrolle und situative Manipulation das Befolgen von Verhaltensanforderungen sicherstellen. Sie sind Ausdruck einer allumfassenden Risikologik und eines darauf fußenden generellen Misstrauens. Die westlichen Gesellschaften sind gegenwärtig aber nur zum Teil in der Lage, ihren Mitgliedern die Grundlage für ein den Verhaltensanforderungen gemäßes selbstkontrolliertes Handeln zu bieten, da ein größer werdender Teil der Bevölkerung ökonomisch ausgeschlossen und sozial desintegriert ist. Dieser Teil ist nur begrenzt für die Versprechen einer neoliberal geprägten Wirtschaftsordnung empfänglich und daher nur bedingt dazu in der Lage bzw. bereit, sich ökonomischen Verwertungszwängen zu unterwerfen und damit verbundenen sozialen Verhaltensanforderungen zu entsprechen. Können Selbstführungs- und instrumentelle Kontrolltechniken die Normeinhaltung nicht gewährleisten, wird bei Detektion von Verstößen interveniert. Die Reaktion variiert dabei je nach Delinquent und der Art und Häufigkeit der Regelverletzung. Handelt es sich um jemanden, der als gesellschaftlich integriert angesehen wird und bei dem vorausgesetzt werden kann, dass er die gesellschaftliche Ordnung und die ihr zugrunde liegenden Werte anerkennt, so wird eher mit Mitteln der Disziplinierung und Besserung reagiert, da in diesem Fall der Delinquent als anpassungsfähig angesehen wird. Handelt es sich dagegen um jemanden, dem verschiedene Risikofaktoren zugeschrieben werden und der deswegen als „gefährlicher Überflüssiger" klassifiziert wird, so werden Techniken des Ausschlusses eingesetzt, die den Betroffenen zur Minimierung seiner „Gefährlich-

keit" temporär oder permanent fernhalten und ausgrenzen (Lindenberg/Schmidt-Semisch 2000: 307).
Dieses Zusammenspiel der einzelnen Mechanismen lässt sich wiederum am Beispiel der Shopping Mall verdeutlichen. Grundsätzlich sind Individuen an solchen Orten dazu angehalten, sich selbst den aufgestellten situationsabhängigen Anforderungen entsprechend zu verhalten. Zur Verdeutlichung und situationsabhängigen Durchsetzung dessen werden Kontrolltechniken installiert, die Devianz verunmöglichen oder zumindest erschweren sollen. Dazu gehören die Beschränkung der Möglichkeiten des Rauchens und des Sitzens, helle Ausleuchtung der Räume, eine übersichtliche Raumgestaltung, die Installierung von Videokameras und das Patrouillieren eines privaten Sicherheitsdienstes. Damit wird einerseits die Möglichkeit störenden Verhaltens minimiert, etwa in Form eines längeren, nicht konsum-orientierten Aufenthaltes in der Shopping Mall auf einer Sitzbank. Andererseits wird dem Besucher kommuniziert, dass Störungen sofort entdeckt werden. Ist dies der Fall, wird die betreffende Person seitens des Sicherheitsdienstes zunächst ermahnt in der Erwartung, dass er sich zukünftig konform verhält. Bei schweren oder wiederholten Verstößen kann sodann eine Sanktionierung erfolgen. Gehört der Betroffene einer Risikogruppe an – ist er etwa Jugendlicher, Angehöriger einer ethnischen Minorität, offensichtlich arm oder gehäuft als „Störer" identifiziert – kann ein Ausschluss beispielsweise durch Erteilung eines Hausverbots erfolgen. Die Grenzen zwischen Exklusion und Inklusion werden dabei ständig neu geschrieben. Dies wird schon daran deutlich, dass einige Shopping Malls in ihren Hausordnungen einen „unnötigen" Aufenthalt untersagen, ohne diesen näher zu spezifizieren. Darüber hinaus werden auch die expliziten Verbotstatbestände erweitert, zu denen, je nach Betreiberinteresse, das Einnehmen von Alkohol, Betteln und Musizieren gehören können. In einigen britischen Malls ist Jugendlichen mittlerweile auch das Tragen von Kapuzen untersagt (Meister 2005).
Das komplementäre Zusammenwirken der beschriebenen einzelnen Techniken manifestiert sich schließlich auch darin, dass die Wirksamkeit von Selbstführungs- und instrumentellen Kontrolltechniken wesentlich auf der expliziten oder impliziten Drohung mit sozialer Ausgrenzung und sicherheitspolitischem Ausschluss aufbaut. Die „Einsicht in die Notwendigkeit" und die antizipierte Befolgung von Verhaltensanforderungen funktionieren aufgrund der Drohkulisse einer möglichen Exklusion. In umgekehrter Richtung begünstigen aber Selbstführungstechniken auch die Praxis sozialer Ausschließung. Denn sie befähigen nicht nur einen wesentlichen Teil der Bevölkerung dazu, die aufgestellten Anforderungen zu erfüllen und sich entsprechend zu verhalten, sondern führen auch zu einer Verengung der Gemeinschaft. Diejenigen, die sich zur „wohlanständigen" Mehrheit zählen (können), wollen nicht der wachsenden Minderheit der „Risikoträger" zugerechnet werden, und sind an deren Ausgrenzung aktiv beteiligt (Stenson 1996).

Zusammenfassung

Soziale Kontrolle hat sich – parallel zu den gesellschaftlichen Transformationen der vergangenen Jahre und Jahrzehnte – grundlegend gewandelt. Dies betrifft ihre gesellschaftlichen Bedingungen als Grundlagen und ihre Ziele ebenso wie die daraus entstehenden Mechanismen. Neben die bis zur Mitte des vorigen Jahrhunderts dominante Disziplinierung treten Selbstführungstechniken, Techniken instrumenteller Kontrolle und Strategien des Ausschlusses. Diese sind zwar keine vollständig neuen Erscheinungen, sie gewinnen jedoch gegenüber der Disziplinierung und der strafenden Wohlfahrt an Bedeutung, ohne diese vollständig zu verdrängen. Die somit gegenwärtig zu beobachtenden teilweise widersprüchlichen und mit konträren Zielsetzungen verbundenen Mechanismen sozialer Kontrolle ergeben in ihrer Zusammenschau ein recht kohärentes Zusammenspiel, in dem die einzelnen Strategien zwar unterschiedliche Bereiche abdecken, aber trotzdem aufeinander aufbauen, so dass von einer gewissen Komplementarität von Selbstführung, Kontrolle, Disziplinierung und Ausschluss gesprochen werden kann. Vor dem Hintergrund dieser gleichwohl von Brüchen und Widersprüchen gekennzeichneten Entwicklung reicht es nicht mehr aus, das Verschwinden der Disziplinierung und deren Ersetzung durch Kontrolltechniken zu konstatieren, weil damit der Komplexität und dem Zusammenspiel der Mechanismen sozialer Kontrolle nur ungenügend Rechnung getragen würde.

Literatur

Albrecht, Peter-Alexis (2005): Kriminologie. 3. Aufl., München.

Böhnisch, Lothar (2001): Abweichendes Verhalten. Eine pädagogisch-soziologische Einführung. Weinheim/München.

Buckel, Sonja; Kannankulam, John (2002): Zur Kritik der Anti-Terror-Gesetze nach dem ‚11. September'. „Sicherheit" im postfordistischen Präventionsstaat. In: Das Argument 244/2002, S. 34-50.

Clarke, Ronald V. (1995): Situational Crime Prevention. In: Tonry, Michael; Farrington, David P. (Hrsg.): Building a Safer Society. Strategic Approaches to Crime Prevention. Crime and Justice: A Review of Research. Vol. 19, Chicago. S. 91-150.

Deleuze, Gilles (1992): Das elektronische Halsband. Innenansichten einer kontrollierten Gesellschaft. In: Kriminologisches Journal 1992, S. 181-186.

Deleuze, Gilles (1993): Unterhandlungen 1972-1990. Frankfurt a. M.

Eisenberg, Ulrich (2005): Kriminologie. 6. Aufl., München.

Eisenberg, Ulrich; Puschke, Jens; Singelnstein, Tobias (2005): Ubiquitäres Computing = ubiquitäre Kontrolle? – Zum Potential der RFID-Technologie für Überwachung und Kontrolle. In: Kriminologisches Journal 2005, S. 93-108.

Foucault, Michel (1976): Überwachen und Strafen. Die Geburt des Gefängnisses. Frankfurt a. M.

Frehsee, Detlev (2003): Der Rechtsstaat verschwindet. Strafrechtliche Kontrolle im gesellschaftlichen Wandel von der Moderne zur Postmoderne. Gesammelte Aufsätze. Herausgegeben von Wolfgang Schild. Berlin.

Garland, David (2001): The Culture of Control. Oxford.

Groenemeyer, Axel (2003): Punitivität im Kontext – Konstruktionen abweichenden Verhaltens und Erklärungen der Kriminalpolitik im internationalen Vergleich. In: Menzel, Birgit; Ratzke, Kerstin (Hrsg.): Grenzenlose Konstruktivität? Standortbestimmung und Zukunftsperspektiven konstruktivistischer Theorien abweichenden Verhaltens. Opladen. S. 209-232.

Hansen, Ralf (1999): Eine Wiederkehr des „Leviathan"? Starker Staat und neue Sicherheitsgesellschaft – „Zero Tolerance" als Paradigma „Innerer Sicherheit"? In: Kritische Justiz 1999, S. 231-253.

Hassemer, Winfried (2005): Sicherheitsbedürfnis und Grundrechtsschutz: Umbau des Rechtsstaats? In: Strafverteidiger-Forum 2005, S. 312-318.

Hillebrandt, Frank (1997): Disziplinargesellschaft. In: Kneer, Georg; Nassehi, Armin; Schroer, Markus (Hrsg.): Soziologische Gesellschaftsbegriffe. Konzepte moderner Zeitdiagnosen. München. S. 101-126.

Hirsch, Joachim; Roth, Roland (1986): Das neue Gesicht des Kapitalismus. Vom Fordismus zum Post-Fordismus. Hamburg.

Krasmann, Susanne (2003): Gefährdungsausweitung – Die Kriminologie und die Transformation des Sozialen. In: Pieper, Marianne; Guitiérez Rodríguez, Encarnación (Hrsg.): Gouvernementalität – Ein sozialwissenschaftliches Konzept in Anschluss an Foucault. Frankfurt a. M. S. 39-49.

Kunz, Karl-Ludwig (2001): Kriminologie. 3. Aufl., Bern u. a.

Legnaro, Aldo (1997): Konturen der Sicherheitsgesellschaft. Eine polemisch-futurologische Skizze. In: Leviathan 1997, S. 271-284.

Legnaro, Aldo (2000): Aus der neuen Welt: Freiheit, Furcht und Strafe als Trias der Regulation. In: Leviathan 2000, S. 202-220.

Lemke, Thomas (1997): Eine Kritik der politischen Vernunft. Foucaults Analyse der modernen Gouvernementalität. Hamburg/Berlin.

Lemke, Thomas; Krasmann, Susanne; Bröckling, Ulrich (2000): Gouvernementalität, Neoliberalismus und Selbsttechnologien. Eine Einleitung. In: Bröckling, Ulrich; Krasmann, Susanne; Lemke, Thomas (Hrsg.): Gouvernementalität der Gegenwart. Studien zur Ökonomisierung des Sozialen. Frankfurt a. M. S. 7-40.

Lindenberg, Michael; Schmidt-Semisch, Henning (1995): Sanktionsverzicht statt Herrschaftsverlust. Vom Übergang in die Kontrollgesellschaft. In: Kriminologisches Journal 1995, S. 2-17.

Lindenberg, Michael; Schmidt-Semisch, Henning (2000): Komplementäre Konkurrenz in der Sicherheitsgesellschaft. Überlegungen zum Zusammenwirken staatlicher und kommerzieller Sozialer Kontrolle. In: Monatsschrift für Kriminologie und Strafrechtsreform 2000, S. 306-319.

Meister, Ulrich (2005): Ängste vor Jugendlichen in England. In: Neue Züricher Zeitung vom 24.5.2005.

Nogala, Detlef (2000): Gating the Rich – Barcoding the Poor: Konturen einer neoliberalen Sicherheitskonfiguration. In: Ludwig-Mayerhofer, Wolfgang (Hrsg.): Soziale Ungleichheit, Kriminalität und Kriminalisierung. Opladen. S. 49-83.

Nogala, Detlef (2001): Der Frosch im heißen Wasser. In: Schulzki-Haddouti, Christiane (Hrsg.): Vom Ende der Anonymität. 2. Aufl., Hannover. S. 139-155.

Pilgram, Arno; Steinert, Heinz (Hrsg.) (2000): Sozialer Ausschluss – Begriffe, Praktiken und Gegenwehr. Baden-Baden.

Rehbinder, Manfred (2003): Rechtssoziologie. 5. Aufl., München.

Roggan, Fredrik (2001): Die Videoüberwachung von öffentlichen Plätzen. Oder: Immer mehr gefährliche Orte für Freiheitsrechte. In: Neue Zeitschrift für Verwaltungsrecht 2001, S. 134-141.

Schimank, Uwe (2000): Gesellschaftliche Integrationsprobleme im Spiegel soziologischer Gegenwartsdiagnosen. In: Berliner Journal für Soziologie 2000, S. 449-469.

Schmidt-Semisch, Henning (2004): Risiko. In: Bröckling, Ulrich; Krasmann, Susanne; Lemke, Thomas (Hrsg.): Glossar der Gegenwart. Frankfurt a. M. S. 222-227.

Singelnstein, Tobias; Stolle, Peer (2006): Die Sicherheitsgesellschaft. Soziale Kontrolle im 21. Jahrhundert. Wiesbaden.

Steinert, Heinz (1995): Soziale Ausschließung – Das richtige Thema zur richtigen Zeit. In: Kriminologisches Journal 1995, S. 82-88.

Stenson, Kevin (1996): Communal Security as Government - The British Experience. In: Hammerschick, Walter; Karazman-Morawetz, Inge; Stangl, Wolfgang (Hrsg.): Die sichere Stadt. Prävention und kommunale Sicherheitspolitik. Baden-Baden. S. 103-123.

Stolle, Peer; Hefendehl, Roland (2002): Gefährliche Orte oder gefährliche Kameras? Die Videoüberwachung im öffentlichen Raum. In: Kriminologisches Journal 2002, S. 257-272.

Suhling, Stefan; Schott, Tilmann (2001): Der Anstieg der Gefangenenzahlen in Deutschland – Folge der Kriminalitätsentwicklung oder wachsender Strafhärte? KFN-Forschungsberichte Nr. 84. Hannover.

Ziegler, Holger (2001): Prävention – Vom Formen der Guten zum Lenken der Freien. In: Widersprüche 2001, S. 7-24.

Manfred Rolfes

„Da gehe ich nicht so gerne lang ..." - Über die Verwendung räumlicher Semantiken bei der Konstruktion (un-)sicherer Räume

Dieser Beitrag soll der Frage nachgehen, in welcher Weise raumbezogene Kategorien und Semantiken bei der Verräumlichung von (Un-)Sicherheit und Kriminalität zum Einsatz kommen. Es soll gezeigt werden, dass dabei der Raum nicht primär als physisch-materielle Entität relevant ist. Für eine wissenschaftliche Analyse ist es aus systemtheoretischer Perspektive viel ertragreicher, Raumkategorien und Raumbegriffe als mit Sinn aufgeladene Semantiken in Kommunikationsprozessen aufzufassen. An ausgewählten empirischen Beispielen wird dargelegt, in welcher Weise und zu welchem Zweck (Un-)Sicherheit und Kriminalität durch Verräumlichungen und räumliche Kategorien fixiert werden und mit welchem Sinn verräumlicht wird.

Zum Umgang mit der Kategorie „Raum" in der Geographie

Werden Phänomene wie (Un-)Sicherheit oder Kriminalität mit räumlichen Kategorien in Zusammenhang gebracht oder auf räumliche Kategorien und Betrachtungsebenen projiziert, so liegt dabei in der Regel ein alltagsweltlicher, physisch-materieller Raumbegriff zugrunde, oder die Struktur eines physisch-materiellen Raumes steht im Mittelpunkt. Paradigmatisch kann dies an fast jeder kriminologischen Regionalanalyse gezeigt werden (vgl. Rolfes, 2003, S. 329). Gebiete, Räume oder Regionen sind dort in aller Regel als zweidimensionale Ausschnitte auf der Erdoberfläche zu verstehen, die administrativ markiert oder durch Grenzen vorgegeben sind (z.B. Kommunen, Kreise, Provinzen oder Stadtbezirke). Diese Erdausschnitte werden als ein mit physischen und sozialen Gegebenheiten gefüllter Behälter- oder Containerraum aufgefasst. Wissenschaftliche Analysen, die unreflektiert mit diesem alltagsweltlichen Raumbegriff operieren, setzen dabei Soziales und Physisches unsystematisch miteinander in Beziehung. Ein Unterschied zwischen sozialer und physisch-materieller Welt wird üblicherweise nicht weiter thematisiert. Soziales und Physisch-Materielles werden miteinander „verklebt" (vgl. dazu auch Hard, 1999, S. 139 f.). Über die räumliche Bezugsebene werden soziale Phänomene miteinander verschränkt und in ursächlichen Zusammenhang gebracht. Ein Raum, ein Bezirk, ein Platz oder ein Quartier „besitzt" bestimmte Eigenschaften (zum Beispiel einen hohen Anteil an Diebstahls- bzw. Drogendelikten oder Körperverletzungen) und diese Eigenschaften werden mit anderen Eigenschaften desselben Raumausschnittes in Beziehung gesetzt. So korrellieren dann zum Beispiel hoher Aussiedler- oder

Ausländeranteile, hohe Anteile von großen Mehrfamilienhäusern oder eine hohe Arbeitslosenquote mit dem häufigeren Auftreten unerwünschter Personengruppen, erhöhten Kriminalitätsbelastungszahlen oder wachsender subjektiver Unsicherheit. Soziale Phänomene werden über einen räumlichen Link inhaltlich miteinander verbunden. Der „Raumbehälter" wird mit bestimmten Eigenschaften versehen und etikettiert: z.B. als soziales Problemviertel, als unsicherer Bahnhof oder „gefährlicher" Park. Soziale, kulturelle oder ökonomische Aspekte (oder eben Kriminalität und Unsicherheit) werden im Behälterraum physisch verortet und aus der erdräumlichen Perspektive bzw. den Distanzrelationen beschrieben und interpretiert. Aus sozialwissenschaftlicher wie theoretischer Perspektive ist das in Beziehung Setzen sozialer Phänomene über räumliche Analyseeinheiten kaum haltbar. Gleichwohl resultieren aus diesen sozial-räumlichen Analyseergebnissen aber vielfach raumbezogene Interventionen (z.B. Videoüberwachungen, Citystreifen oder Programme integrierter Stadtteilentwicklung).
Dieser essentialistische Raumbegriff wird in der deutschsprachigen Geographie seit den 1980er Jahren zwar heftig kritisiert. Dennoch wird in vielen Wissenschafts- und Politikfeldern mit diesem alltagsweltlichen und unpräzisen, aber nach wie vor sehr eingängigen Raumbegriff operiert. In der Humangeographie wird dementsprechend seit den 1980er Jahren eine intensive Diskussion über eine wissenschaftstheoretische Fundierung konstruktivistischer Raumkonzepte geführt (zu den Grundlagen dieser Diskussion vgl. Hard 1986 und 1993; Klüter 1986; Weichart 1993; Werlen 1987 und 1997). Dabei steht u.a. die Frage im Zentrum, welche sozialen Funktionen und welchen Sinn die verschiedenen Formen von Verräumlichungen und Regionalisierungen haben. Räume sind danach gerade nicht mehr physische Entitäten, sondern werden in erster Linie als gedankliche Konstrukte (Raumkonzepte, Raumabstraktionen oder Raumsemantiken) verstanden. Beispielsweise werden in Werlens *handlungszentrierter Sozialgeographie* alltäglicher Regionalisierungen Räume nicht länger als physisch-materiell aufgefasst, sondern als (Handlungs-) Konzepte, die im Kontext von Handlungen, von alltäglichem Geographie-Machen konstituiert werden (vgl. Hard, 1999, S. 133). Die handlungszentrierte Sozialgeographie versteht Räume als eine begriffliche Konzeptualisierung. Raumlabels und Raumsemantiken (z.B. unsichere oder „gefährliche" Orte, wie Grünanlagen, Fußballstadien oder Bahnhöfe) bieten Orientierungen für das Handeln (z.B. Vermeide- oder Sicherungsstrategien). Räume sind somit nicht als physisch-materielle Gegenstände relevant, sondern stellen sinnhafte Reduktionen, Kategorien und Referenzen für die handelnden Subjekte und deren Handlungsverwirklichung dar (vgl. Werlen, 2000, S. 327 f.).
Aus einer *systemtheoretischen Perspektive* machen Klüter und Hard den Vorschlag, nicht mehr alle Dinge der Welt als Element von Raum anzusehen, sondern Raum primär als Element sozialer Kommunikation zu betrachten (Klüter, 1986; Hard, 1986). Auch bei Klüter ist der Raum ein gedankliches Konstrukt. Allerdings keines, welches wie bei Werlen aus Handlungskontexten entsteht,

sondern das als gesellschaftliches Mittel der Informationsaufbereitung genutzt wird und damit Bestandteil sozialer Kommunikation ist. Nach Klüter spannen soziale Systeme (z.B. eine Organisation wie die Polizei oder kommunale Ordnungsbehörden) im Rahmen ihrer kommunikativen Prozesse abstrakte Räume oder Örtlichkeiten auf, die mit Sinn aufgefüllt sind und im sozialen System orientierenden Charakter haben. Dabei haben aus der Sicht Klüters insbesondere Organisationen die Macht und Möglichkeit, dauerhafte Raumkonstruktionen herzustellen (zum Beispiel durch Presseberichterstattung über „soziale Brennpunkte", die Installation von Videoüberwachungsanlagen oder den Einsatz von Ordnungsdiensten). Welche Bedeutung eine räumliche Semantik besitzt oder in welcher Weise sie kommunikativ verarbeitet wird, hängt somit sehr stark vom jeweiligen sozialen System und der Beobachterperspektive ab.
Werlen, Hard und Klüter fassen Raumsemantiken und Raumabstraktionen als Kurzformeln für soziale Handlungsanleitungen und -situationen auf. Sie sind vereinfachende und komplexitätsentlastende Übersetzungen von nicht räumlichen Gegebenheiten. So werden beispielsweise zu meidende Örtlichkeiten etabliert und kommuniziert (z.B. Rotlichtviertel), weil dort sich dort viele Menschen aufhalten, die nicht zu den normierten, alltagsweltlichen Vorstellungen passen und irritierend wirken (z.B. viele unbekannte Personen, eine hohe Zahl von Ausländern oder Alkohol und Drogen konsumierende Menschen). Verräumlichungen, Raumsemantiken, Räume und Regionen sind aus dieser konstruktivistischen Perspektive primär als das Ergebnis sozialer Prozesse aufzufassen, und der Sinn und Zweck dieser Regionalisierungen ist dementsprechend nur aus dieser sozialen und gesellschaftsbezogenen Perspektive heraus sinnvoll analysierbar. Die Arbeiten und Ansatzpunkte von Hard, Klüter und Werlen zeigten in der Humangeographie schon Mitte der 1980er Jahre, wie eine konstruktivistische Konzeptualisierung von Raum auf einer sozialwissenschaftlichen Theoriebasis erfolgen kann. Wie diese konstruktivistische Raumperspektive weiter verfolgt wurde und nun insbesondere für Untersuchungen im Rahmen von (Un-)Sicherheit und Kriminalität im städtischen Raum umgesetzt werden kann, haben jüngst Glasze u.a. (2005) diskutiert und aufgezeigt.

Raum, (Un-) Sicherheit und Kriminalität aus systemtheoretischer Perspektive

Systemtheorie und Geographie

Die Systemtheorie liefert für die Humangeographie wichtige theoretische Grundlagen für raumkonstruktivistische Konzeptionen. Gerade in jüngster Zeit werden systemtheoretische Theorieansätze Luhmannscher Prägung in der Humangeographie immer stärker rezipiert und stellen innovative Alternativen zu den bisher in der Geographie dominierenden handlungs- und strukturationstheoretischen Perspektiven dar. Dieser Beitrag versucht, bei der Analyse, Erklärung und Interpretation von Verräumlichungen und raumbezogenen Mustern, die im Zusammenhang mit (Un-)Sicherheit und Kriminalität auftreten, systemtheoreti-

sche Ansatzpunkte und Überlegungen einzubeziehen. Deshalb werden im Folgenden einige systemtheoretische Grundannahmen kurz vorgestellt, die in die Humangeographie importiert wurden.
Systemtheoretische Ansatzpunkte führten zuerst Klüter (1986) und Hard (1986) in die geographische Raumdiskussion ein. Nach ihrer Ansicht kommen Räume in der Systemtheorie als gesellschaftsexternes Phänomen nicht vor. Vielmehr ist Raum ausschließlich als ein gesellschaftsinternes Phänomen der sozialen Kommunikation zu verstehen.[1] Räume und Räumliches oder besser gesagt: Rau mabstraktionen und Raumsemantiken werden in sozialen Systemen „produziert" (vgl. Hard, 1999, S. 149 ff.). Nach Luhmann (1975, 1984) konstituieren soziale Systeme Sinn und sind selbstreferentiell. Kommunikation ist das Grundelement sozialer Systeme und der darin ablaufenden Operationen. Grenzen der sozialen Systeme werden vom System durch die Erzeugung von Selbst- und Fremdreferenz selbst produziert (vgl. Hard, 1999, S. 149).[2]
Zunächst zu den sozialen Systemen, in denen Raumsemantiken erzeugt und kommuniziert werden: Drei Typen sind hier zu unterscheiden. Zum einen kurzfristige *Interaktionen*, die durch Anwesenheit einzelner Personen und Themen konstituiert werden (z.B. Gespräche über Graffiti an einer Hauswand, eine öffentliche Diskussionsrunde zum Thema Videoüberwachung eines zentralen Platzes). Zum Zweiten die bereits angesprochenen *Organisationen*. Diese bestehen aus wechselseitig miteinander verknüpften und aufeinander bezogenen Entscheidungen. Die Zugehörigkeit zu Organisationen wird insbesondere durch Mitgliedschaften und ein Programm geregelt (z.B. Mitarbeiter der Stadtverwaltung, der Landesregierung oder der Polizeiinspektion). Drittens schließlich wird auch Gesellschaft als soziales System definiert. Konstitutiv für Gesellschaften sind die kommunikative Erreichbarkeit der Gesellschaftsmitglieder und die Differenzierung der Gesellschaft in Funktionssysteme wie Politik, Wirtschaft, Recht, Wissenschaft (vgl. Klüter, 1999: S. 189 ff.).
Klüter ist der Auffassung, dass Raumabstraktionen oder Raumsemantiken insbesondere von arbeitsteiligen, formalen Organisationen wie Verwaltungen, Behörden, Medienunternehmen, Verlagen und wissenschaftlichen Einrichtungen hergestellt werden können: „Sie wählen aus, was verräumlicht wird und was nicht, Auswahlkriterium ist, welche Adressaten wie orientiert werden sollen. Dabei ist die räumliche Orientierung ein Ersatz für die soziale Orientierung" (Klüter: 2000, S. 600). Diese räumlichen Orientierungen sind als Rationalisierungselemente oder Komplexität reduzierende Semantiken zu verstehen, die dann in vielen gesellschaftlichen Bereichen als kommunikativer Fokus verwendet wer-

1 Stichweh ist diesbezüglich andere Ansicht. Er unterstellt die Exteriorität von Raum und Zeit und versucht aufzuzeigen, wie soziale Systeme diese Exterioritäten im stärker zu kontrollieren versuchen (Stichweh, 2003, S. 95 ff.)

2 Soziale Systeme differenzieren durch ihre Operationen permanent zwischen System und Umwelt. Dabei produzieren und beobachten sie diese Unterschiede, erzeugen also Selbst- und Fremdreferenz.

den. Räumliche Semantiken sind demnach als eine Form der Reduktion komplexer sozialer Wirklichkeit oder komplexer sozialer Informationen zu betrachten. Sie sind Vereinfachungen sozialer, ökonomischer, kultureller oder politischer Phänomene und werden zu diesem Zweck von sozialen Systemen hergestellt und verwendet.

Während sich Klüter aufgrund der starken Orientierung seiner Konzeption an der Funktionssteuerung in Organisationen zumeist auf die Analyse von Raumabstraktionen beschränkt, die durch Organisationen produziert werden, gehen neuere systemtheoretische Arbeiten in der Humangeographie weiter. So fasst Pott Raumsemantiken ebenfalls als Handlungs- und Kommunikationsstrategien auf, die aber nicht nur als Herstellungsleistung von Organisationen, sondern auch von Akteuren und Gruppen analysiert werden können (vgl. Pott, 2002, S. 118). Miggelbrink/Redepenning konzipieren aus einer systemtheoretischen Perspektive ein raumbezogenes Schema als „kommunikative Verwendung eines textlichen oder bildlichen Ausdrucks oder Zeichens, die eine im Alltag verständliche und maßstabsunabhängige Ortsreferenz herstellt und (…) eine erinnerbare Einheit“ (2004, S. 324).

Aus systemtheoretischer Perspektive ist für die Stabilisierung eines sozialen Systems die Selbst- und Fremdreferenz ein konstitutives Element. Die Selbst- und Fremdreferenz hängt wesentlich von den Sichtweisen und den Beobachtungsmodi der Individuen ab. So wird durch eine Beobachtung 1. Ordnung eine individuelle Welt und Realität und eben auch ein individueller (unsicherer) Raum konstituiert. Eine Beobachtung 2. Ordnung beobachtet und interpretiert diese Beobachtung 1. Ordnung (zum Beispiel als Spurenleser im Rahmen des Spurenparadigmas) und gewinnt damit Informationen über die Struktur und die Charakteristika der Beobachtung 1. Ordnung. Dabei ist die Konstruktion und Interpretation der Beobachtung 2. Ordnung keine bessere Beobachtung als die der Beobachtung 1. Ordnung, sondern zunächst nur eine andere, die alternative Sichtweisen und erweiterte Konstruktionsprinzipien (auch von Raumsemantiken) aufweist (vgl. Hard: 1995, S. 127 ff.).

Fragen für eine Analyse unsicherer Orte aus systemtheoretischer Perspektive

Räume, Regionalisierungen und Raumsemantiken als einen kommunikativen Fokus in sozialen Systemen aufzufassen, bietet sehr viele Möglichkeiten, Forschungsfragen im Bereich von Raum, (Un-)Sicherheit und Kriminalität zu systematisieren und Hypothesen zu entwickeln:

- Verwendung, Selektion und Konstruktion von Raumsemantiken mit einem Fokus auf (Un-) Sicherheit, Kriminalität, Kontrolle oder Ordnung

Ein wesentlicher Gegenstandsbereich einer Forschungsprogrammatik dieser Prägung ist zunächst eine Identifizierung räumlicher Semantiken, die in Kommunikationsprozessen um die Themenfelder (Un-)Sicherheit und Kriminalität auftreten (z.B. Raumsemantiken für so genannte benachteiligte Stadtteile oder den nachts unbeleuchteten Bahnhof oder Schlosspark). Auf unterschiedlichen Maßstabsebenen und in zahlreichen sozialen Systemen werden derartige Raumbezüge und Raumsemantiken verwendet: z. B. in kommunalen Mediensystemen (wie Tageszeitungen, Lokalfernsehen) oder in politisch-institutionellen Systemen (auf der Entscheidungsebene z.B. Kommunalverwaltung oder Kommunalpolitik oder auf der ausführenden Ebene Polizei, Ordnungsbehörden sowie (halb-) öffentliche Sicherheitsorganisationen). Ein systemtheoretischer Ansatz liefert Hinweise auf Selektionsprinzipien und Konstruktionselemente dieser räumlichen Semantiken. Wenn räumliche Semantiken als Konstruktionen in sozialen Systemen zu verstehen sind, ist es nahe liegend, das entsprechende soziale System näher zu analysieren. Dessen Eigenschaften geben Hinweise auf die Funktion räumlicher Abstraktionen. Bei einer solchen Analyse können neben der Art des sozialen Systems (Interaktion, Organisation, Gesellschaft) weitere Merkmale untersucht werden. So wäre zu klären, welche weiteren Themen/Inhalte (neben Unsicherheit, öffentlicher Ordnung oder Kriminalität) in dem sozialen System verwendet werden und welchen Stellenwert diese im System haben.

- Orientierungsleistungen und Adressaten (un-)sicherer Raumsemantiken

Raumsemantiken können in sozialen Systemen wichtige Orientierungsleistungen bieten. Sie werden in den sozialen Systemen rezipiert und haben dementsprechend spezifische Adressaten(gruppen). Damit im Zusammenhang ist die Frage zu prüfen, inwieweit räumliche Semantiken als strategisch erzeugt angesehen werden können, weil sie gerade diese orientierenden Wirkungen in den Systemen haben sollen. So vermarkten beispielsweise Reiseveranstalter durch Prospekte, Kartenmaterial, Werbespots oder Imagekampagnen bestimmte Regionen als Freizeitprodukte für ausgewählte Zielgruppen. Organisationen können also durchaus zum Ziel haben, Räume zu kreieren und mit einem Unsicherheitslabel zu versehen, um spezifische Interventionen zu provozieren (wenn beispielsweise der innerstädtische Einzelhandel durch Pressemitteilungen die Innenstadt als unsicher und unsauber zu diskreditieren versucht, um das Ordnungsamt zum Einsatz von Citystreifen zu bewegen). Wenn also Kontexte und Rahmenbedingungen beobachtet werden, in denen (Un-)Sicherheit und Kriminalität mit räumlichen Semantiken in Zusammenhang gebracht werden, so ist stets davon auszugehen, dass dadurch bestimmte Beobachtergruppen adressiert werden bzw. adressiert werden sollen. Wie die Orientierungsleistungen ausfallen und die Adressierungen verarbeitet werden, hängt von der jeweiligen Beobachtungsperspektive ab.

- Anschlussfähigkeiten der Raumsemantiken innerhalb und außerhalb sozialer Systeme

Raumsemantiken werden einerseits als kommunikativer Fokus innerhalb der sozialen Systeme genutzt, andererseits können sie aber auch systemübergreifend anschlussfähig sein. Zum Beispiel werden die von einer Organisation (wie Unternehmerverband, Partei, Quartiermanagement u.a.) propagierten Raumsemantiken (z. B. unsichere City, Kriminalitätsschwerpunkt, Rotlichtviertel, Asylantenquartier) von anderen Systemen (Mediensystem, politisch-institutionelle Systeme, Interaktionssysteme u.a.) aufgegriffen und weiter verwendet. Diese Anschlussfähigkeiten und Anschlussmechanismen können analysiert und systematisiert werden.

- (Un-) sichere Raumsemantiken und die Regelung der Systemzugehörigkeit

Die Festlegung von Grenzen zwischen System und Umwelt durch Selbst- und Fremdreferenz liefert ebenfalls einen wichtigen systemtheoretischen Ansatzpunkt für Forschungsfragen. Ausgehend von der Annahme, in sozialen Systemen würden Raumabstraktionen kommuniziert, die mit Attributen wie sicher/unsicher belegt seien, sind eine Reihe von Problemstellungen ableitbar: Inwieweit markiert ein kommunikativer, räumlicher Fokus mit den Merkmalen sicher oder unsicher die Grenze von sozialen Systemen? Sind mit den Raumabstraktionen Exklusionen oder Inklusionen verbunden oder werden diese daran deutlich?

Beispiele aus der empirischen Forschung

Empirische Grundlagen

An zwei Beispielen soll nun verdeutlicht werden, in welcher Weise räumliche Semantiken und Verräumlichungen von Kriminalität und Unsicherheit thematisiert und verwendet werden. Dabei soll untersucht werden, welche sozialen Systeme Raumsemantiken erzeugen, und inwieweit diese Raumkonstrukte orientierend wirken.

Zunächst wird für die Analysen auf die Kriminologische Regionalanalyse (KRA) Osnabrück aus dem Jahr 2002/03 zurückgegriffen (vgl. Rolfes, 2003). In Rahmen dieser Regionalanalyse wurde eine schriftliche Befragung von 5.500 Bürger/innen in allen Osnabrücker Stadtteilen durchgeführt. An der Befragung nahmen letztendlich 1.656 Bürger/innen teil. Für den hier interessierenden Kontext wurden kleinere Teilauswertungen durchgeführt: Zum einen wurden die Angaben der Befragten zu unsicheren Orten in der Stadt Osnabrück ausgewertet.[3] Dabei sollten unsichere Orte genannt und die Gründe für die Verunsich e-rungen angegeben werden. Zum Zweiten sollten die Befragten für den Stadtteil, in dem sie wohnen, unsichere Orte benennen.[4] Beide Angaben werden vergl i-chen. Dieser Vergleich kann Auskunft darüber geben, inwieweit unterschiedliche Hintergründe für die Verunsicherungen angeführt werden (vgl. die Ausführungen im nachfolgenden Abschnitt 3.2).

3 Frage 3.1: Gibt es in Osnabrück - außerhalb Ihres Stadtteils - Gegenden oder Viertel, in denen Sie sich nicht so sicher fühlen? Bitte geben Sie den Ort bzw. die Orte möglichst genau an! Bitte nennen Sie stichwortartig die Gründe dafür!

4 Frage 2.1: Gibt es in Ihrem Stadtteil eine besondere Gegend, wo Sie *tagsüber* oder *bei Dunkelheit* nicht alleine hergehen? Bitte nennen Sie dafür die Gründe.

Um vertiefte Informationen über die Verwendung räumlicher Semantiken und deren Begründungen bzw. inhaltliche Aufladungen zu erfahren, wurden Interviews mit ausgewählten Mitgliedern der Ressort übergreifenden Präventionskommission Osnabrück (RePrOs) herangezogen. Die RePrOs setzt sich insbesondere aus Vertretern der Stadtverwaltung, der Ordnungs- und Sicherheitsbehörden und der Polizei zusammen und soll über Maßnahmen der kommunalen Kriminalprävention informieren und beraten. Weitere Expertengespräche wurden mit den Vorsitzenden der im Rat vertretenen Parteien geführt. Die Auswertung der Expertengespräche diente dem Zweck, die unterschiedlichen Formen von Regionalisierungen zu identifizieren und zu systematisieren (vgl. die Ausführungen im Abschnitt 3.3).

Unsichere Orte in der Stadt und im Stadtteil

In der Abbildung 1 ist in einer Karte dargestellt, in welcher Häufigkeit bestimmte Orte von den Befragten als unsicher bezeichnet wurden. Die roten Säulen stellen die Häufigkeit der Nennungen unsicherer Orte bezogen auf die gesamte Stadt Osnabrück dar. Am häufigsten wurde von den Befragten das Umfeld des Hauptbahnhofes genannt (133 Nennungen). Die blauen Säulen geben Auskunft über die Häufigkeit der Nennung unsicherer Orte im eigenen Stadtteil. Hier wurde im Stadtteil Innenstadt der Schlossgarten am häufigsten genannt (26 Nennungen).

Betrachtet man zunächst die erstgenannte Gruppe, also die genannten unsicheren Orte bezogen auf die gesamte Stadt Osnabrück (rote Säulen), so entfallen die häufigsten Nennungen auf nur wenige Orte im Stadtzentrum: den Hauptbahnhof und den Bahnhofsvorplatz, den Neumarkt mit dem zentralen Busbahnhof, den Neumarkttunnel (eine Unterführung mit Einkaufspassage), den Schlosspark oder die Osnabrücker Altstadt mit dem Kneipenviertel. Es handelt sich dabei um solche unsicheren Orte in der Stadt Osnabrück, die vom lokalen Mediensystem (insbesondere den Lokalzeitungen) oder den politisch-institutionellen Systemen immer wieder als unsicher thematisiert werden. Vielfach werden diese unsicheren Orte (insbesondere Knotenpunkte des öffentlichen Verkehrs wie Bahnhöfe oder Busbahnhöfe, Parkanlagen oder Unterführungen) auch gesamtgesellschaftlich und ortsunabhängig als „Brennpunkte oder Problemschwerpunkte“ kommuniziert. Zudem handelt es sich um Orte, die aufgrund ihrer zentralen verkehrlichen Lage und des verkehrsfunktionalen Bedeutungsüberschusses vielen Bürger/innen bekannt sind.

Abb. 1: Unsichere Orte in Osnabrück und im eigenen Stadtteil

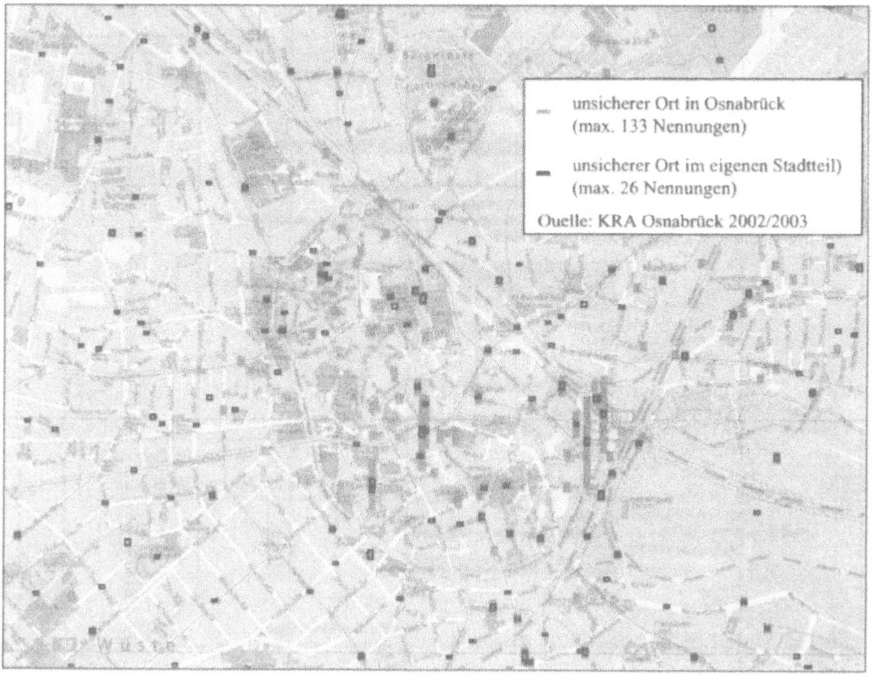

Durch Pressemitteilungen (über Straftaten oder Polizeieinsätze am Bahnhof oder am Neumarkt) liefert einerseits die Polizei anderen Systemen anschlussfähige unsichere Raumsemantiken. Diese werden beispielsweise vom lokalen Mediensystem oder den politisch-institutionellen Systemen in der Kommune selektiv aufgegriffen und weiter kommuniziert. Andererseits etablieren darüber hinaus auch weitere Organisationen wie die Kommunalverwaltung, das Ordnungsamt oder der Einzelhandelsverband unsichere Raumsemantiken. Dies geschieht unter anderem, wenn diese Organisationen ihre Aktionsschwerpunkte kommunizieren und dabei mit einem Fokus auf Unsicherheit oder Kriminalität operieren (Einsatz von Ordnungsdiensten in der Innenstadt, städtebauliche Umgestaltung von Straßen und Plätzen, Installation von Videoüberwachungsanlagen, Festlegung von städtischen Fördergebieten u.a.). Alle diese Raumsemantiken sind in unterschiedlichen sozialen Systemen in vielfältiger Weise anschlussfähig. Sie wurden dabei offenbar auch von denjenigen Individuen/Personen rezipiert, die im Rahmen der Kriminologischen Regionalanalyse befragt wurden.

Abb. 2: Gründe für die Nennung unsicherer Orte in der Gesamtstadt und im eigenen Stadtteil (Quelle: KRA Osnabrück, 2002/03)

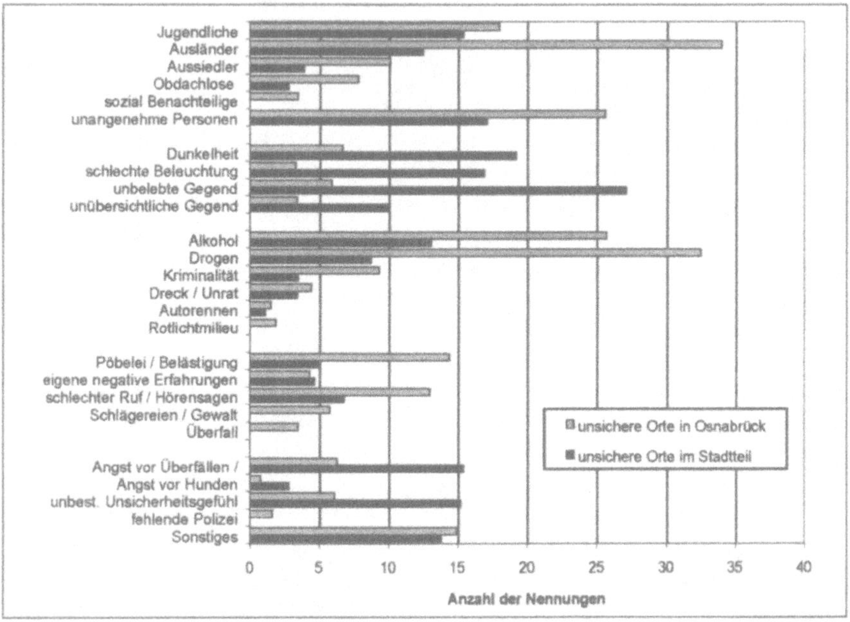

Etwas anders verhält es sich bei der Nennung unsicherer Raumsemantiken im eigenen Stadtteil. Hier werden offenbar teilweise andere, nämlich lokale und auf die unmittelbar eigene Erfahrung bezogene Wissensressourcen für die Auswahl unsicherer Orte wirksam, als bei den stadtweiten Raumsemantiken. Deutlich wird dies in der (angesichts der Anlage der Befragung zweifellos zu erwartenden) sehr viel breiteren Verteilung der unsicheren Orte über das gesamte Stadtgebiet. Es sind kaum auffällige Konzentrationen einzelner Raumsemantiken in einzelnen Stadtteilen sichtbar. Häufig genannte unsichere Orte im eigenen Stadtteil sind allerdings Park-, Grünanlagen oder Freiflächen (z.B. der Bürgerpark im Norden, der Botanische Garten im Westen, der Schlossgarten im Zentrum sowie Sportanlagen, Spielplätze und große Parkplätze).
Im nächsten Schritt soll nun der Frage nachgegangen werden, welche Aspekte und Gründe von den Befragten mit den unsicheren Orten verbunden werden. Wenn Raumsemantiken Reduktionen sozialer Komplexitäten sind, können die genannten Gründe Aufschluss darüber geben, wofür die unsicheren Orte stellvertretend stehen. Die Gründe für die Nennungen der unsicheren Orte werden differenziert danach dargestellt, inwieweit es sich um einen unsicheren Ort im Stadtteil bzw. in der Stadt Osnabrück handelt. Die Abb. 2 macht deutlich, dass diese Raumsemantiken durchaus unterschiedlich aufgeladen werden.

Die von den Befragten auf gesamtstädtischer Ebene benannten unsicheren Orte und Raumsemantiken (in Abb. 2 als rote Balken dargestellt) werden einerseits mit bestimmten Personengruppen in Verbindung gebracht, z.B. Ausländer, Aussiedler, Obdachlose sowie nicht näher spezifizierbare, unangenehme Personen. Andererseits werden insbesondere die Attribute Drogen und Alkohol genannt. Im weitesten Sinne werden die Verunsicherungen also ausgelöst von so genannten Irritationen, irritierenden Verhaltensweisen oder das Erwarten solcher irritierenden Verhaltensweisen. Diese Aspekte von Verunsicherung werden von Legarno auch als „das Fremde“ beschrieben (Legarno, 2001, S. 213 ff.). Aus einer systemtheoretischen Perspektive könnte man im Hinblick auf die verunsichernden Wirkungen durch die Anwesenheit von Ausländern, Aussiedlern, Obdachlosen, Drogen- oder Alkoholkonsumenten auch argumentieren, dass hier Grenzen zwischen sozialen Systemen und Funktionssystemen markiert werden, mithin Selbst- und Fremdreferenz erzeugt oder markiert wird. Verunsichernd wirken Individuen bzw. deren Verhaltensweisen, wenn sie aufgrund vorliegender oder ihnen zugeschriebener Merkmale aus gesellschaftlichen Teil-Systemen exkludiert werden oder sind. Dies betrifft auf der einen Seite Ausländer und Aussiedler, die aufgrund fehlender oder eingeschränkter staatsbürgerschaftlicher Rechte vom politischen System exkludiert werden. Dies trifft auf der anderen Seite auch auf die Gruppe von Obdachlosen, Alkohol- und Drogenkonsumenten zu, weil sie nur eingeschränkten Zugang zum ökonomischen oder Bildungssystem besitzen (vgl. die Argumentation bei Bommes, 2003). Der Osnabrücker Hauptbahnhof oder der Busbahnhof am Neumarkt verunsichern die Befragten nicht wegen ihrer funktionalen Eigenschaft als hektische Verkehrsknotenpunkte oder aufgrund der hohen Menschenkonzentrationen. Sie werden vielmehr deshalb als unsicher selektiert und kommuniziert, weil dort eine Konfrontation mit Grenzen sozialer Systeme und Exklusionsmechanismen bzw. Exklusionsergebnissen stattfindet.

Orte und Gegenden im eigenen Stadtteil werden überdurchschnittlich häufig als unsicher kommuniziert (vgl. blaue Balken in Abb. 2), wenn sie mit Merkmalen wie Dunkelheit, fehlender Beleuchtung, Unbelebtheit und Unübersichtlichkeit verbunden sind. Dies resultiert oftmals aus den funktionalen Eigenschaften dieser „Orte“: Vielfach sind es nämlich öffentliche Parks, Sport- oder Schrebergartenanlagen, also Flächen mit Erholungs- oder Freizeitfunktionen mit wenig Publikums- und Besucheraufkommen in den Abend- und Nachtstunden. Das Einsamkeit und Unbelebtheit sowie insbesondere auch Dunkelheit für viele Europäer/innen grundsätzlich verunsichernd wirken, ist das Ergebnis eines kollektiven, gesellschaftlich vermittelten Lernprozesses (vgl. hierzu die Arbeiten von Schlör, 1994a und 1994b). Die in den jeweiligen Stadtteilen genannten unsicheren Park-, Freizeit- und Gartenanlagen stehen somit symbolisch für diese Verunsicherungen durch Unbelebtheit und Dunkelheit.

Das Beispiel zeigt, dass unsichere Orte in Osnabrück und im Stadtteil in erster Linie als Ergebnis *sozialer* Konstruktionsprozesse aufgefasst werden können.

Unsicherheiten sind nicht das Ergebnis spezifischer Raumeigenschaften, sondern werden in gesellschaftlichen Kontexten produziert. An diesem Produktionsprozess sind unterschiedliche soziale Systeme beteiligt (z.B. lokale Mediensysteme oder institutionell-politische Systeme), die Räume mit Unsicherheitsattributen aufzuladen vermögen. Räume und Raumsemantiken sind dann Kristallisationskerne, auf die komplexe soziale Phänomene projiziert werden, die bei Befragten und Beobachtern Verunsicherungen hervorrufen.

Räumliche Kategorien bei den Mitgliedern der Ressort übergreifenden Präventionskommission Osnabrück

Anhand eines zweiten empirischen Fallbeispiels kann gezeigt werden, in welcher Weise räumliche Semantiken bei der Verräumlichung von Unsicherheit und Kriminalität verwendet werden. Bei der Auswertung der Expertengespräche wurde deutlich, dass räumliche Kategorien sehr unterschiedlich eingesetzt und reflektiert werden. So konnten drei Arten von Realitätsbeobachtungen identifiziert werden, die die Experten bei der Kommunikation räumlicher Semantiken verwendeten. Um diese drei Beobachtungsmodi zu verdeutlichen, werden in diesem Abschnitt ausgewählte Passagen aus den Interviews vorgestellt und kommentiert.

- *Verwendung von Raumsemantiken (Beobachtung 1. Ordnung)*

Die erste Gruppe von Interviewausschnitten zeigt, dass Unsicherheit und Kriminalität von den befragten Experten durchaus verortet und verräumlicht werden. Im Kontext und im Anschluss an die zitierten Interviewausschnitte äußerten alle Befragten in der Regel bestimmte Orte und Stadtteile bzw. nannten Staaten und Nationalitäten (Türken, Deutschrussen, Albaner), die mit Unsicherheit, Kriminalität oder abweichendem Verhalten in Verbindung gebracht werden. Raumsemantiken und Raumbegriffe werden in diesen Interviewausschnitten verwendet, um Kriminalität, Sicherheit oder Unsicherheit zu markieren. Bemerkenswert ist, dass u.a. auch die Kriminologische Regionalanalyse dazu beigetragen hat, räumliche Muster der Sicherheits- und Kriminalitätslage und damit räumliche Semantiken zu etablieren.

> *Sicherlich gibt es auch in Osnabrück bestimmte Orte, die, wie wir ja alle wissen, eine lokale Unsicherheit ausstrahlen* (Ratsmitglied CDU).

> *Also diese Regionalanalyse hat ja bestimmte Dinge festgestellt, welche Delikte in welchen Stadtteilen besonders häufig vorkommen* (Ratsmitglied Grüne)

> *Da gibt es Stadtteile, dort ist heile Welt, und andere, dort herrscht genau das Gegenteil* (Vertreter Ordnungsamt).

> *... dass wir hier sehr viele Menschen haben, die aus Russland zu uns gekommen sind* (Vertreter Justizbehörde).

> *... und dann wird 'ne Freizeiteinrichtung ... halt mehr durch Aussiedlerjugendliche aufgesucht als beispielsweise der Ostbunker durch türkische Jugendliche* (Vertreter Jugendamt).

> *Die Situation jugendlicher Spätaussiedler ist nun auch hinlänglich bekannt* (Vertreter Ordnungsamt).

Diese Form der Realitätsbeschreibung soll als Beobachtung 1. Ordnung bezeichnet werden. Raumsemantiken und räumliche Kategorien, seien es bestimmte Stadtteile, Plätze oder Nationalitäten, werden von den Interviewpartnern in Kommunikationsprozessen verwendet, um soziale Phänomene oder Problemlagen wie (Un-)Sicherheit, Delikthäufigkeiten oder sozialgruppenspezifische Verhaltensweisen über Verortungen oder Nationalitätenbezeichnungen zu beschreiben. Soziale Komplexität wird auf räumliche Semantiken reduziert und über räumliche Semantiken kommuniziert.

Besonders deutlich wird dies bei den letzten drei Zitaten. Die verwendeten Raumsemantiken (Russland, Aussiedlerjugendliche, türkische Jugendliche, jugendliche Spätaussiedler) stehen stellvertretend für die von den Interviewpartnern wahrgenommenen oder vermuteten sozialen oder ökonomischen Problemlagen bestimmter Gruppen. Diese Problemlagen werden auf die jeweilige Raumsemantik generalisiert und dann mit diesen Semantiken kommuniziert (Russlanddeutsche, Deutschrussen, Türken, junge Spätaussiedler).

- Relativierung von Raumsemantiken als Komplexitätsreduktion (Beobachtung 2. Ordnung)

Aus den nachfolgenden Interviewäußerungen geht hervor, dass sich die befragten Experten zumindest zum Teil durchaus der Tatsache bewusst sind, dass Raumsemantiken weder inhaltlich noch zeitlich unbegrenzt als Kommunikationselemente für den Transport von (Un-) Sicherheits- und Kriminalitätsinformationen geeignet sind. Diese Sichtweisen sollen als Beobachtungen 2. Ordnung bezeichnet werden.

> *Ich nehme aber Abstand davon, einem Stadtteil oder einer bestimmten Lokalisation kriminelle Milieu-Eigenschaften zu unterstellen* (Ratsmitglied CDU).

> *Angesprochen auf die Frage, ob es Kriminalitäts- oder Sicherheitsunterschiede zwischen Stadtteilen gibt: Nein, nein! Das ist immer, es kommt*

darauf an, wie will man's haben? Ist es das, was öffentlich ist? (Vertreter Jugendamt)

Schinkel hat einen schlechten Ruf, völlig zu unrecht letztendlich. Rote Laterne! (Vertreter Ordnungsamt)

Wenn Sie lesen, wie unterschiedlich das ausgeprägt ist in den einzelnen Stadtteilen und worauf das auch scheinbar beruht hierbei, dann ist das schon sehr interessant. Dann bedeutet das zum Beispiel in einem Stadtteil, der vor dreißig oder fünfzig Jahren mit einer bestimmten Kriminalitätsrate ausgestattet war, dass die Leute, die heute noch in dem Stadtteil leben oder darüber reden, immer noch glauben, dass da Wildwest ist (Ratsmitglied SPD)

Ist der Ruf (eines Stadtteils) erst ruiniert, lebt es sich ganz ungeniert. ... Die Gartlage ist seit Jahr und Tag tote Hose. Trotz alledem: Es hat sich festgesetzt, dort ist Unsicherheit. Als wenn's da noch vor Junkies wimmelt. Vielleicht sitzt da noch mal ein Eichhörnchen auf dem Baum, das war's. Aber trotzdem, das hält sich (Vertreter Ordnungsamt).

Die Interviewäußerungen zeigen zweierlei:
Zum einen wird aus den Aussagen der Experten deutlich, dass ihnen als Beobachter 2. Ordnung durchaus bewusst ist, dass von den Beobachtungen 1. Ordnung zahlreiche Raumsemantiken als komplexitätsreduzierende Begrifflichkeiten zur Markierung und Beschreibung von Unsicherheit und Kriminalität verwendet werden. Diese inhaltliche Aufladung halten sie allerdings für falsch und kritisieren sie. Die Aussagefähigkeit und der Informationsgehalt solcher Raumsemantiken wird von ihnen erheblich relativiert oder sogar in Abrede gestellt. Sicherheits- und Kriminalitätsunterschiede zwischen Stadtteilen werden als Konstruktionen angesehen.
Zum Zweiten zeigen die Interviewausschnitte aber auch, dass räumliche Semantiken offensichtlich eine sehr hohe Lebensdauer aufweisen. Scheinbar, so die Aussagen der Experten, wirken Raumsemantiken oder Raumabstraktionen, die im Kontext von Unsicherheit, Kriminalität und sozialer Benachteiligung etabliert wurden, noch sehr langfristig orientierend. Versuche, solche „Imageschäden" zu relativieren, erfordern sehr komplexe und langfristig angelegte Interventionen (vgl. Prabel, 2005, S. 99 ff.).

- *Entschlüsselung von Raumsemantiken (Beobachtung 3. Ordnung)*
Abschließend kann darüber hinaus eine Beobachtung 3. Ordnung identifiziert werden. Aus dieser dritten Perspektive wird die Aussagefähigkeit einer räumlichen Abstraktion im Hinblick auf Sicherheitsniveaus und Kriminalitätsaufkommen nicht nur relativiert, sondern eine Generalisierung von Attributen wie Unsi-

cherheit und Kriminalität auf räumliche Semantiken als nicht tragfähig aufgefasst. In den Interviews machten die Befragten deutlich, dass sie Raumsemantiken für nicht geeignet halten, soziale Komplexität angemessen zu reduzieren. Es werden eine Reihe von Hintergründen angeführt und nicht-räumliche, soziale Kausalzusammenhänge benannt, um die Projektion von Sicherheits- und Kriminalitätsphänomenen auf räumliche Einheiten als fehlerhaft und unzureichend zu entschlüsseln:

- Beispielsweise wird darauf hingewiesen, dass bei der Bestimmung von regionalen Kriminalitätshäufigkeiten und bei der Messung von stadtteilbezogenen Sicherheits- und Kriminalitätsbelastungen oftmals statistische Grundregeln und Annahmen nicht hinreichend berücksichtigt werden. Dies führt häufig zu Fehlinterpretationen und lässt regionale Differenzierungen kaum sinnvoll erscheinen.
- Auch wird die Auffassung vertreten, dass Kriminalität keineswegs nur ortsgebunden auftreten muss. Vielmehr zeigt sich, dass Ortsgebundenheit oftmals nicht das zentrale Merkmal für Kriminalität, Unsicherheit und Verunsicherungen seien muss, sondern dass diese Phänomene an Verhaltensweisen bestimmter sozialer Gruppen gebunden sind.
- Eine Beobachtung der 3. Ordnung sieht in erster Linie die sozio-ökonomische, politischen und konfliktaufgeladenen Rahmenbedingungen als ausschlaggebend für die Entstehung von Unsicherheit und Kriminalität. Lokale sozio-ökonomische Problemlagen werden aus als Ergebnis kommunalpolitischer Entscheidungsprozesse verstanden.
- Schließlich wird auch offensichtlich, dass sicherheits- und kriminalitätsbezogene Problemlagen z.B. in der Innenstadt von bestimmten Organisationen ganz bewusst über räumliche Kategorien als komplexitätsreduzierende Informationsträger kommuniziert werden. Dadurch kann offenbar eine größere Breitenwirkung erzielt werden.

> *Unsicherheit ist auch dort, wo sich viele Menschen aufhalten. Vergleicht man die Anzahl der Personen, die sich täglich in der Fußgängerzone aufhält mit einem normalen Wohngebiet, so geschieht statistisch gesehen genau so häufig ein Verbrechen* (Vertreter Stadtplanungsamt).

> *... also Ladendiebstähle..., deswegen ist Nahne beispielsweise in der Statistik schlecht mit dran, da ist so ein Laden wie Marktkauf, wo eben viel passiert* (Grüne Ratsmitglied).

> *Also da (am zentralen Busbahnhof) läuft 'ne ganze Menge. Aber das hat einfach damit zu tun, dass sich da so viele Schülerströme bewegen. Da läuft auch sicherlich 'ne Menge in den Bussen selbst. Es läuft 'ne Menge auf dem Weg zur Schule* (Vertreter Jugendamt).

> *Wenn man's jetzt mal im Großen anspricht, und sagt: Ja gut, da ist Anfang der 70er Jahre 'ne Hochhaussiedlung in Haste entstanden, so. Das hat sich über Jahre hinweg zum sozialen Brennpunkt entwickelt, weil das eben in erster Linie ... eine Wohnmöglichkeit darstellt für Sozialhilfeempfänger und Menschen ohne Arbeit* (Vertreter Jugendamt).

> *Bezüglich der Verlagerung der Drogenszene in Teile der Innenstadt: Da waren die Einzelhandelsunternehmer ... ein bisschen hellhörig geworden. Da habe ich pressemäßig mal was gemacht. ... D.h. wir werden eingeschaltet, informiert und versuchen dann, dahingehend irgendwie aktiv zu werden – im Sinne der Innenstadt* (Vertreter Einzelhandelsverband).

Im Hinblick auf die Verwendung und den Stellenwert räumlicher Semantiken im Kontext von Sicherheits- und Kriminalitätsdiskursen offenbart die Auswertung der präsentierten Interviewausschnitte ein sehr differenziertes Bild. Räumliche Semantiken werden durchaus (wenig reflektiert) als ein kommunikativer Fokus für die Verbreitung von Unsicherheits- und Kriminalitätsinformationen verwendet (Beobachtung erster Ordnung). Es wird aber auch ein reflektierter Umgang mit Raumsemantiken sichtbar. Dieser Umgang ist zum einen gekennzeichnet von der Einsicht, dass Raumsemantiken nicht geeignet sind, langfristig gültige und inhaltlich belastbare Informationen über regionale Differenzierungen zur kommunalen Sicherheits- und Kriminalitätslage zu kommunizieren (Beobachtung zweiter Ordnung). Schließlich setzt sich bei den Beobachtungen der dritten Ordnung die Erkenntnis durch, dass räumliche Kategorien aus unterschiedlichsten Gründen keine hinreichenden Träger oder Transportmedien für die Kommunikation von Kriminalitäts- und Unsicherheitsinformationen sind.

Fazit

Es ist deutlich geworden, dass kommunal agierende Organisationen, z.B. das lokale Mediensystem, die kommunalen politisch-institutionellen Systeme wie die Polizei oder die Kommunalverwaltung bei der Konstruktion und Etablierung von Raumsemantiken im Themenfeld (Un-) Sicherheit und Kriminalität eine tragende Rolle spielen (durch die Medienberichterstattung, Pressemitteilungen, kommunale Präventionsaktivitäten, Maßnahmen und Projekte im Rahmen von Stadtentwicklung, Stadt- oder Citymarketing). Vielfach entscheiden die Selektionsmechanismen dieser Organisationen, welche Raumsemantiken etabliert werden und welche nicht. Dabei ist die Anschlussfähigkeit der Raumsemantiken in anderen Organisationen oder Interaktionssystemen bedeutsam. Sind die produzierten Raumsemantiken in anderen sozialen Systemen und bei Individuen (in Interaktionssystemen) anschlussfähig, so operieren auch diese Systeme mit den entsprechenden Raumsemantiken.

Die empirischen Beispiele haben gezeigt, dass die verräumlichten Verunsicherungen und Irritationen durch sehr komplexe soziale Phänomene hervorgerufen werden. So sind beispielsweise Bahnhöfe nicht deshalb unsichere Orte, weil sie durch ein hohes Personen- oder Verkehrsaufkommen gekennzeichnet sind. Vielmehr verunsichern offenbar die wahrgenommenen Systemgrenzen und Exklusionsfolgen, die an diesen Orten sichtbar werden. Diese sozio-ökonomischen Phänomene und Problemlagen werden auf die Orte und Raumsemantiken reduziert und durch sie und mit ihnen kommuniziert. Dabei stellen sich durchaus langfristige Orientierungen ein, die nur mit hohem Aufwand aufgebrochen werden können.

Ein systemtheoretischer Blick auf (Un-) Sicherheit, Kriminalität und Raum erweist sich somit als fruchtbar und kann für zukünftige Forschungsfragen gut ausgebaut werden. Notwendig ist dafür allerdings auch, dass sich das konstruktivistische Raumparadigma in der Humangeographie stärker durchsetzt. Die handlungstheoretische Sozialgeographie lässt aufgrund des von Werlen eingeführten Konzepts der Körperlichkeit und der Notwendigkeit der räumlichen Nähe koexistierender Körper beim alltäglichen Geographie-Machen noch eine Hintertür für das Operieren mit physisch-materielle Raumkonzepten offen. Die konstruktivistische Perspektive der Systemtheorie ist in dieser Hinsicht sehr viel radikaler, weil sie keinen Platz mehr lässt für physisch-materielle Raumbegriffe, zumindest nicht als sozial oder gesellschaftlich relevante Erscheinungsformen. Dieser radikale Raumkonstruktivismus erschwert eine breite Adaption systemtheoretischer Ansätze in der Humangeographie.

Literatur

Bommes, Michael (2003): Migration in der modernen Gesellschaft. In: Geographische Revue, Heft 2/2003. S. 41-58.

Glasze, Georg; Pütz, Robert; Rolfes, Manfred (2005): Die Verräumlichung von (Un-)Sicherheit, Kriminalität und Sicherheitspolitiken – Herausforderungen einer Kritischen Kriminalgeographie. In: Glasze, Georg; Pütz, Robert; Rolfes, Manfred (Hrsg.)(2005): Diskurs – Stadt – Kriminalität. Städtische (Un-) Sicherheiten aus der Perspektive von Stadtforschung und Kritischer Kriminalgeographie. Bielefeld: transcript (urban studies). S. 13-58.

Hard, Gerhard (1999): Raumfragen. In: Peter Meusburger (Hg.), Handlungszentrierte Sozialgeographie. Benno Werlens Entwurf in kritischer Diskussion, Stuttgart: Franz Steiner Verlag, S. 133-162.

Hard, Gerhard (1995): Spuren und Spurenleser. Zur Theorie der Ästhetik des Spurenlesens in der Vegetation und anderswo. Osnabrück: Rasch (Osnabrücker Studien zur Geographie, Band 16).

Hard, Gerhard (1986): Der Raum – einmal systemtheoretisch gesehen. Geographica Helvetica, Heft 41, S. 77-83.

Klüter, Helmut (2000): Regionale Kommunikation in Politik und Wirtschaft. Informationen zur Raumentwicklung (Die neue Konjunktur von Region und Regionalisierung), Heft 9-10/2000, S. 599-610.

Klüter, Helmut (1999): Raum und Organisation. In: Peter Meusburger (Hg.), Handlungszentrierte Sozialgeographie. Benno Werlens Entwurf in kritischer Diskussion, Stuttgart: Franz Steiner Verlag, S. 187-212.

Klüter, Helmut (1986): Raum als Element sozialer Kommunikation. Gießen: Selbstverlag des Geographischen Instituts der Justus-Liebig-Universität Giessen. (Giessener Geographische Schriften, Heft 60).

Legarno, Aldo (2001): Die Stadt, der Müll, das Fremde: Aspekte der urbanen Verunsicherung. In: Thabe, Sabine(Hrsg.)(2001): Raum und Sicherheit. Dortmund: Institut für Raumplanung der Universität Dortmund. (Dortmunder Beiträge zur Raumplanung, 106). S. 213-222.

Luhmann, Niklas (1984): Soziale Systeme. Grundriß einer allgemeinen Theorie. Frankfurt a. M.: Suhrkamp.

Luhmann, Niklas (1975): Soziologische Aufklärung 2. Aufsätze zur Theorie der Gesellschaft. Opladen: Westdeutscher Verlag.

Miggelbrink, Judith, Redepenning, Marc (2004): Die Nation als Ganzes? Zur Funktion nationalstaatlicher Semantiken. Berichte zur deutschen Landeskunde 78, Heft 3, S. 313-337.

Pott, Andreas (2002): Ethnizität und Raum im Aufstiegsprozess. Eine Untersuchung zum Bildungsaufstieg in der zweiten türkischen Migrantengeneration, Opladen: Leske + Budrich.

Prabel, Regine (2005): Imageveranderungen von sozial benachteiligten Stadtteilen. In: Rolfes, Manfred; Wenzel, Hans-Joachim (Hrsg.)(2005): Das Programm „Die soziale Stadt" im Blickpunkt: Untersuchungen zu Belm-Powe/Landkreis Osnabrück. Osnabrück: Fachgebiet Geographie (OSG-Materialien Nr. 59). S. 13-112.

Rolfes, Manfred (2003a): Sicherheit und Kriminalität in deutschen Städten. Über die Schwierigkeiten, ein soziales Phänomen räumlich zu fixieren. In: Berichte zur deutschen Landeskunde. Heft 4/2003. S. 329-348.

Rolfes, Manfred (2003b): Kriminologische Regionalanalyse Osnabrück 2002/03. Ergebnisse der Bürger- und Schülerbefragung. Osnabrück: Fachgebiet Geographie (OSG-Materialien Nr. 53).

Schlör, Joachim (1994a): Über die Rede von der Unsicherheit und ihren Gefahren. In: Bauwelt/Stadtbauwelt, Heft 24/1994. S. 1338-1345.

Schlör, Joachim (Hrsg.)(1994b): Wenn es Nacht wird. Streifzüge durch die Großstadt. Stuttgart: Philipp Reclam.

Stichweh, Rudolf (2003): Raum und moderne Gesellschaft. Aspekte der sozialen Kontrolle des Raumes. In: Krämer-Bandoni, Thomas, Kuhm, Klaus (Hrsg.)(2003): Die Gesellschaft und ihr Raum. Raum als Gegenstand der Soziologie. Opladen: Leske + Budrich (Stadt, Raum und Gesellschaft Bd. 21). S. 93-102.

Weichart, Peter (1993): Vom „Räumeln“ in der Geographie und anderen Disziplinen. Einige Thesen zum Raumaspekt sozialer Phänomene. In: Jörg Mayer (Hg.), Die aufgeräumte Welt – Raumbilder und Raumkonzepte im Zeitalter globaler Marktwirtschaft, Rehburg-Loccum: Evangelische Akademie Loccum. (Loccumer Protokolle 74/92), S. 225-242.

Werlen, Benno (2000): Sozialgeographie. Eine Einführung, Bern, Stuttgart, Wien: Verlag Paul Haupt.

Werlen, Benno (1997): Sozialgeographie alltäglicher Regionalisierungen. Band 2: Globalisierung, Region und Regionalisierung, Stuttgart: Franz Steiner Verlag.

Werlen, Benno (1995): Landschaft, Raum und Gesellschaft. In: Geographische Rundschau, Heft 6/1995. S. 513-522.

Werlen, Benno (1987): Gesellschaft, Handlung und Raum. Grundlagen handlungstheoretischer Sozialgeographie. Stuttgart: Franz Steiner Verlag.

Maria Laura Böhm

Überwachung und Kriminalpolitik

Dem vorliegenden Beitrag geht es um die Funktionsweise und die Logik der Überwachung innerhalb der gespaltenen Kriminalpolitik der Gegenwart. Ich werde es versuchen zu zeigen, dass die Überwachung als Haupttechnik verschiedener - manchmal sogar scheinbar widersprüchlicher - kriminalpolitischer Programme verstanden werden kann - Überwachung als Technik sowohl der Sicherheits- als auch der Freiheitskriminalpolitik. Dafür werde ich zuerst ausführlicher auf beide Kriminalpolitiken eingehen und die Rolle der Überwachung in den jeweiligen Strategien aufzeigen. Zweitens werden Sicherheit und Freiheit als Kernparadigmen der aktuellen Kriminalpolitik sowie das Zusammenspiel zwischen beiden Orientierungen dargestellt. Als dritter und letzter Punkt wird dann die Bedeutung dieser gespaltenen Kriminalpolitik für die neuen Formen der Überwachung analysiert.

Kriminalpolitik der Gegenwart

Man spricht heute von einer Spaltung der Kriminologie. David Garland z.B. analysiert die *criminology of the alien other* vs. die *Criminology of the self;* Günter Jakobs betont die Notwendigkeit eines Feindstrafrechts gegenüber dem Bürgerstrafrecht.

Auf der einen Seite stehen dämonisierende Täterbilder, wobei der Täter eine Art „Mensch zweiter Klasse" ist - wenn ihm nicht die Zugehörigkeit zur Menschheit gänzlich verweigert wird -, der eine vitale Gefahr für die Gesellschaft darstellt und deshalb mit kriegerischen Maßnahmen zu bekämpfen ist. Nach dieser Einstellung praktiziert die Kriminalpolitik eher Sicherheits- und Bekämpfungsaufgaben als die Verwaltung und/oder Minimierung von Konflikten. Auf der anderen Seite findet sich die Vorstellung von vernünftigen Tätern, die nach einer *rational choice* und gemäß der Opportunität agieren und auf die nicht mittels einer starken und direkten, sondern durch eine *governance-at-a-distance* Strategie eingewirkt wird. Dahinter steht die Überzeugung, dass eine selbstverantwortliche Ausübung der Freiheit möglich ist und darüber hinaus, dass diese Art Täter und Taten keine ernste Bedrohung für die allgemeine freie Gesellschaft darstellen. Mit anderen Worten: es gibt „zwei neue und entscheidende Richtungen der Kriminalpolitik [...]: eine 'adaptive Strategie' (*adaptive strategy*), die Prävention und Partnerschaft zum Ziel hat, und eine Strategie 'souveräner Staatlichkeit' (*sovereign state strategy*), die auf Verstärkung der Kriminalitätskontrolle und expressive Bestrafung setzt" (Garland 2003: 38).

Diese zwei gegenüberliegenden Entwicklungen sind nach Garland das Resultat zweier Phänomene, die in den 1960er Jahren entstanden sind: erstens die deutliche und unbestreitbare Zunahme der Kriminalitätsrate, und zweitens das Zugeständnis, dass Strafjustiz und Strafsystem ineffizient sind. In dieser Antwort auf eine infragegestellte Wohlfahrtskriminologie treffen sich aber beide Einstellungen: a. Beide teilen die Emphase auf die Verstärkung der Kontrolle – situative Kontrolle in der alltäglichen Kriminologie, soziale und moralische Kontrolle in der Kriminologie des Fremden; b. beiden entspricht die Abkehr von traditionellen; konservativen und liberalen Ansichten, die die frühere Besserungsstraftheorie charakterisiert haben; c. und schließlich teilen sie die Behauptung, dass Kriminalität etwas Normales in den modernen Gesellschaften ist (Garland 1999, 2000a).[1]

Criminology of the (alien) other.

Die Entwicklung der *criminology of the (alien) other*, die sich u.a. in der Verschärfung der Gefängnisstrafen – zeitliche Verlängerung sowie Verhärtung der Bedingungen -, in den Formen der unbegrenzten Haft, in der *„three strikes and you are out"* - und *Zero Tolerance* Politik, in dem Abbau von Garantien für bestimmte Delikte, Täter oder mutmaßliche Täter, in dem kämpferischen und verteidigten Fachwortschatz der Kriminalpolitik und des Strafsystems bemerkbar macht, ist eine Reaktion, die Garland als *punitive Segregation* bezeichnet. Diese Punitivität besitzt drei Charakteristika: a. Einen expressiven Modus der Bestrafung und gleichzeitig eine eher instrumentelle Logik. „Das neue kriminalpolitische Ideal ist, dass die Öffentlichkeit gleichzeitig geschützt und ihre Gefühle ausgedrückt werden" (Garland 2003: 41); b. Populistische und politisierte Maßnahmen; c. Eine neue Verbindung zu der Figur des Opfers, die ein Null-Summen-Spiel ist: wer für den Täter ist – z.B. für Rehabilitation -, der ist dann automatisch gegen die Opfer (Garland 2003).

Genau genommen gibt es keine Theorie, sondern Autoren und Texte, die diese Einstellung, ohne einen Anspruch auf theoretische Fundierung zu erheben, repräsentieren. Bennett, DiIulio und Walters sind die Autoren des Buches, das „das" Buch der *criminology of the other* schlechthin ist: *„Body Count: Moral Poverty and How to Win America's War Against Crime and Drugs"* beschreibt die gefährliche, instinktive, unmoralische und expressive Natur der Täter sowie die immer höheren Kriminalitätsraten, die nur durch exkludierende Maßnahmen zu bekämpfen sind (Bennett *et al.* 1996). Das Buch ist Folge offizieller Studien und gleichzeitig Ausgangpunkt für mehrere kriminalpolitische Projekte.[2]

---

1 Für eine ausführliche und breite Analyse der Infragestellung des Wohlfahrtsstrafmodells und der Entstehung der Kriminalpolitik der Spät-Moderne siehe Garland 2001 (insbesondere Kap. III, VII und VIII).

2 Für eine kritische Analyse dieser Kriminalpolitik siehe Beckett 1997.

Dieser Einstellung nach ist der Täter *„treated not as an agent capable of choice, but much as a dangerous animal, which, may not be brought into a public places (even on a leash) because it is the sort of creature that is know to bite"* (von Hirsch/ Shearing 2000:90). Deshalb ist die Exklusion – und im extremen Fall der Tod - das effektivste Mittel, ihn zu neutralisieren zugunsten der Sicherheit der anderen, was eine plausible aber nicht einfach zu ertragende Erklärung für die Existenz von *„Zero Tolerance"*, *„three strikes and you are out"*, *„supermax prisons"*, *„boot camps"* und sogar von Guantánamo ist.[3]
In dieser *criminology of the alien other* hat die Überwachung eine trennende Funktion. Dank der Überwachung können „wir" – die „normale" Gesellschaft - von „den anderen" – dem Feind, dem Fremden - unterschieden und getrennt werden. Dank der Techniken der Überwachung, und des *Profiling* können „sie" von „uns" separiert und exkludiert werden.
Diese Exklusion, die eigentlich Ziel dieser Strategie der Überwachung ist, agiert dann nicht gegenüber Bürgern, sondern Menschen, die eher wie gefährliche Tiere behandelt werden, die keine Fähigkeit haben, wie von Hirsch und Shearing kritisch analysieren, eine *rational choice* zu treffen und deshalb unberechenbar sind. Sie sind Menschen, die eine *Bürgerschaft zweiter Klasse* haben – wenn überhaupt -, da sie ihr Recht auf Freiheit und freie Zirkulation nicht ausüben können (von Hirsch/Shearing 2000: 90, 85). Die Überwachung hat in diesem Sinne keine abschreckende Funktion – nur rationale Akteure können abgeschreckt werden, Fremde oder Feinde (beispielweise Terroristen) erfüllen diese Voraussetzung angeblich nicht. Dieser Punkt wird deutlicher, wenn man an die versteckten Kameras denkt, von deren Existenz Passanten, das Publikum im Allgemeinen und „Fremde" nichts wissen und infolgedessen ihr Handeln nicht modifizieren oder inszenieren können. Das macht dann bestreitbar, dass, wie von Hirsch vorschlägt, alle Kameras immer sichtbar bleiben sollen (von Hirsch 2000: 65). Im Rahmen dieses Sicherheitsparadigmas, das – wie gesagt - nicht auf Abschreckung, sondern auf Früherkennung von Gefahren abzielt, kann man nicht immer die Anonymität und Privatsphäre des Publikums respektieren - natürlich zugunsten dessen Sicherheit.
Wenn man sich beispielsweise am Flughafen befindet und mehrmals auf die unterschiedlichsten Weisen beobachtet, überprüft und ausgefragt wird, fühlt man sich dadurch normalerweise nicht gestört, weil alle diese Kontrollen den Eindruck erwecken, dass Flug und Flugzeug sicher sein werden. Nach so intensiven und zahlreichen Kontrollen kann niemand im Flugzeug sitzen, der/die gefährlich ist oder gefährliche Sachen transportiert. Die „normale" Gesellschaft, die fliegen will, fühlt sich auf diese Weise geschützt. Videoüberwachung, Sicherheitsdienste, High-Tech-Geräte für die Überprüfung von Pässen und Gepäck, die es

---

3 Für die Funktionsweise der Exklusion als gesellschaftliche „Bulimie" siehe Young 2001. Für eine sozial-anthropologische umfassende Analyse der Exklusion als Kontrolle der „Überflüssigen" siehe Wacquant 1999, 2000, 2001 und 2005.

im Flughafen gibt, sind nicht gegen, sondern stehen im Dienst für sie – für diese allgemeine Gesellschaft -.
Sicherheit und Verteidigung der Gesellschaft bedeuten dann im Hinblick auf Überwachung, dass wir alle für unsere eigene Sicherheit, für die Sicherheit unserer Bewegungen, Kontakte und für die Sicherheit der ökonomischen Zirkulation überwacht werden, weil der Fremde - oder was für eine Störung auch immer - unter uns ist.

Criminology of the self

Im Gegensatz zu der punitiven Kriminologie, "[t]*he criminology of the everyday life see crime as continuous with normal social interaction and explicable by reference to standard motivational patterns. Crime becomes a risk to be calculated (both by the offender and by the potential victim) or an accident to be avoided (...), rather than a moral aberration which needs to be specially explained*" (Garland 1996: 451). Diese Kriminologie wird dann nicht hauptsächlich von der Polizei oder vom Justizapparat umgesetzt, sondern befasst sich mit Gelegenheitsstrukturen und Routinen jenseits der staatlichen Struktur und seiner Tätigkeit und zielt deshalb mehr auf Opfer als auf Täter ab. „*It aims to embed controls in the fabric of normal interaction, rather than suspend them above it in the form of a sovereign command (cf. Shearing and Stenning 1984)*" (Garland 1996:451). Diese Kriminologie ist letztendlich *adaptive*, *pragmatic* und fokussiert auf alltägliche soziale Praktiken (Garland 2000a: 215, 2001: 16, O'Malley 1996).
Es gibt mehrere Theorien oder Ansätze, die nach Garland die *criminology of the self* formen. Mit Basis auf vorherigen Arbeiten[4] sind *rational choice theory* [5], *routine activity theory*[6], *crime as opportunity* [7], *economic analysis of crime* [8] und *situational crime prevention*[9] Ansätze, die behaupten, dass Verbrechen Folge von Motivation plus Opportunität ist (Garland 1996: 450 ff., 2000: 9, Clarke 2000: 97) - also nichts besonders anormales.
Das Verständnis des Verbrechens als etwas Normales in den aktuellen Gesellschaften und des Verbrechers als normaler und rationaler Akteur bedeutet nicht, dass sowohl Tat als auch Täter schlicht und einfach akzeptiert werden, sondern

4 Als Vorreiter der aktuellen *criminology of everyday life* gelten u.a. die *defensible space theory* von Newman (Newman 1972), die *natural crime prevention* von Jacobs (Jacobs 1993 –orig. 1961), das von Jeffery postulierte *Crime Prevention Throught Environmental Design* (Jeffery 1971), und das *problem-oriented-policing* von Goldstein (Goldstein 1979).
5 Becker 1968, Zimring/ Hawkins 1973. Siehe auch Cornish/Clarke 1986.
6 Cohen/Felson 1979, Cohen/Felson/Land 1980, Felson 1986, 1998.
7 Siehe Heal/Laycock 1986, Felson/Clarke 1999.
8 Siehe Becker 1968
9 Siehe Clarke/Mayhew 1980; Cornish/Clarke 1983; Clarke 1995, 1997; Crawford 1997.

dass die Subjekte selbst mit diesen „leichten“ Angelegenheiten umgehen können müssen. Die Lage in dieser Hinsicht ist normalerweise *at-a-distance* reguliert, aber nicht absolut und noch weniger durch Gewalt kontrolliert. Die Regulierung erfolgt durch lokale, private, einzelne Praktiken, die quer durch die Gesellschaft operieren. „*The aim is to align the actors' objectives with those of the authorities; to make them active partners in the business of security and crime control. [...] The parallels with the problems of 'securing' economic processes through 'liberal' government suggest themselves forcefully.*" (Garland 1997: 187).

In dieser Konstellation, wo die Freiheit Hauptmittel und Hauptziel ist und deshalb die Selbstverantwortung gefördert wird, hat die Überwachung eine ganz andere Aufgabe als die vorher erwähnte. Weil wir alle überwacht werden, sollen die potenziellen Täter das Verhältnis Kosten-Nutzen und die Möglichkeit des Entdecktwerdens besser abwägen. Überwachung hat auf diese Weise eine abschreckende Funktion, die in gewissem Maße zur stärkeren Selbstkontrolle und besseren Selbstverantwortung der potenziellen Täter führen könnte. Potenzielle Opfer zeigen eine verantwortliche Ausübung ihrer Freiheit und deren vernünftige Sicherung, sobald sie „Überwachungsmittel“ als *Commodity* wahrnehmen und benutzen. CCTV und private Sicherheitsdienste u.a. sind Angebote des Marktes, die auch von einem Staat, der auf diese Weise *at-a-distance* regiert und regieren kann, nicht nur erlaubt, sondern auch unterstützt werden. Diese Regierung *at-a-distance* kann nach Crawford (Crawford 2000: 202/203) durch vier Hauptstrategien dargestellt werden, Strategien die in den neuen Formen der Überwachung deutlich zu erkennen sind:

- *Responsibilisierung*, d.h., dass eine Partnerschaft zwischen Staat und Bevölkerung, zwischen Staat und privatem Sektor existiert. Nicht mehr nur der Staat, sondern auch die Einzelnen sind für ihren Alltag verantwortlich. Sie müssen als verantwortliche *rational choice* Akteure handeln. Die Installation z.B. von Videoüberwachung in Wohngebäuden und Läden liegt in der Verantwortung der Privaten, die auf diese Weise für ihre eigene Sicherheit sorgen.
- *Pluralisierung* als zweites Charakteristikum kann als Folge der Responsibilisierung betrachtet werden. Fragmentierung, Zerstreuung von *Policing* und Kontrolle bedeutet mehr Akteure, die ihre Aufgaben verantwortlich ausüben sollen. Statt nur Polizei gibt es u.a. Private Sicherheitsdienste, Kommunale Präventionsgruppen, Nachbarschaftswachen.
- *Autonomisierung* bezieht sich auf freie Individuen, die fähig sind, sich selbst konstruieren, das heißt, ihre Identität und ihre Zukunft zu konstruieren. Individuen, die Architekten ihrer gesellschaftlichen Stellung und ihrer Sicherheit sind.
- *Kommodifizierung*: Alles, und die Sicherheit auch, ist *Commodity* geworden.

Diese von Crawford erwähnten Charakteristika der *governance-at-a-distance* basieren auf einem liberalen Paradigma: der Freiheit. Man muss lernen, in Freiheit zu leben, frei zu sein, profitabel zu handeln. Und diese Art Technologien - wie die gouvernementale Überwachung - hilft dabei, Freiheit auszuüben und herzustellen.

Wenn man nicht an einen Flughafen sondern an ein Einkaufzentrum denkt, sind diese Bezugspunkte sehr deutlich. Einerseits fühlen sich die Kunden beobachtet, wenn sie Kameras sehen. Diese üben eine abschreckende Funktion aus. Und weil die Kunden als vernünftige Personen agieren oder agieren sollen, werden sie normalerweise nicht in Versuchung geraten, Waren zu stehlen. Dort gibt es keine Trennung zwischen „die anderen“ und „wir“. Zwar sind alle willkommene Kunden, aber gleichzeitig auch potenzielle Diebe. Andererseits sollen die Besitzer der Läden dafür sorgen, dass es genug Videoüberwachung und Sicherheitspersonal gibt, wenn sie ihre Produkte schützen wollen und gegebenenfalls eine günstige Versicherungsprämie bezahlen möchten. Sie alleine sind für ihre eigene Sicherheit und für den Schutz ihrer Waren und ihres Geldes zuständig.

Sicherheit und Freiheit in der Kriminalpolitik

Diese Diskurse und Praktiken, die vielleicht auf den ersten Blick widersprüchlich erscheinen, sind in Wirklichkeit verschiedene Facetten eines riesigen Problemkomplexes, der weder neuartig, noch nur kriminologisch ist. Wenn man genauer betrachtet, was für Paradigmen hinter den zwei erwähnten Strömungen der aktuellen Kriminalpolitik stehen, kann man erkennen, dass Sicherheit und Freiheit Grund, treibende Kräfte, oder Ziele der kriminalpolitischen Diskurse und Maßnahmen der Gegenwart sind. Und die Überwachung als Technik befindet sich inmitten oder genauer zwischen diesen zwei Formen der Kriminalpolitik und folgt dementsprechend verschiedenen Logiken und Zielen. Offen bleibt aber noch die Frage nach dem Zusammenspiel zwischen diesen Strategien sowie nach ihrer Widerspiegelung in den Technologien der Überwachung.
Mit diesen Überlegungen erreiche ich dann die Analyse der Kriminalpolitik und ihre Beziehung zu den Rationalitäten von Sicherheit und Freiheit; oder, genauer ausgedrückt, zu den politischen Rationalitäten Sicherheit und Freiheit. Ihr Fall - der Kriminalpolitik - ist besonders interessant, weil sich in der Kriminalpolitik die Bedeutung und Ziele, der Symbolismus und die an der Öffentlichkeit orientierten Maßnahmen der Politik mit den wissenschaftlichen Diskursen der Kriminologie treffen. Nach Alessandro Baratta waren die Ziele der Kriminalpolitik bis vor kurzen eindeutig – Kontrolle der Kriminalität, Prävention -, nicht aber ihr Instrumentarium, das sehr unterschiedlich war. In der Gegenwart ist das Ziel nicht nur die Prävention, sondern auch die Kontrolle der Konsequenzen der Kriminalität, was das Instrumentarium noch vielfältiger macht. Der Reichtum und die Vielfalt jeder Kriminalpolitik hängen von ihrem theoretischen Niveau ab (Baratta 1998: 2) und, ich füge hinzu, von der bestimmten politischen Einstellung. Das heißt, dass wissenschaftliche Disziplin und politische Vernunft den Mittelpunkt bilden, woraus die Kriminalpolitik entsteht. Dies alles auch, wenn, dass eine bestimmte Politik als Sozial-, Kriminal-, Gesundheits-, oder Verteidigungspolitik erkennt ist, hängt nicht vom Objekt und noch weniger von dem Name ab, sondern von den Absichten der Akteure, die die jeweilige Politik

durchführen wollen (Baratta 1998: 2). In anderen Worten bedeutet das, dass obschon die Kriminalpolitik sich theoretisch auf die Verhinderung, Bestrafung und Bekämpfung von Kriminalität richtet, kann sie in Wirklichkeit vielen anderen Ziele folgen oder umgekehrt, viele Politiken, die auf den ersten Blick nichts mit Kriminalität zu tun haben, sind eigentlich Politiken, deren Zielscheibe die Kriminalität und die „Kriminellen" sind. Dies macht die Analyse viel schwieriger, weil die verschiedenen Politiken normalerweise miteinander verschmolzen sind, so dass die Elemente, die mit Kriminalität oder Ökonomie, Gesundheit oder Bildung zu tun haben, fast unmöglich zu unterscheiden sind, und deshalb müssen die Wissenschaftler der Kriminologie viel mehr als nur die „Kriminologie" betrachten, wenn sie eine bestimmte Kriminalpolitik und ihre Techniken analysieren und dechiffrieren wollen. Wie gesagt, Sicherheit und Freiheit in der Politik unterscheiden sich von Sicherheit und Freiheit in den wissenschaftlichen Diskursen der Kriminologie. Wenn sie aufeinandertreffen, dann ergeben sich daraus Kriminalpolitiken, die oft keine eindeutige Basis, Ziele und Funktionsweise haben. Sicherheit und Freiheit bezüglich einer bestimmten Einstellung oder einem bestimmten Problem oder Phänomen könnten dann gleichzeitig verweigert und gefördert werden, je nach dem „was für eine Politik" in Beziehung zu „was für einer Kriminologie" gesetzt wird. Die Paradigmen der Sicherheit und der Freiheit können dann als „unrichtig" – oder nicht richtig genug, nicht kritisch genug oder zu kritisch - interpretiert werden.

Wichtig ist, zu betonen, dass Wissenschaft nicht unbedingt mit Wahrheit und Freiheit zu tun hat sowie Politik nicht notwendigerweise mit Machterhaltung und Sicherheit verknüpft ist. Diese Vorstellung kann aber leicht entstehen und zu naïven und stilisierten Betrachtungen von Gut und Böse führen. Nein. In der Kriminalpolitik existiert keine Erzählung von Gut und Böse, sondern komplizierte Verflechtungen, in denen Interessen, guter Willen, Moral, Macht, Ängste, Heucheleien und Überzeugungen mit im Spiel sind. Dass man eine bestimmte Kriminalpolitik befürwortet, hat überhaupt nichts mit gut und böse zu tun, sondern mit einem gleichzeitig strukturellen und situationsbedingten Glauben, der mehrmals dem Konfessionellen ähnelt. Ist eine Videokamera auf der Reeperbahn gut oder schlecht? Eine Videokamera ist nur eine Technik einer bestimmten Präventions- oder Verfolgungstaktik, die sowohl mit der *criminology of the alien other* als auch mit der *criminology of the self* zu tun hat. Man kann aber nicht sagen, dass die eine besser oder schlechter als die andere ist. Die Kriminalpolitik folgt unterschiedlichen Strategien, die nicht in den Kategorien Gut und Böse zu bewerten sind. Freiheit ist nicht unbedingt besser als Sicherheit, und *vice versa.* - nicht zumindest in einem fachlichen machtstrategischen Diskurs, in dem nicht eine persönliche oder moralische Bewertung, sondern die spezifische Form und Weise der Strategien zu erforschen ist. Die Kriminalpolitik ist deshalb so faszinierend, weil sie wissenschaftliche Diskurse mit persönlichen und öffentlichen Empfindungen vermischt und dementsprechend agiert.

Sicherheit und Freiheit treffen sich in den Diskursen und in den Praktiken auf eine unglaublich gespannte Form.
Es gibt aber nach Garland eine Art Trennung zwischen politischen und administrativen Autoritäten innerhalb der Politik – eine *structured ambivalence* -, die sich in verschiedenen Antworten auf die Kriminalitätsproblematik ausdrückt und deshalb zu den verschiedenen Kriminalpolitiken oder *crime control strategies* führt (Garland 2001:111 ff.). Die *criminology of the (alien) other* ist Garlands Meinung nach die Form, die die Politiker, ihre Anhänger und ihre Berater als die einzige mögliche Einstellung vor hohen Kriminalitätsraten und der Ineffizienz des Strafsystems betrachten. „For *political actors*, acting in the context of electoral competition, policy choices are heavily determined by the need to find popular and effective measures that will not be viewed as signs of weakness or an abandonment of the state's responsibility to the public... In the choice of policy responses, those that can most easily be represented as strong, smart, and either effective or expressive are most attractive." (Garland 2001:111), und das *military* Modell bietet sich für diese Funktion an (Ericson/ Carriere 1994:100 ff.). Die politischen Einstellungen, für die die Sicherheit die Hauptaufgabe des Staates ist, die Instrumentalisierung des Sicherheitsversprechens für parteilichen Nutzen und das positivistisch-kriminologische Revival der *defence social* treffen sich und bilden ausdrückliche kriminalpolitische Maßnahmen, die die Verstärkung der sichtbaren staatlichen Handlung bewirken und die souveräne Exklusions-, Vernichtungs- und letztendlich Todesmacht gegenüber allen Gefahren ausüben.
Die *criminology of the self* ihrerseits entsteht nach Garland aus einer administrativen „technokratischen" Empfindung, die - vor der Normalität des Verbrechens und ihrer Ubiquität - das Management der Risiken durch die Responsibilisierung von und durch Individuen und die Gesellschaft als das effektivste Mittel betrachtet. „In contrast, the *administrator* can and must focus upon the interests of a single organization, is oriented towards a longer time frame, and operates at a greater distance from press and public scrutiny. Statistical reasoning, resource management, and cost-benefit analysis are the stock-in-trade of organizational management [...] Their reference groups are other administrator as well as experts, researchers, and reform organizations" (Garland 2001: 112 und 111). Die Freiheit als Versprechen und Instrument der Politik, um mit Kriminalität umgehen zu können, könnte in diesem Fall von klassisch-liberalen Prinzipien der rechtlichen Schule der Kriminologie inspiriert werden, für die alle Subjekte gleich und frei waren und die hauptsächlich nach rationalen Entscheidungen agierten. Wenn es auch große Unterschiede gibt, da z.B. die aktuelle administrative Kriminologie nicht an der Tat, sondern von Gelegenheiten und Situationen, an Risiken und Kalküle geleitet wird, trifft sich trotzdem diese neo-klassische Richtung der Kriminologie mit ihrer entfernten Quelle – die klassische Schule.
Immer wenn die Diskurse – politische, rechtliche, kriminologische - die Betonung auf Sicherheit setzen, geht damit die Notwendigkeit der expressiven staat-

lichen Intervention einher. Und das erklärt die daraus resultierende Kriminalpolitik – mit allen möglichen Verschmelzungen mit den Innen-, Außen-, Sicherheits-, Kriegs-, Verteidigungspolitiken u.a.. Im Gegensatz dazu bedeutet die Betonung der allgemeinen – *liberty* - und der individuellen Freiheit – *freedom* – immer wieder eine scheinbare Entlastung der staatlichen Aufgaben und die dementsprechende Übertragung der Verantwortung auf private Akteure. Damals – zur Zeit der klassischen Schule - dachte man nur an den Täter – er war immer verantwortlich, egal welche persönlichen Merkmale auch dagegen sprachen - und heute auch an das Opfer – es wird als mitverantwortlich angesehen. Hier mischt sich die Kriminalpolitik unter Ökonomie-, Gesundheits-, Versicherungs-, Bildungs-, und Stadtplanungspolitiken.

Aber auch wenn es viele kriminalpolitische Techniken gibt, die „nur" zugunsten der Freiheit, oder „nur" zugunsten der Sicherheit durchgeführt zu werden scheinen, ist diese Trennung eher analytisch und diskursiv als empirisch. In einer Studie, die sich mit verschiedenen Anwendungen der Situational Crime Prevention (SCP) - insbesondere mit der Präventions- und Exklusionsmacht, die die privaten Sicherheitsdienste vieler Einkaufzentren gegenüber den Besuchern haben - befasst, ist dies zu erkennen. Die Autoren finden sich im Bereich der *criminology of the self* , wo die Rede von Responsibilisierung, Privatisierung der Sicherheit, CCTV, Förderung der Freiheitsausübung durch *governance-at-a-distance* ist, aber plötzlich tauchen die Begriffe Gefahr, Bedrohung, Fremde und Sicherheit auf, sobald die privaten Maßnahmen die alte Technik der Exklusion annehmen (von Hirsch/ Shearing 2000). Und das soll nicht überraschend sein. Die Reinformen sind nur die Idealtypen, die ausschließlich in der Analyse und in den Lehrbüchern zu finden sind. In der Wirklichkeit der Diskurse und der Praktiken treffen sich, verschmelzen und, vielleicht am wichtigsten, bedingen sich die Idealtypen und ihre verschiedensten Tendenzen, Ziele, Mittel und Kräfte. Und das passiert natürlich auch mit den Kriminalpolitiken der Sicherheit und der Freiheit. Sicherheitskriminalpolitik ist anders als Freiheitskriminalpolitik. Sie entspringen zwei sehr verschiedenen Machttechnologien. Das hindert sie nicht daran, sich zu verflechten.

Die Spaltung in der Kriminalpolitik der Gegenwart ist dann in zwei Begriffe zusammenzufassen: Sicherheitskriminalpolitik und Freiheitskriminalpolitik, die folgendermaßen zu charakterisieren sind:

Sicherheitskriminalpolitik. Die souveräne Macht, die ursprünglich mit der Verteidigung des Souveräns, seiner Einsetzung und seines Territoriums zu tun hatte, ist eine Bekämpfungsmacht für Verteidigung und Schutz des Staates – Institutionen, Symbole, Ressourcen u.a. - und der Bevölkerung – Individuen, Werte, ökonomische Zirkulation u.a. - geworden. Das Feindstrafrecht zeigt sich auf diese Weise als das rechtliche Werkzeug, das diese Bekämpfung möglich macht, indem Verbrechen und Krieg, Recht und Politik verschmelzen und eine neue Logik der inneren und äußeren Verteidigung bilden. Die *criminology of the (alien) other* spricht als kriminologische Umsetzung dieser Paradigmen über die Notwendigkeit unserer Verteidigung vor der Bedrohung durch den Fremden, wobei die Fremden nicht nur oder nicht unbedingt als Ausländer, sondern eher als Individuen ohne menschliche Natur gedacht werden, wofür die Gefangenen und die Politik in *Guantanamo Bay* das beste Beispiel bilden (Butler 2005: 98). *Freiheitskriminalpolitik.* Die Subjekte der gouvernementalen Strategie, die sich selbst regieren – oder es zumindest versuchen - genießen im Prinzip ihre geförderte Freiheit. Aus diesem Grund beschweren sie sich nicht über die Beschränkungen, den Abbau von Rechten und Ausschließungen, die der Staat beschließt: Diese Maßnahmen betreffen sie normalerweise nicht, sondern ganz im Gegenteil, sie werden zu ihrer Verteidigung - und des Staates - getroffen. Die Freiheit der Individuen ist das Schlüsselwerkzeug dieser Strategie (Foucault 1991a; Krasmann 1999, 2003: 67-86). Laut Bröckling, Krasmann und Lemke gilt: „Regierung im Sinne Foucaults bezieht sich somit nicht in erster Linie auf die Unterdrückung von Subjektivität, sondern vor allem auf ihre (Selbst-)Produktion, oder genauer: auf die Erfindung und Förderung von Selbsttechnologien, die an Regierungsziele gekoppelt werden können" (Bröckling /Krasmann/Lemke 2000:29). Das ist, was Krasmann als „Regieren über Freiheit" analysiert hat (Krasmann 1999)[10] und was auch die *criminology of the self* durch Selbstve rantwortung, *governance-at-a-distance* und insbesondere durch die Annahme freier und rationaler Subjekte – sowohl Opfer als auch Täter- unterstützt.

Eine mögliche Erklärung des Wechselspiels zwischen Sicherheit und Freiheit und deshalb auch zwischen Sicherheitskriminalpolitik und Freiheitskriminalpolitik bietet Susanne Krasmann an.

> *„Freiheit existiert nicht als ursprüngliche Gegebenheit, sondern ist Postulat und Versprechen. Darüber hinaus muss die ökonomische Regierung, die auf die Freiheit der Subjekte setzt, die entsprechenden Bedingungen der Freiheit herstellen: die Ausübung von Freiheit ermöglichen und sicherstellen. Sicherheit ist das komplementäre Versprechen zur Freiheit und nicht minder konstitutiv für das Regierungshandeln. Schließlich gibt es eine Reihe von Unsicherheiten, welche die Freiheit der Bürger – und freilich auch der Marktkräfte – bedrohen und folglich Anlass sind für staatliche Interventionen."* (Krasmann 2003: 84/85).

Sicherheit und Freiheit als Ziele – und auch Mittel - der allgemeinen Politik scheinen aber miteinander konfrontiert zu sein, sobald die Rede von kriminalpolitischen Maßnahmen ist – Überwachung u.a. -, wo mehr Sicherheit normalerweise weniger Freiheit impliziert, und umgekehrt. Das ist aber nicht so. Ü-

10 Lemke analysiert auch die Freiheit der Subjekte, von der Foucault spricht, und macht auf die Widerstandsfähigkeit aufmerksam, die es in diesen freien Subjektivitäten gibt.

berwachung z.B. wird ständig und auf alle ausgeübt. Ihre Rechtfertigung und Ziele stellen aber sehr unterschiedliche Konzeptionen dar.
Wenn von Hirsch und Shearing ihren Begriff von *freedom* und *liberty* entwickeln, skizzieren sie eine „Mobilitätsfreiheit" in öffentlichen Räumen (von Hirsch/Shearing 2000: 80, 82). Ähnlich, aber nicht gleich, erklärte Michel Foucault die Freiheitsidee des Frühliberalismus, „die Möglichkeit von Bewegung, Umstellung, Zirkulationsvorgängen sowohl der Leute als auch der Dinge. Es ist diese Zirkulationsfreiheit, im weitesten Verständnis des Begriffs, diese Zirkulationsfähigkeit, die man, denke ich, unter dem Wort Freiheit verstehen muss, und man muss sie als eine der Seiten, als einen der Aspekte, als eine der Dimensionen der Einsetzung von Sicherheitsdispositiven begreifen" (Foucault 2004: 78). Diese Sicherheitsdispositive sind zuständig für die reguläre und flüssige Zirkulation von Gütern, Bevölkerung und Geld. Es sind die Mechanismen, die freie biologische und ökonomische Prozesse sichern sollen. Freiheit und Sicherheit sind auf diese Weise gleichzeitig Entstehungsbedingungen, Ziel und Technik des Liberalismus. Von Hirsch und Shearing protestieren gegen Exklusionsstrategien: „Freedom requires place" (von Hirsch/Shearing 2000:84) und ich füge hinzu: Freiheit benötigt auch Sicherheit! Dieses Dilemma wird von Foucault sehr gut erklärt, wenn er über den Liberalismus als neue gouvernementale Form spricht: „Die neue Regierungskunst stellt sich also als Manager der Freiheit dar...: 'Ich werde dir die Möglichkeit zur Freiheit bereitstellen. Ich werde es so einrichten, dass du frei bist, frei zu sein'. Wenn dieser Liberalismus nicht sosehr der Imperativ der Freiheit, sondern die Einrichtung und Organisation der Bedingungen ist, unter denen man frei sein kann, dann [...] Der Liberalismus [...] enthält in seinem Zentrum ein Verhältnis der Herstellung/Zerstörung zur Freiheit [...] Mit einer Hand muß die Freiheit hergestellt werden, aber dieselbe Handlung impliziert, dass man mit der anderen Einschränkungen, Kontrollen, Zwänge, auf Drohungen gestützte Verpflichtungen usw. einführt" (Foucault 2004a: 97/98).
Im 15.und 16. Jahrhundert war die souveräne Macht über Leben und Tod fast nur auf die Sicherheit des Souveräns und des Territoriums gerichtet. Die Sicherheitsmechanismen, die im 17. Jahrhundert anfangen aufzutauchen, richten sich auf Prozesse der Ökonomie, der Bevölkerung, letztendlich des Lebens. Sicherheitsmechanismen und Freiheit als Technik und Ziel des Regierens folgen biopolitischen Regeln, nach denen die Optimierung des Lebens strebt, benötigen aber dafür die Stärke der souveränen Macht.

Überwachung in der aktuellen Kriminalpolitik

Es wurde oben gesagt, dass weder die Namen, noch die Mittel oder die geäußerten Ziele der verschiedenen Politiken ausreichen, um den tatsächlichen Kern der jeweiligen Politik zu erkennen. Alessandro Baratta lehrte, dass nur die Absichten der Politiker die bestimmten Politiken formen und führen. Ich würde hier

hinzufügen, dass die persönlichen Absichten nicht immer den absichtlosen strategischen Richtungen der Politiken entsprechen. Das bedeutet in anderen Worten, dass weder Namen, noch Mittel, Ziele oder individuelle Absichten ermöglichen, den Kern und die wirkliche Funktionsweise der Techniken der Politik zu erläutern. Die Analyse der zu Grunde liegenden Strategien, genauer, Machtstrategien sind die, die das Rätsel lösen oder zumindest deuten lassen.
Bezüglich der Überwachung als Technik der Kriminalpolitik kann aber ihre Dechiffrierung noch komplizierter werden. Wenn man bedenkt, dass die Überwachung als Technik der Kontrollstrategien und auch der Kriminalpolitik schon seit mehr als zwei Jahrhunderten existiert und dass diese Überwachung, die sich ab Mitte des 18. Jahrhunderts entwickelt, eine ganz andere Form als die aktuelle hatte, dann muss man zugeben, dass die Machtstrategien, die dahinter stehen, auch ganz andere sind. Die Überwachung als Haupttechnik der disziplinären Macht funktionierte hauptsächlich über Körper, die als kommunizierender Kanal zur Seelentransformation führten. Die überwachende Macht agierte über Körper, die eingeschlossen und ständig unter ihren Augen – der Macht - standen. Die Disziplin hatte als Hauptaufgabe, gelehrte Körper zu schaffen: ökonomisch produktiver und politisch unterwürfiger und gehorsamer (Foucault 1977: 177), und die Überwachung war dafür die Technik schlechthin.

> *„Damit entwickelt sich auch die Problematik einer Architektur, die nicht mehr bloß wie der Prunk der Paläste dem Gesehenwerden oder die Geometrie der Festungen der Überwachung des äußeren Raumes dient, sondern der inneren, gegliederten und detaillierten Kontrolle und Sichtbarmachung ihrer Insassen. Noch allgemeiner geht es um eine Architektur, die ein Instrument zur Transformation der Individuen ist: die auf diejenigen, welche sie verwahrt, einwirkt, ihr Verhalten beeinflussbar macht, die Wirkungen der Macht bis zu ihnen vordringen lässt, sie einer Erkenntnis aussetzt und sie verändert." (Foucault 1977: 222)*

Was hat diese Art Überwachung mit der aktuellen zu tun? Heute geht es nicht mehr um zu disziplinierende Insassen, sondern um früh zu erkennende Gefahren und zu stimulierendes vernünftiges, freies Handeln. Heute benutzt man Überwachung als Technik mehr in offenen und öffentlichen oder semi-öffentlichen (Einkaufszentren, Flughafen) als in geschlossenen Räumen. Die Aufgabe, die einst als professionalisiert angesehen wurde, ist im Laufe der Zeit eher politisch und administrativ geworden. *Political actors*, so wie Garland lehrt, profitieren von der Überwachung als expressives und symbolisches Werkzeug und als Verteidigungsmittel gegen Bedrohungen, wenn auch normalerweise mit einem rückwirkenden Effekt – wie die Londoner Anschläge gezeigt haben. Die „Inszenierung" von tausenden Videokameras und die Verkündigung von mehr „Überwachung" auf der Straße sind z.B. politische Maßnahmen, die überhaupt nichts mit der Transformation der Überwachten zu tun hat. Die Idee von Sicherheit, die

hinter de aktuellen politischen Einsatz von Überwachung steht, war im Jahr 1770 noch unvorstellbar. Genauso unvorstellbar war die aktuelle Einstellung der *administrative actors*, die auch nicht an Transformation oder Lehre durch Körper, sondern an Mobilisierung der freien Entscheidungen und an Kontrolle der Risikosituationen denken. Die Überwachung wirkt nach einer gouvernementalen Strategie für die effektivste Sicherung und Förderung von Zirkulation(en) und Prozessen. Die Freiheit und ihre vernünftige Ausübung bilden die Basis diese Akteure, bei denen es nicht um Symbolismus und Spontaneität, sondern um Diskretion und Prognose geht. Dieser Freiheitsbegriff war damals auch nicht Bestandteil oder Idee der Überwachungstechnik. Das Auge guckte in der disziplinierenden Überwachung nach innen, untersuchte Bewegungen und Räume. Das elektronische Auge der aktuellen Überwachung guckt dagegen nach außen, *ad infinitum*, ohne Grenzen (De Marinis 1998).
Fast überflüssig ist, zu erwähnen, dass die Deutung der Kriminalpolitik der Gegenwart nach Sicherheits- und Freiheitskonzepten nur eine der möglichen Perspektiven ist, um die Aktualität der Präventions-, Kontroll- und Verfolgungsinstanzen und -mechanismen zu dechiffrieren. Es kann etwas stilisiert klingen und es ist auch ein bisschen so. Die Hauptidee ist aber, die möglichen vorhandenen Rationalitäten zu entdecken. Und ich glaube, Sicherheit und Freiheit als Versprechen sind politische Rationalitäten. Und die Überwachung ist eine ihrer wichtigsten Techniken.

Kriminalpolitik der Fremde und Kriminalpolitik des Selbst. Zwei Paradigmen, die mehrmals gemeinsame Techniken teilen. Diese Techniken sollen dann immer doppelt gefiltert werden, um genauer deuten zu können, was es eigentlich gibt: Was hat mit Freiheit, was mit Sicherheit zu tun?
Man kann nicht nur mit der Freiheit argumentieren, wenn man auf die Beschränkung der Überwachung bzw. Videoüberwachung oder Exklusionstechniken plädiert. Videoüberwachung ist nur eine der vielen Mechanismen, die nach den Paradigmen der Freiheit und der Sicherheit agieren. Was für die individuellen Freiheiten unerträglich ist, kann aber absolut nachvollziehbar und notwendig unter der Logik der Sicherheitsmechanismen sein. Und wie gesehen, beide „Versprechen" – Freiheitsversprechen und Sicherheitsversprechen - sind konstitutive Teile unserer aktuellen neo- – aber immer noch - liberalen Gesellschaften.
Sofern man nicht erkennt, dass diese zwei Schemata dem Wechselspiel zwischen Sicherheit und Freiheit gehorchen und auch reflektieren, kann man niemals die Lücken entdecken, dank derer Widerstandpunkte erhoben werden können.

Literatur

Baratta, Alessandro 1998, "Entre la política de Seguridad y la política social en países con grandes conflictos sociales y políticos", in: *El Cotidiano*, México D.F., 2 - 24

Becker, Gary 1968, Crime and punishment: An economic Approach, in: *Journal of Political Economy* 76 (January/February):169-217

Bennett, William J./ DiIulio, J./ Walters, J.P. 1996, Body Count: Moral Poverty and How to Win America´s War Against Crime and Drugs, New York: Simon and Schuster.

Bröckling, Ulrich/ Krasmann, Susanne/ Lemke, Thomas (Hrg.), 2000, *Gouvernementalität der Gegenwart. Studien zur Ökonomisierung des Sozialen.*, Suhrkamp, Frankfurt.

Butler, Judith 2005, *Unbegrenzte Haft*, in dies. *Gefährdetes Leben* (69-120), Suhrkamp, Frankfurt a.M..

Clarke, Ronald 1995, „Situational Crime Prevention", in: Tonry/Farrington (eds.), *Building a Safer Society: Crime and Justice 19*: 91-150, Chicago: University of Chicago Press

Clarke, Ronald 2000, „Situational Prevention, Criminology, and Social Values", in: von Hirsch/Garland/Wakefield (Eds.) *Ethical and Social Perspectives on Situational Crime Prevention*, Oxford and Oregon: Hart Publishing, 97-112

Clarke, Ronald/ Mayhew, Patricia 1980, *Designing Out Crime*, London: HMSO

Cohen, Lawrence/ Felson, Marcus 1979, Social change and crime rate trends: A routine activities approach, in: *American Sociological Review* 44 (August): 588-608

Cohen, Lawrence/ Felson, Marcus/ Land, Kenneth 1980, Property crime rates in the United States: A macrodynamic analysis. 1947-1977, with ex-ante forecasts fot the mid-1990s., in: *American Journal of Sociology* 86 (July): 90-118

Cornish, Derek B./ Clarke, Ronald 1983 *Crime Control in Britain: A Review of Policy Research*, Albany New York: State University of New York Press

Cornish, Derek B./ Clarke, Ronald (eds.) 1986, *The reasoning criminal: Rational choice perspectives on offending*, New York: Springer-Verlag

Crawford, Adam 1997, *The Local Governance of Crime,* Oxford: Oxford University Press

Crawford, Adam 2000, "Situational Crime Prevention, Urban Governance and Trust Relations", in: von Hirsch/Garland/Wakefield (Eds.) *Ethical and Social Perspectives on Situational Crime Prevention*, Oxford and Oregon: Hart Publishing, 193-213

De Marinis, Pablo 1998, *"La espacialidad del Ojo Miope (del Poder) (Dos Ejercicios de Cartografía Postsocial)"*, in: *Archipiélago. Cuadernos de Crítica de la Cultura*34-35:pp.32-39, diciembre de 1998

Ericson, Richard / Carriere, Kevin 1994, "The Fragmentation of Criminology", in D. Nelken (ed) The Futures of Criminology London: Sage, 89-109

Felson, Marcus 1986, Linking criminal choices, routine activities, informal control, and criminal outcomes, in: Cornish/ Clarke (eds.), *The reasoning criminal: Rational choice perspectives on offending*, New York: Springer-Verlag

Felson, Marcus 1994, *Crime and everyday life: insights and implications for society*, Thousand Oaks, Calif. [u.a.]: Pine Forge Press

Felson, Marcus/ Clarke, Ronald 1999, *Opportunity Makes the Thief: Practical Theory for Crime Prevention*, Police Research Papers N° 98, London: Home Office

Foucault, Michel 1977 (orig. 1975) *Überwachen und Strafen*, Frankfurt a.M.: Suhrkamp

Foucault, Michel, 1991a, „El Sujeto y el Poder" (Das Subjekt und die Macht), in: Dreyfus/Rabinow, *Michel Foucault: Más allá del Estructuralismo y la Hermenéutica*, Nueva Visión, Buenos Aires, 241-259.

Foucault, Michel 2004 (orig. 1978), Geschichte der Gouvernementalität I. Sicherheit, Territorium, Bevölkerung; Suhrkamp, Frankfurt a.M..

Foucault, Michel 2004a (orig.)1979, Geschichte der Gouvernementalität II. Die Geburt der Biopolitik., Suhrkamp, Frankfurt a.M..

Garland, David, 1996, „The Limits of the Sovereign State: Strategies of Crime Control in Contemporary Society", in *British Journal of Criminology* 36(4), 445-471.

Garland, David, 1997, „'Governmentality' and the problem of crime: Foucault, criminology, sociology", in *Theoretical Criminology* Vol. 1 (2), 173-214.

Garland, David 1999, "The Commonplace and the Catastrophic: Interpretations of Crime in the late Modernity", in: Theoretical Criminology Vol. 3(3): 353-364.

Garland, David 2000, "Ideas, Institutions and Situational Crime Prevention", in: von Hirsch/Garland/Wakefield (Eds.) *Ethical and Social Perspectives on Situational Crime Prevention*, Oxford and Oregon: Hart Publishing, 1-16.

Garland, David 2000a, "The New Criminologies of Eveyday Life: Routine Activity Theory in Historical and Social Context", in: von Hirsch/Garland/Wakefield (Eds.) *Ethical and Social Perspectives on Situational Crime Prevention*, Oxford and Oregon: Hart Publishing, 215-224.

Garland, David 2001, *The Culture of Control. Crime and Social Order in Contemporary Society*, Oxford University Press.

Garland, David, 2003, "Die Kultur der 'High-Crimes Societies'. Voraussetzungen einer neuen Politik von 'Law and Order'", in: *Soziologie der Kriminalität. Kölner Zeitschrift für Soziologie und Sozialpsychologie*, Sonderheft 43/2003, 36-68.

Goldstein, Herman 1979, "Improving policing: a problem-oriented approach", in: *Crime and Delinquency* 25:236-258

Heal, Kevin/Laycock, Gloria K. (eds.) 1986, *Situational crime prevention: from theory into practice*, London:H.M.S.O.

Jacobs, Jane 1993 (1.Aufl. 1961), *The Death and Life of Great American Cities*, New York: Modern Library Edition

Jeffery, C. Ray 1971, *Crime Prevention Through Environmental Design*, Beverly Hills, CA: Sage Publications

Krasmann, Susanne, 1999, „Regieren über Freiheit. Zur Analyse der Kontrollgesellschaft in foucaultscher Perspektive", in *Kriminologisches Journal*, 31 Jg., H.2, 107-121.

Krasmann, Susanne, 2003, *Die Kriminalität der Gesellschaft. Zur Gouvernementalität der Gegenwart.*, UVK Verlagsgesellschaft mbH, Konstanz.

Lemke, Thomas, 2002 (1. Aufl. 1997), *Eine Kritik der politischen Vernunft*, Argument, Göttingen.

Newman, Oscar 1972, *Defensible Space: crime prevention through urban design*, New York: Mac Millan

O'Malley, Pat, 1996, *„Risk and Responsability"*, in: Barry/Osborne/Rose (Hrsg.), Foucault and Political Reason, UCL Press, London, 189-207

Von Hirsch, Andrew, 2000, „The Ethics of Public Television Surveillance", in: von Hirsch/Garland/Wakefield (Eds.) *Ethical and Social Perspectives on Situational Crime Prevention*, Oxford and Oregon: Hart Publishing, 59-76.

Von Hirsch, Andrew/ Shearing, Clifford 2000, "Exclusion from Public Space", in: von Hirsch/Garland/Wakefield (Eds.) *Ethical and Social Perspectives on Situational Crime Prevention*, Oxford and Oregon: Hart Publishing, 77-96

Wacquant, Loïc 1999, „Suitable Enemies: Foreigners and Immigrants in Europe's Prisons", in: *Punishment & Society* 1-2 (Fall 1999): 215-223

Wacquant, Loïc 2000, Elend hinter Gittern (orig. 1999), Konstanz: UVK Universitätsverlag Konstanz

Wacquant, Loïc 2001, Los parias urbanos, Buenos Aires: Ediciones Manantial

Wacquant, Loïc 2005, „The Great Carceral Leap Backward: Imprisonment in America from Nixon to Clinton", in: Pratt, John et al. (eds.), *The New Punitiveness: Current Trends, Theories, Perspectives,* London: Willan, 3-26.

Young, Jock, 2001 (orig.2000), „Verwischte Grenzen. Bulimie und Exklusion in der Spätmoderne", in: Kriminologisches Journal 33.Jahrgang 3/189-xxx

Zimring, Franklin/ Hawkins, Gordon 1973, Deterrence: The legal threat in crime control, Chicago: University of Chicago Press

Hinweise zu Autoren und Autorinnen

Nicola Berchtold, MA
Studierte an der Universität Hamburg Sozial- und Wirtschaftsgeschichte, arbeitet als Wissenschaftsjournalistin und Lektorin.

Sven Bergmann
Kulturanthropologe, promoviert in Berlin mit einer Forschung über die Praxis, Bedeutung und Ökonomie(n) der Keimzellspende in Europa, Stipendiat im Graduiertenkolleg „Geschlecht als Wissenskategorie". Er ist Mitglied der Innenstadtgruppe ffm-of zu Interventionen und temporären Aneignungen im urbanen Raum und städtischen Diskursen. Publikationen: „Global Heimat – Ethnografische Recherchen im transnationalen Frankfurt" (2003, mit Regina Römhild).

Maria Laura Böhm
(geb. 1975) ist Diplom-Kriminologin (Aufbaustudium Kriminologie) der Universität Hamburg, wo sie ihre Dissertation vorbereitet. In Buenos Aires/Argentinien hat Jura studiert und den *Magister en Criminologia* absolviert. Währenddessen hat sie in der Strafverteidigung und als Dozentin an der Fakultät für Rechtswissenschaften der *Universidad de Buenos Aires* gearbeitet.

Stefan Czerwinski
Dipl-Soz, Dipl.-Krim. 2003-2006 wiss. Mitarbeiter im Projekt Videoüberwachung am Institut für kriminologische Sozialforschung an der Universität Hamburg, Veröffentlichungen zu Videoüberwachung und Raumwahrnehmung.

Dr. phil. Oliver Decker
Psychologe, geb. 1968, Mitarbeiter der Abt. f. Med. Psychologie und Med. Soziologie, Medizinische Fakultät der Universität Leipzig; in psychoanalytischer Weiterbildung, Herausgeber von „Psychoanalyse - Texte zur Sozialforschung", Pabst Verlag. Arbeitsschwerpunkt: Kritische Theorie der Medizin; Körper; Transplantationsmedizin. Letzte Veröffentlichungen: (2006): Gesundheit im gesellschaftlichen Wandel (zusammen mit Andreas Hinz). (2004): Der Prothesengott - Subjektivität und Transplantationsmedizin. Psychosozial-Verlag

Dr. Gisbert van Elsbergen,
wissenschaftlicher Mitarbeiter am Fachbereich Sozialwissenschaften der Universität Osnabrück, Studium der Soziologie, der Sozialpsychologie und der Sozial- und Wirtschaftsgeschichte, Aufbaustudium der Kriminologie, mehrere Forschungsprojekte zum Themenfeld kommunale Kriminalprävention und Innere Sicherheit.

Dr. Martin Henatsch
1963 geboren in Schleswig. Kunstwissenschaftler, Autor und Kurator zahlreicher Projekte (insbesondere im öffentlichen Raum); 1991 - 93 Wiss. Assistent am Kunsthistorischen Institut der Christian Albrechts-Universität Kiel; 1993 - 95 Wiss. Mitarbeiter Schleswig-Holsteinischer Kunstverein Kiel; 1996 - 2001 Wiss. Mitarbeiter Kunstakademie Münster, Künstlerische Leitung Wewerka Pavillon, Münster; 2001 - 03 Vertretung Professur „Kunst und Öffentlichkeit", Kunstakademie Münster; 2003/04 Mitgründer „Ausstellungshalle zeitgenössische Kunst Münster"; 2005 Gründung „Büro Kunst und Öffentlichkeit“ in Münster; 2006 Künstlerische Leitung „Wo bitte geht's zum Öffentlichen?“ Ausstellungsprojekt im Stadtraum von Wiesbaden

Dr. Leon Hempel
Politik- und Literaturwissenschaftler, Koordinator des EU-Projektes „Urbaneye. On the Threshold to Urban Panopticon“ zu Videoüberwachung im öffentlichen Raum am Zentrum Technik und Gesellschaft der TU Berlin (www.urbaneye.net).

Dr. Gerrit Hornung, LL.M. in European Law,
geb. 1976, studierte Rechtswissenschaften und Philosophie an der Universität Freiburg. 2001 1. Staatsexamen, 2001-2002 LL.M. Studium an der University of Edinburgh, 2005 Promotion an der Universität Kassel. Seit 2002 Mitglied der Projektgruppe verfassungsverträgliche Technikgestaltung (provet) an der Universität Kassel, 2004-2006 Rechtsreferendar in Hamburg.

Dietmar Kammerer
promoviert am kultur- und medienwissenschaftlichen Institut der HU Berlin zum Thema Videoüberwachung & Populärkultur. Als Filmkritiker und freier Autor schreibt er regelmäßig für die tageszeitung, SPEX, Kolik-Film und andere Medien.

Dr. Francisco Klauser
arbeitet zur Zeit an der University of Durham (UK). Er ist Autor einer Dissertation zu den räumlichen und sozialen Auswirkungen der Videoüberwachung und Mitinitiator eines zweijährigen Forschungsprojektes zur Videoüberwachung öffentlicher Räume des Schweizerischen Nationalfonds.

Ilka Kreutzträger
(geb. 1977), M.A. Soziologie, Studium in Münster und Hamburg.
Zusammen mit Eva Osterholz verfasste sie im Jahr 2004 ihre Magisterarbeit zum Thema: „Videoüberwachung im öffentlichen Raum. Mittel zur Bekämpfung von Kriminalität oder Maßnahme zur Inszenierung von Sicherheit“

Eva Osterholz
M.A. Soziologie, Studium in Oldenburg und Hamburg.
Zusammen mit Ilka Kreutzträger verfasste sie im Jahr 2004 ihre Magisterarbeit zum Thema: „Videoüberwachung im öffentlichen Raum. Mittel zur Bekämpfung von Kriminalität oder Maßnahme zur Inszenierung von Sicherheit"

Hannes Püschel
Studium der Rechtswissenschaft in Frankfurt/Oder und Vilnius (Litauen) Stipendiat der Heinrich-Böll-Stiftung, Mitglied der Polizeikontrollstelle Potsdam. Kontakt: hannespueschel@aol.com

Prof. Dr. Manfred Rolfes
(geb. 1960) ist seit 2004 Hochschullehrer für Angewandte Humangeographie und Regionalwissenschaften am Institut für Geographie der Universität Potsdam. Seine Forschungsschwerpunkte liegen in der angewandten Stadt- und Regionalforschung und der empirischen Sozialforschung.

Tobias Singelnstein
ist Wissenschaftlicher Mitarbeiter am Lehrstuhl für Kriminologie, Jugendstrafrecht und Strafvollzug am Fachbereich Rechtswissenschaft der Freien Universität Berlin. Er arbeitet u. a. zu den Themen Überwachung und Kontrolle, internationales Strafrecht, justitielles Entscheidungsverhalten und Polizei. Zusammmen mit Peer Stolle ist von ihm 2006 das Buch „Die Sicherheitsgesellschaft. Soziale Kontrolle im 21. Jahrhundert." beim VS Verlag (Wiesbaden) erschienen.

Dr. Peer Stolle
war Wissenschaftlicher Mitarbeiter am Lehrstuhl für Strafrecht, Strafprozessrecht, Wirtschaftsstrafrecht und Kriminologie an der Juristischen Fakultät der TU Dresden und ist derzeit Rechtsreferendar in Berlin. Er arbeitet u. a. zu den Themen situative Kriminalprävention, Überwachung, Kontrolle und internationales Strafrecht. Autor von „Die Sicherheitsgesellschaft. Soziale Kontrolle im 21. Jahrhundert." (mit Tobias Singelnstein).

Dr. Nils Zurawski
geb. 1968, Studium der Soziologie, Ethnologie, Geographie in Münster; Promotion: „Virtuelle Ethnizität. Studien zu Identität, Kultur und Internet" (Peter Lang 2000); Feldforschung zu „Gewalt und Identität" in Nordirland, seit 2003 Projektleiter „Videoüberwachung" (DFG) am Insititut für kriminologische Sozialforschung, Uni Hamburg. www.surveillance-studies.org.

Kolibri 360 GmbH
Ferdinand-Jühlke-Straße 7
99095 Erfurt, Deutschland
produktsicherheit@kolibri360.de

Druck:
CPI Druckdienstleistungen GmbH
im Auftrag der
Kolibri 360 GmbH
Ferdinand-Jühlke-Str. 7
99095 Erfurt